高等学校计算机技术类课程规划教材

数据结构与算法

主 编 林 劼 刘 震 陈端兵 戴 波

U0201374

北京大学出版社
PEKING UNIVERSITY PRESS

图书在版编目（CIP）数据

数据结构与算法/林劼等主编. —北京：北京大学出版社，2018.9
（高等学校计算机技术类课程规划教材）

ISBN 978-7-301-29776-6

Ⅰ.①数…　Ⅱ.①林…　Ⅲ.①数据结构—高等学校—教材　②算法分析—高等学校—教材
Ⅳ.①TP311.12

中国版本图书馆 CIP 数据核字（2018）第 179420 号

书　　　　名	数据结构与算法	
	SHUJU JIEGOU YU SUANFA	
著作责任者	林　劼　刘　震　陈端兵　戴　波　主编	
策 划 编 辑	孙　晔	
责 任 编 辑	巩佳佳	
标 准 书 号	ISBN 978-7-301-29776-6	
出 版 发 行	北京大学出版社	
地　　　　址	北京市海淀区成府路 205 号　100871	
网　　　　址	http://www.pup.cn　　新浪微博：@北京大学出版社	
电 子 信 箱	zpup@pup.cn	
电　　　　话	邮购部 010-62752015　发行部 010-62750672　编辑部 010-62754934	
印 刷 者	天津中印联印务有限公司	
经 销 者	新华书店	
	787 毫米×1092 毫米　16 开本　19 印张　471 千字	
	2018 年 9 月第 1 版　2023 年 8 月第 5 次印刷	
定　　　　价	48.00 元	

前　言

一、编写背景

　　人工智能、大数据已成为现在计算机与信息技术研究领域的重要研究内容,近年来发展迅猛,大量新技术和新兴企业如雨后春笋般孕育而生。许多学生看到一些公司在招聘时要求的编程语言各不相同,便错误地认为学习计算机知识就是学习各种编程语言,或认为学习计算机知识就是学习最新的编程语言、技术和标准。其实大家都被这些公司误导了,编程语言虽然应该学,但是学习计算机核心理论更重要。因为计算机编程语言和开发平台的更新交替很快,但万变不离其宗的是算法设计和数据结构等基础知识。在用计算机解决实际问题的过程中,至关重要的两大环节是实际问题的计算机算法抽象设计和数据结构设计,因此,"算法设计与分析"和"数据结构"便成为计算机相关专业的两门基础核心课程。我们可以生动地把这些基础课程比拟为"内功",把新的编程语言、技术和标准比拟为"外功"。如果一味地赶时髦,结果可能是只懂得招式,没有功力,这样是不可能成为高手的。

　　市面上多数教材是将"算法设计与分析"和"数据结构"分开的,主要是因为这两门课程的教学重点有所不同。但实际上,这两门课程的知识点共同组成了计算机解决实际问题的主要内容,这两门课程的知识是相互依存、相互衔接、不可分割的。用计算机求解问题时,需要将问题以计算机的方法进行建模和描述,这就是算法设计的过程。算法设计又与数据结构密切相关,不同的算法需要不同的数据结构予以支撑,而不同的数据结构又对算法设计起到一定的制约作用。瑞士著名的计算机科学家、Pascal 程序设计语言之父、结构化程序设计首创者、1984 年图灵奖获得者 N. Wirth 于 1976 年提出了算法 + 数据结构 = 程序(Algorithms + Data Structures = Programs)这个公式。在这个著名的公式中," + "生动地表达了算法和数据结构的相互作用,是程序设计的精髓;" = "形象地刻画了算法和数据结构是构成计算机程序设计的两个关键要素。

　　本书坚持以党的二十大精神为指导,坚持从问题导向和系统观念出发。在编写时,我们对"算法设计与分析"和"数据结构"的知识点进行了进一步的梳理,将这两方面知识有机地融入项目驱动的整体化理论实践体系中,让学习者能够真正了解完整的软件设计过程,领略"算法设计与分析"和"数据结构"在整个过程中的相互作用和知识连贯性。让学习者用更少的时间学习到完整的知识和方法,是我们将这两方面知识合编的初衷。

目前,针对算法与数据结构的教学,多数学校仍然用大量课时进行基础理论教学,少量课时进行上机训练。这种教学方式存在的问题是:对于初学者而言,没有上机实践的基础理论学习过于抽象,只能死记硬背,达不到学以致用的效果;等到了上机实验课时,学生常常遇到一点点问题就被难倒,甚至无法完成一个简单的上机编程实验,很容易失去学习兴趣。有的学校试点将所有课程都安排在机房,目的是让学生有更多进行编程训练的机会。但实际情况是,有的教师只是换了教室,教学方法却没有做相应的改变或调整,上述问题同样存在;也有的教师发现学生编程时会出现许多问题,一节课下来,什么也没有讲,结果学生的编程操作没有得到很好的指导,而理论课的时间也没有了。翻转课堂教学法可以很好地解决这些问题。在翻转课堂教学中,学生可以先预习课程中简单的基础理论。为了照顾部分自学能力比较弱的学生,任课教师可以将提前录制好的基础理论讲授视频提供给学生,配合 PPT 动画和预习检测题,让学生每周用 2 个学时的时间自学基础理论。学生可以自由选择最适合自己的资料进行自学,并通过完成简单的预习检测题(配答案)来检测自己的预习效果。课堂上,教师可以先通过几分钟的作业检测来检查学生的预习效果,并根据检测结果,灵活调整讲授内容。如果学生的预习效果比较理想,就直接给出应用型的问题,引导学生继续思考,并通过编程解决问题;如果学生的预习效果不理想,则先带领学生进行基础理论复习,可以只针对难点进行细致讲解,然后再引导学生编程解决问题,以巩固所学知识,并进一步培养学生学以致用的能力。

电子科技大学计算机科学与工程学院通过三年的教学改革实践,对“数据结构”与“算法设计与分析”两门课程的知识结构进行了重新梳理,结合 MOOC(Massive Open Online Courses,大型开放式网络课程,一般称为“慕课”)教学与翻转课堂教学方法,形成了项目驱动型教学方式,达到了很好的教学效果,并通过对新教学方法的凝练,构成了本书的结构和相关文字内容。

二、本书特色

(1)如前所述,其他很多教材多是将“数据结构”和“算法设计与分析”分开讲授,学习者往往无法明白“数据结构”和“算法设计与分析”在解决实际问题中的衔接性和关联性,学习者学习后也无法在一个案例中融会贯通地运用“数据结构”和算法设计思想。本书将“数据结构”和“算法设计与分析”的知识体系重新归纳融合,形成了与其他教材不同的章节内容。可以看到,本书没有其他“数据结构”教材中的“排序查询”章节,这正是因为通过归纳分析,本书将很多运用了分治算法设计过程的排序查询算法更为合理地划分到了“分治递归”这一章中。通过这样的知识结构安排,学生可以了解到分治递归算法设计思想在查询排序算法设计中的作用。本书还将属于线性数据结构的哈希查询等知识放到了第 2 章“线性结构”中,这样,学生可以对数据结构和对应数据结构上算法设计的本质有更好的理解。同样,在本书第 5 章中,我们将图与贪心算法的知识也进行了有机融合。

(2)其他很多教材多是以知识点讲解为主,适合传统的以教师讲授为主的教学。本书以项目驱动的方式编写,每一章都围绕具体案例展开,通过案例引出与案例相关的基础理论知识,学生在学习相关理论后,便可以与教师共同参与到案例的解决过程中,从而实现"数据结构"和"算法设计与分析"的连贯性学习。本书第 2 章、第 5 章和第 6 章还提供本章相关知识的其他应用案例,可以作为课堂上教师辅导的资源,更适合翻转课堂教学方式。这样做使得学生能从整体上对问题进行分析,深刻掌握算法和数据结构的综合运用方法,也可以使教学过程更为生动和具有吸引力。如果不采用翻转课堂教学法,则"基础知识"可以安排在课堂上讲解,"项目实战"可以作为理论知识的应用,或在课堂上进行讲解,或作为课后练习作业。

(3)本书可以作为 MOOC 学习者的进修或补充学习材料。

(4)针对计算机专业(或非计算机专业)的初学者,本书根据学习内容与学习进度,提供完整的问题分析、理论讲解的视频,学习者可以跟着视频进行学习。

三、教学安排

本书知识点主要包括:线性数据结构、栈与队列数据结构、树数据结构、图数据结构、分治递归算法设计、贪心算法设计、动态规划算法设计、算法复杂度分析、排序与查找等。具体学时安排可参考下表。

本书各章学时安排

各章内容	讲授学时	实践学时
第 1 章　绪论	4	0
第 2 章　线性结构	8	10
第 3 章　递归与分治	4	4
第 4 章　树	6	7
第 5 章　图与贪心算法	6	7
第 6 章　动态规划	4	4
合计	32	32

四、教学方法

本书可以采用两种教学方法。

1. 传统教学法

第 1 章的内容及对应 PPT 可以作为课堂教学内容,章后习题可以作为学生的课后作业。

第 2 章到第 6 章,每一章中的"项目指引"与"基础知识"可以作为课堂教学内容;"项目实战"可以作为课堂讨论内容,其他案例可以作为学生课后实践内容。

2. 翻转课堂教学法

第 1 章的内容及对应 PPT 可以作为课堂教学内容,章后习题可以作为学生的课后作业。

第 2 章到第 6 章,每一章中的"项目指引"与"基础知识"(有配套的视频)可以作为学生每周的课前预习资料;"项目实战"可以作为课堂上教师引导学生完成的课堂作业,完成后可以通过学生展示的方式,共同解答并总结。课堂上,教师和学生在进行项目实战时,可以首先选择一个案例进行分析讲解,等学生对相关知识掌握比较好之后,便可以其他案例进行翻转课堂教学,供学生在有教师辅导条件下进行项目实战练习。不同基础的学生完成项目数目可以有所不同。

五、致谢

本书由刘震、戴波、陈端兵和林劼四位教师合作编写。刘震编写了第 1 章和第 3 章,戴波编写了第 2 章,陈端兵编写了第 4 章,林劼编写了第 5 章和第 6 章。由于编者水平有限,书中难免有错误与不足之处,欢迎广大读者批评指正,我们会在本书重印或再版时做出必要修正。北京大学出版社的巩佳佳编辑为本书的出版做了大量工作,笔者在此表示由衷感谢。本书在编写过程中,参阅了一些相关资料,在此,向这些资料的相关作者表示感谢!

六、参考书目

[1] 吴跃. 数据结构与算法[M]. 北京:机械工业出版社,2010.

[2] 李春葆. 数据结构教程:C# 语言描述[M]. 北京:清华大学出版社,2013.

[3] 王晓东,等. 算法设计与分析[M]. 北京:清华大学出版社,2014.

[4] Cormen,等. 算法导论:第 3 版[M]. 殷建平,等译. 北京:机械工业出版社,2013.

目　录

第 1 章
绪 论

1.1　数据结构与算法的发展简史

视频讲解

　　数据结构与算法是计算软科学的基础课程,这部分内容充分体现了计算理论与计算机技术相结合发展的历史沿革,是计算机科学与技术专业学生踏入计算软科学大门的金钥匙。不同于这门课程的前修课程,如"程序设计语言"课程主要偏重于学习计算机编程语言的语法细节,"离散数学"则仍然偏重于理解和掌握较艰深的数学理论,给学生的印象是与计算机技术本身相去甚远;而通过这门课程的学习才开始真正让学生感受与领略到计算软科学的无穷魅力并逐渐形成一定的计算思维。

　　随着 1946 年世界上第一台电子计算机 ENIAC 在美国宾夕法尼亚大学诞生,人们开始利用计算机代替人工处理各种数据。早期数据的存储形式主要是二进制编码,以整数和浮点数这样的"无结构"数据为主。之后 10 多年时间,随着程序设计语言的诞生和发展,人们开始考虑如何高效地处理一些更复杂、规模更大的数据,这就要求数据必须按照某些特定的格式和规则进行存储。一些相对比较复杂的结构化数据(例如,数组、栈、散列表和二叉树等)逐渐出现在程序设计语言中,大大促进了计算机处理数据的效率和能力。

　　"数据结构"的概念最早由英国计算机科学家 C. A. R. Hoare 和瑞士计算机科学家 N. Wirth 在 1966 年提出。大量关于程序设计理论的研究表明:为了系统而科学地构造大型复杂的程序,必须对这些程序中所包含的数据结构进行深入的研究。1968 年,美国科学家 D. E. Knuth 在他的名著《计算机程序设计艺术》(第 1 卷:基本算法,第 2 章:信息结构)中首次系统地研究并整理了当时经常使用的主要数据结构与相关的算法,为数据结构课程的开设提供了丰富的素材(他本人也因此书的成就,在 1974 年获得世界范围内计算机科学领域最高科学成就奖"图灵奖")。

　　有很多人认为 20 世纪 60 年代是数据结构发展成熟的年代,但是美国科学家 J. Hopcroft 认为"数据结构与算法"这个学科是从 20 世纪 70 年代才开始兴起,并逐渐成为计算机科学的重要组成部分的。由于 Hopcroft 和另一位美国科学家 R. E. Tajran 在这方面的突出贡献,他们共同获得了 1986 年的"图灵奖",这肯定了他们在算法与数据结构设计和分析的基础成就。这一奖励说明"数据结构与算法"在当时才真正发展到比较成熟的程度,并得到了人们的公认,同时也说明它在计算机科学中的重要地位。自 20 世纪 70 年代起,"数据结构与算法"在西方国家的大学中,被普遍列为计算机本科的必修专业核心课程。"数据结构与算法"课程的重要性不言而喻。目前,它已被列为国内很多普通高校的计算机相关专业研究生入学考试的必考科目,也是软件人员水平考试的重要内容;要在程序设计竞赛(如 ACM 程序设计大赛)中取得优秀的成绩,也需要以这门课程的学习作为基础。

那么,这门课程应该怎么入门呢?我们先来看一下 N. Wirth 在 1976 年提出的一个公式

$$程序 = 数据结构 + 算法。$$

在这个著名的经典公式中,"+"生动地表达出算法和数据结构的相互作用,它们是程序设计的精髓;"="言简意赅地刻画出算法和数据结构是构成计算机程序的两个关键要素。计算机程序是使用计算机求解问题的若干逻辑步骤的集合,问题的有效求解涉及算法和数据结构这两个不可分割的部分。简单地理解,数据结构就是对所要求解问题中的数据的存储和表示,而算法是求解问题的过程描述。那么,有哪些常用的数据结构?又有哪些经典的算法策略?如何设计数据结构?如何设计算法?这些问题都将是本书要讨论的主要内容。接下来,让我们通过本书的学习去领略各种数据结构的功用和特点,去感受各种算法策略的精妙和乐趣吧!

1.2 利用计算机求解问题的一般过程

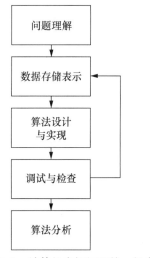

图 1.1 计算机求解问题的一般步骤

我们需要特别强调的是,学习本门课程的过程是一个系统培养和锻炼计算思维的过程。为了说明这一点,我们先从一般的角度来看看用计算机求解问题时通常需要怎样的一个过程。回顾一下,当刚学习和掌握一门编程语言并希望借助编程来处理和解决一个新的问题时,我们通常会按照图 1.1 中所示的流程来开展我们的工作。下面我们通过一个具体的例子来说明这个流程,这是一道 ACM 程序设计大赛的题目。

现在有一种新停车场称为停车楼。停车楼的原理是这样的,你开车进入停车楼的第一层入口电梯,然后电梯和对应楼层的传送带可以将你的车输送到某一楼层的一个空的停车位;当你回来取车时,电梯和传送带又可以将你的车送回到停车楼的第一层入口电梯。

停车楼的布局也比较简单,一个中央电梯负责在楼层间输送汽车,在每一层有一个大型的循环传送带系统。传送带可以沿顺时针或者逆时针方向移动。当电梯到达了某一楼层,它就成为传送带的一部分,这样汽车就可以被传送带移动到某个空的停车位了。

在每一天的下班时间,停车楼通常停满了车,而且会有很多人过来取走他们的车。这里提供的服务按照先来先服务的顺序。也就是说,根据用户排队的顺序,电梯先到第一个用户的车所在楼层,该楼层的传送带将用户的车移动到电梯口,然后电梯再回到第一层的入口;第一个用户取走车后,轮到下一个用户取车。我们的问题是想知道所有车都被取走需要花费的时间。已知电梯上行一个楼层或者下行一个楼层的时间是 10 秒钟,传送带将车沿任意方向(顺势针或者逆时针)移动一个车位的时间是 5 秒钟。

输入：

第一行是一个正数，这个数代表测试用例的个数，至多不超过100，在这个数值之后是每个测试用例。

（1）这一行有两个整数：h 和 l，其中，$1 \leqslant h \leqslant 50$，$2 \leqslant l \leqslant 50$。$h$ 和 l 分别表示停车楼的楼层总数和传送带的长度。

（2）用 h 行并且每行有 l 个整数表示所有车的初始泊车位置。第 i 行的第 j 个数表示第 i 层的第 j 个停车位置。对应的数 r 表示该停车位的车应该是第 r 个可以被取走的车，如果 r 的值为 -1，则表示该停车位尚未停泊车。电梯入口是在第一层；电梯初始时是空的，并且在第一层的第一个停车位置。停车楼至少停有一辆车。

输出：

对每个测试用例，用一个数（秒）对应一行，表示所有车被取走的时间。

示例输入：

```
2
1 5
-1 2 1 -1 3
3 6
-1 5 6 -1 -1 3
-1 -1 7 -1 2 9
-1 10 4 18 -1
```

示例输出：

```
25
320
```

针对这个问题，我们通过下面五个步骤来分析和解决。

第一步，我们需要分析和理解题意。根据问题的描述，我们要计算所有车被取走的时间，需要先分别计算每辆车被取走的时间。而计算每辆车被取走的时间，关键是要定位每辆车所停放的楼层和传送带的位置，然后根据停车位置距离电梯口的距离，判断选择让传送带进行顺时针移动或者逆时针移动。下面，我们先看看示例输入的第一个测试用例的计算过程（如图1.2所示）。

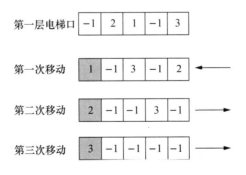

图 1.2　传动带的移动过程示例

由于三辆车都停放在了第一层，因此只需要传送带进行三次移动，而不需要电梯的上下移动。1 号车离电梯口只有两个车位的距离,因此传送带只需要左移两个车位,1 号车就可以被取出,用时 10 秒钟。完成第一次移动后,根据 2 号车的位置,如果将其向左移动,到电梯口的距离较远;但如果让传送带循环右移,则只需要移动一个车位,2 号车就可以到电梯口,因此,选择让传送带右移,将 2 号车取出用时 5 秒。2 号车被取走后,可以通过让传动带循环右移两个车位,使 3 号车最快到达电梯口,需要 10 秒。所以,对于第一个测试用例,总的用时应该是 25 秒。第二个测试用例与第一个测试用例类似,但还需要统计电梯上下楼层的时间,这里不再赘述。通过以上分析,我们已经完全理解了这个问题的要求。

第二步,针对问题的输入,我们需要考虑如何表示和存储数据。输入主要包含三项内容,分别是用例个数、楼层数和传送带长度,以及所有车辆的停车位置。对于用例个数、楼层数和传送带长度,可以简单地用三个 Integer 类型的变量 Num_TestCase、Num_Floor 和 Len_Belt 存储;而对于所有车的停放位置,我们可以用一个 Integer 类型的二维数组 Park_Pos[floor][belt] 来表示,例如,Park_Pos[3][2] =5 表示第 5 号车停放在第 3 层的 2 号车位。

第三步,在选择了适当的数据表示和存储方法的基础上,我们需要选择某种计算策略,设计一定的步骤操作数据,并编程计算得到问题要求的结果。对每个测试用例,我们可以按照以下步骤进行编程实现:

(1) 在 Park_Pos 数组上查找得到第 k 辆车的数组下标,即楼层位置 i 和车位位置 j。

(2) 计算从当前楼层到第 k 辆车所在楼层的电梯移动时间。

(3) 沿传送带左移方向和右移方向分别计算当前车位位置与电梯口的车位距离。

(4) 如果左移车位距离电梯口比右移车位距离电梯口更近,则对 Park_Pos 数组的第 i 行数据做循环左移,直到第 k 号车被移动到电梯口为止,计算移动时间并累加到获取该车辆的总时间中;否则,对 Park_Pos 数组的第 i 行数据做循环右移,直到第 k 号车被移动到电梯口为止,并做相应计算。然后,将 Park_Pos 数组的第 i 行第一个元素的值置为 −1。

(5) 计算从当前楼层到一楼出口的电梯下行时间,并累加到获取该车辆的总时间中。

(6) 回到步骤(1),计算下一辆车的取出时间,直到统计完所有车辆为止。

第四步,如果算法第三步得到的结果与我们期望的结果不一致,我们还会回到第二步和第三步,对数据表示和计算过程进行检查和修改,直到最终得到我们想要的正确结果。这也是我们在编程实现的过程中经常会反复遇到的状况。

第五步,虽然我们通过编程实现得到了正确结果,但为了提高程序的运行速度,降低数据占用的计算机存储空间,我们可能还会进一步地优化和改进数据表示的方式和计算的方法。例如,针对上述这个问题,对于所有车辆的停放位置数据,我们除了可以采用二维数组进行存储以外,也可以使用结构数组进行存储。通常我们也会考虑通过改进查找第 k 辆车位置的算法来提高算法效率。

在以上整个问题求解的过程中,虽然我们并没有学习过数据结构与算法这门课程,但我们已经不经意地应用了数据结构与算法这门课程中将要介绍的一些知识和方法。其中,第二步涉及数据结构的知识,第三步涉及算法的知识,第五步则涉及算法评价与分析的知识。在这门课程接下来的学习中,我们将分别针对这些内容进行系统的介绍,让大家能够更清晰地认识和理解"数据结构与算法"这门课程的内涵和外延。

1.3　数据结构的基本概念和术语

视频讲解

1.3.1　数据的基本特性

要理解什么是数据结构,首先需要知道什么是数据。对于这个问题,可能每个人都有自己的理解。维基百科给出的定义是:数据是关于事件之一组离散且客观的事实描述,是构成信息和知识的原始材料。这个定义比较抽象,而百度百科则给出了更具体的定义:科学实验、检验、统计等所获得的和用于科学研究、技术设计、查证、决策等的数值都是常见的数据。

本书认为,**数据是指存储在某种介质上能够识别的物理符号,是信息的载体,这些符号可以是数、字符或者其他。**下面我们来看一个例子。

假设我们有某大学计算机系全部入学新生的基本信息数据,其中新生陈小丽的基本信息如图 1.3 所示。图中的身高、体重、性别、入学总分和学号都是与陈小丽相关的个人数据。注意,虽然数据经常以数字的形式呈现在我们面前,但并不能简单地将数据理解成数字,因为数据还有很多其他的形式,比如声音数据、图形数据和视频数据等。

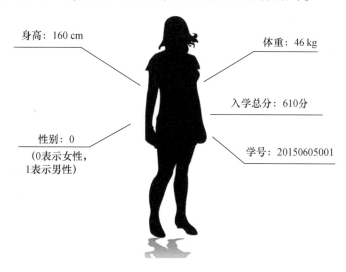

图 1.3　大学入学新生陈小丽的基本数据

那么,数据为什么需要结构呢? 我们来看一下,如果把陈小丽的个人数据堆放在一起,形成一串很长的数字而不给出一定的结构约束它[如图 1.4(a)所示],那么这串数字将是无法让人理解的。但如果我们按照身高、性别、体重、入学总分和学号的顺序对这串数字进行结构划分[如图 1.4(b)所示],这串数字的意义就很容易理解了。

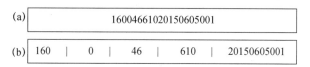

图 1.4　有结构的数据与没有结构的数据

因此,这里我们得到了一个重要结论:一堆杂乱无章的数据是无法理解和使用的;只有对数据定义出适当的结构,才能方便我们理解和使用。同时,数据需要基本的构成部件,就像物体是由分子构成的,分子是由原子构成的一样。数据是由数据元素构成的,而数据元素是由数据项构成的。例如,计算机系所有入学新生的数据是由许多像陈小丽这样的单个数据元素构成的;而陈小丽个人信息的数据元素又是由身高、体重、性别等数据项构成的。我们将数据元素称为构成数据的基本单位,而数据项是构成数据的最小单位。它们之间的关系如图1.5所示。

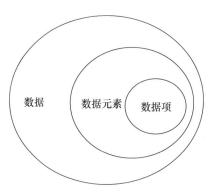

图1.5 数据的基本构成及其关系

1.3.2 数据的逻辑结构

视频讲解

假设我们需要编制一个项目管理的程序,来管理一个公司所有项目人员的各项事务。那么,这个公司的管理架构可以是这样的:总经理管理所有项目的项目经理,每个项目小组由一位项目经理和若干个开发人员组成,其中开发人员由项目经理直接负责管理。该公司项目人员的管理组织结构如图1.6所示。

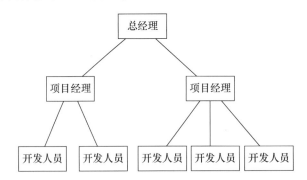

图1.6 某公司项目人员的管理组织结构

在这样的组织结构中,每个数据元素(项目人员)都存在领导或被领导的关系。因此,我们又可以得到一个重要结论,数据元素之间通常是存在关系的。我们将**数据元素之间的关系统称为逻辑关系或者逻辑结构**,那么数据元素之间可能存在哪些关系呢?

在现实生活中,我们大概能分析和整理出四大类常见的数据关系。第一种是集合关系,例如,一个班级里身高超过180cm的同学可以构成一个集合,班上爱好画画的同学也可以构成一个集合等。第二种是线性关系,例如,在食堂排队买饭的同学队列,期末考试的日程表等。第三种是树形关系,例如,公司的人事组织架构关系,一个网站的结构等。第四种是图形关系,例如,社交网络中的好友关系,森林中动物之间的捕食关系等。根据上述四种数据关系,有以下四种对应的基本逻辑结构(如图 1.7 所示)。

(1) 集合结构——数据元素间除"同属于一个集合"外,无其他关系。

(2) 线性结构——一个对一个的关系,如线性表、栈、队列。

(3) 树形结构——一个对多个的关系。

(4) 图状结构——多个对多个的关系。

　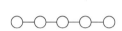　　

　　(a) 集合结构　　　　　(b) 线性结构　　　　　(c) 树形结构　　　　　(d) 图形结构

图 1.7　四种基本的数据逻辑结构

通过以上的介绍,我们给出一些基本术语的定义。

(1) 集合(Set)——若干具有共同可变特征的事物的"聚合"。

(2) 数据(Data)——所有能输入到计算机中去的描述客观事物的符号。

(3) 数据元素(Data Element)——数据的基本单位,也称结点(Node)或记录(Record)。

(4) 数据项(Data Item)——有独立含义的数据最小单位,也称域(Field)。

(5) 关键码(Key)——数据元素中能起标识作用的数据项。

(6) 关系——集合中元素之间的某种相关性。

1.3.3　数据的存储结构

视频讲解

前面我们已经学习了数据的逻辑结构,但如果想要用计算机操作和使用数据,还需要将数据按照合理的方式组织和存储到计算机的内存中。下面,我们先看看计算机的内存单元有什么特点。内存的最基本单位叫作存储单元,存储单元相当于一个空盒子,可以放置数据。为了便于管理,盒子一般都会被标记一个编号,类似地,存储单元也有编号,就是存储单元的地址。为了简单起见,我们可以把存储单元的编号(地址)都编成 0,1,2,3,4,…这些编号(地址)的取值范围,我们称为地址空间。图 1.8 是常见的计算机的内存地址结构。从图中我们可以看到,计算机的内存地址是一维的结构,即每个内存单元只有一个唯一的内存地址。同时,我们也注意到,内存地址的结构是线形结构,即每个内存单元和相邻单元的逻辑关系是线形关系。所以,这样的地址结构非常适合存储线形结构的数据,但非线性结构的数据(如树形结构和图形结构)该怎么存储呢?这就是存储结构需要研究和解决的问题。

根据计算机内存地址结构的特点,我们发现数据在内存中存放只可能有两种形态,第一种是存放数据的内存单元地址是相邻的,第二种则是存放数据的内存单元地址不相邻。因此,当存放数据的内存单元地址连续时,我们将这样的存储结构称为**顺序存储结构**;当存放数据的内存单元地址不连续时,为了建立不同数据之间的联系,如树形结构的一对多的关系,我们通常使用地址指针来表示数据与数据之间的关系,这种存储结构称为**链式存储结构**。

图 1.8　计算机的内存地址结构

本书将要介绍的存储结构主要包含顺序存储结构、链式存储结构、索引存储结构和散列（Hash）存储结构四种。其中，索引存储结构和散列存储结构相对于前两种存储结构而言，并不是一种"全新"的存储结构，而是在前两种存储结构的基础上扩展定义出的存储结构。

选择不同的数据组织方式（存储结构），可能会对数据元素处理和计算的效率产生影响。下面我们看一个例子。

通常图书馆的书目（数据元素）包含了书名、作者、出版社、出版时间、学科门类等信息。图书馆按照不同的方式存放书目对于读者查找图书的效率是有影响的。例如，按照出版时间存放书目与按照学科门类存放书目，显然会对书目的查找效率产生不同的影响。

如何针对不同的问题选择合适的存储结构也是本书要讨论的重要问题。

1.3.4 数据结构的定义

根据前面的介绍，我们发现了一些与数据结构相关的基本要素。第一，数据是由数据元素构成的；第二，数据元素之间是存在关系的；第三，要在计算机中表示和存储数据，需要根据计算机内存的特点选择适当的方式。我们将这三个要素结合起来定义数据结构，这里采用三元组来进行描述：

$$DS = (E, R, M)。$$

其中，E 表示数据元素的集合，R 表示数据元素之间关系的集合，M 表示存储数据元素的存储单元的集合。

1.3.5　数据类型

目前，一般程序设计语言，如 C，C++，Java 等，都提供了一些常用的数据类型，如整型（Integer）、浮点型（Float）、字符型（Char）、数组类型等；相应的，也提供了一些针对这些数据类型的运算方法，如加减法、乘除法、并交差等。数据类型可以看作是一个数据元素集合和定义在此集合上的一组操作的总称。我们可以将数据类型看作是程序设计语言自身实现的数据结构。在实际应用中,根据应用需要,可以用程序设计语言提供的已有数据类型来构造和扩展更高级和更有效的数据结构。

1.3.6 抽象数据类型的含义与表示形式

视频讲解

根据前面的介绍,我们已经了解了数据结构的基本特点。那么是否有一种定义数据结构的通用范式呢?下面要介绍的抽象数据类型(Abstract Data Type)就可以解决这个问题。抽象数据类型的定义是指一个数学模型以及定义在该模型上的一组操作。这里"抽象"的意义在于强调数据类型的离散数学特性并且与其在计算机内部如何表示和实现无关。因此,抽象数据类型的定义如下

$$ADT = (E, R, O)。$$

式中,O 是数据元素基本操作的集合,常见的基本操作包括查找、插入和删除等。为了强调抽象性,该定义中省略掉了数据结构定义中的 M 项。下面,我们举一个具体的抽象数据类型的例子。

在程序设计语言中,一般并没有复数类型,我们可以尝试按照抽象数据类型的要求自己构建一个复数类型。

```
ADT Complex {
数据对象:
    E = {Real,Imag |Real,Imag ∈ RealSet} //定义在实数集合上的实部元素 Real 和虚部元
素 Imag
数据关系:
    R = {< Real,Imag >} //复数的实部和虚部是一对一的线性关系
基本操作:
    AssignComplex(&Z,Real,Imag)//给复数 Z 的实部和虚部赋值的操作
    GetReal(Z,&RealPart)//返回复数 Z 的实部值的操作
    GetImag(Z,&ImagPart)//返回复数 Z 的虚部值的操作
    Add(Z₁,Z₂,&Sum)//复数 Z₁ 和 Z₂ 的加法操作,并将结果输出到 Sum
    Multiply(Z₁,Z₂,&Prod)//复数 Z₁ 和 Z₂ 的乘法操作,并将结果输出到 Prod
} ADT Complex
```

1.4 算法的概念

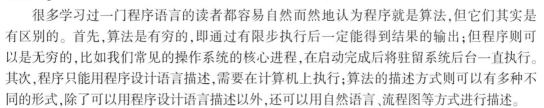

视频讲解

做任何事情都有一定的步骤,通过计算机解决问题也需要一定的步骤,即人为规定的程式化的操作步骤,因此,**算法可以定义为解决某一特定问题的具体步骤的描述,是指令的有限序列**。

很多学习过一门程序语言的读者都容易自然而然地认为程序就是算法,但它们其实是有区别的。首先,算法是有穷的,即通过有限步执行后一定能得到结果的输出;但程序则可以是无穷的,比如我们常见的操作系统的核心进程,在启动完成后将驻留系统后台一直执行。其次,程序只能用程序设计语言描述,需要在计算机上执行;算法的描述方式则可以有多种不同的形式,除了可以用程序设计语言描述以外,还可以用自然语言、流程图等方式进行描述。

例如,根据以下条件,设计一个统计某居民家庭一年电费的算法。

如果每月用电在 150 度以内(包含 150 度),则该月每度电费为 2 元;如果每月用电超过150 度,则该月每度电费为 3 元。

要统计某居民家庭一年的电费,该算法可用如下的自然语言进行描述。

Step 1:将当前电费设为 0,将第一个月的用电度数作为当前用电量 N。

Step 2:判断当前用电量是否大于 150 度,如果大于 150 度,将 $N \times 3$ 累加到当前电费中;否则将 $N \times 2$ 累加到当前电费中。

Step 3:判断是否是最后一个月(12 月),如果是,转到 Step 4;否则,取下一月的用电度数作为当前用电量 N,转到 Step 2。

Step 4:输出当前电费,算法结束。

该算法也可用图 1.9 所示流程图进行描述。

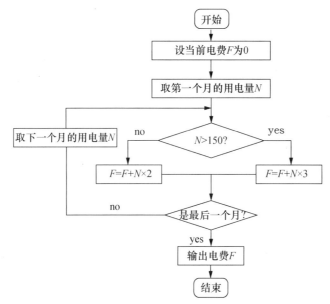

图 1.9　统计某居民家庭一年电费算法的流程图

通过上面的例子,我们可以归纳出算法的基本性质,包括以下五个方面:

(1)有穷性(Finiteness):一个算法必须在执行有限步骤之后结束。

(2)确定性(Definiteness):算法的每一步必须是确切定义的,不能产生二义性。

(3)可行性(Effectiveness):算法中执行的任何计算步骤都可以被分解为基本的可执行的操作步骤,即每个计算步骤都可以在有限时间内完成(也称之为有效性)。

(4)输入(Input):一个算法有 0 个或多个输入,以刻画运算对象的初始情况。所谓 0 个输入,是指算法本身定义了初始条件。

(5)输出(Output):一个算法有 1 个或多个输出,以反映对输入数据加工后的结果。没有输出的算法是毫无意义的。

那么,如何才能设计出好的算法?或者说优秀算法和劣质算法的区别是什么?这里给出算法设计的一般规则。

1. 正确性

正确性是对算法的基本要求。这里的正确性包含三个层面,首先,算法的过程必须正确,即步骤和次序没有错误,在逻辑上是合理的和完整的;其次,算法的功能要正确,即算法处理和解决的不是不相关的问题;最后,算法的执行结果要正确,即算法的输出要对应算法的输入,不允许出现部分输出正确但其他部分输出错误的情况。

2. 可读性

可读性是对算法的可理解性提出的要求。不管选择何种方式来描述算法,都要确保算法的描述结构完整、逻辑清晰,不能对算法做不完整的描述,也不能对算法的任一步骤做模棱两可甚至错误的表述。

3. 健壮性

算法的健壮性主要针对算法的容错能力而言。当输入的数据非法时,算法应当做出恰当的反应或进行相应处理,而不是产生莫名其妙的输出结果。并且,处理出错的方法不应是中断算法的执行,而应该是返回一个表示错误或错误性质的值。因此,在设计算法时,应该充分考虑算法处理的输入数据范围,并对不在输入数据范围内的非法数据进行适当的处理。

4. 高效率和低存储量

通常,效率指的是算法的执行时间;存储量指的是算法执行过程中所需的最大存储空间。优秀的算法应该有较高的效率和较低的存储量。

1.5 算法的复杂度分析

如何度量算法的效率呢?上面提到算法执行的时间越短,则算法的效率越高。通常,影响算法执行时间的因素非常多,例如,选用分治策略实现的算法和选用动态规划策略实现的算法,执行时间可能存在较大的差别;选用低级语言(如汇编语言)实现的算法和选用高级语言(如 C 、Java 等)实现的算法,执行时间也可能会存在差异;选用低端计算机(较小的内存和计算能力较弱的 CPU)和选用高端计算机通常会对算法运行的时间产生影响;同一查找算法,在一个班级的学生数据中集中查找和在一个学校的学生数据中集中查找的时间显然会不同,即问题规模也会影响算法的执行时间。在这些因素中,选择不同的算法实现策略虽然会对算法执行时间产生影响,但无法用于度量算法的效率。编程语言和所使用的计算机的性能是影响算法执行时间的外在因素,但不是决定性因素。问题规模,即输入数据量的大小是唯一可以用来量化算法执行时间的依据。

假设一个算法通过某种程序设计语言实现,在一台计算机上处理 n 个数据元素并输出结果,那么算法的执行工作量(总的语句执行次数)应该是输入数据量 n 的函数 $f(n)$。显然,随着数据元素个数 n 的增长,算法的执行时间 T 也会相应增长,因此,算法的执行时间 T 必然与算法的执行工作量 $f(n)$ 成正相关的关系,可以表示为 $T \propto f(n)$。如果进一步假设给定计算机执行任意一条语句的时间均为 t,那么,$T = f(n) \times t$。所以,当计算机处理每一条语句的时间一定时,可以忽略算法的具体执行时间,而直接用 $f(n)$ 来估计算法的运行效率。下面,举例说明如何统计算法的执行工作量 $f(n)$。

例如,实现逆序数组的冒泡排序算法如下。

```
void bubble_sort(int& a[],int n){
1    int i,j;
2    for(i=n-1;i>0;--i){
3        for(j=0;j<i;++j){
4        if(a[j]>a[j+1]){
5            a[j]↔a[j+1];//a[j]和 a[j+1]的值相互交换
```

```
6        }
7        }
8}
```

视频讲解

（**注意**,本教材在描述算法时,均采用了类 C++ 的语言进行描述;即描述算法的程序基本遵守 C++ 的语法规范,但在一些细节上又有所简化和省略。例如,以上排序算法中的编号为 5 的语句表示了两个变量值的交换;虽然这样实现不符合 C++ 的语法,但从算法描述的角度来看,这种写法可以成立。）

在上述冒泡排序算法中,编号为 2 的 for 循环语句执行了 $n-1$ 次,编号为 3 的 for 循环语句执行了 $1+2+3+\cdots+(n-1)=n(n-1)/2$ 次,编号为 4 的判断语句和编号为 5 的交换语句也分别执行了 $n(n-1)/2$ 次。所以,在该算法中,所有语句的执行次数为

$$f(n)=1+(n-1)+3\times n(n-1)/2=(3n^2-n)/2。$$

分析算法的工作量时,可以发现当 n 足够大时,运算次数的低阶部分对于工作量的估计是可以忽略的。例如,n^3 和 n^3+2n^2+15 比较,$(n^3+2n^2+15)/n^3$ 在 n 取正无穷极限时,结果为 1。同样道理,因为运算次数的高阶部分的常数项不会改变工作量的阶数,因此,对工作量的估算不会有太大影响,也可以省略掉。这里将语句执行次数的高阶项定义为算法的渐进工作量,记为 $f(n)$,然后用 $O(f(n))$ 表示算法的时间复杂度,也可称为渐进的时间复杂度。因此,冒泡排序的时间复杂度为 $O(n^2)$。

在分析例 1.1 排序算法的时间复杂度时,我们强调了逆序的情况,这其实是排序时遇到的最坏情况,一般情况下,我们更关注平均的情况。实际上,在进入后续章节的学习后,我们会发现很多时候平均情况和最坏情况一样“差”,即通常可以用最坏情况来讨论算法的时间复杂度。对于渐进时间复杂度,还可以用下面这个定理进行描述。

定理 1.1 如果存在正的常数 C 和自然数 N_0,使得 $N\geq N_0$ 时,有 $f(N)\leq Cg(N)$,则称函数 $f(N)$ 当 N 充分大时有上界,且 $g(N)$ 是它的一个上界,记为 $f(N)=O(g(N))$。

例如,对所有的 $N\geq 1$ 时,$3\log_2 N\leq 4\log_2 N$,有 $3\log_2 N=O(\log_2 N)$;当 $N\geq 1$ 时,$N+1024\leq 1025N$,有 $N+1024=O(N)$。

因此,定理 1.1 从数学的角度提供了另外一种估算算法时间复杂度的方法。可以证明符号 O 有如下运算规则:

(1) $O(f)+O(g)=O(\max(f,g))$;

(2) $O(f)\cdot O(g)=O(fg)$;

(3) 如果 $g(N)=O(f(N))$,则 $O(f)+O(g)=O(f)$;

(4) $O(Cf(N))=O(f(N))$,其中 C 是一个正的常数;

(5) $f=O(f)$。

常见的算法时间复杂度有常数阶 $O(1)$,对数阶 $O(\log_2 n)$,线性阶 $O(n)$,线性对数阶 $O(n\log_2 n)$,多项式阶 $O(n^2)$,$O(n^3)$ 和指数阶 $O(2^n)$ 等。图 1.10 给出了这些常见算法的运行时间 T 与问题规模 n 的关系曲线。

与算法的时间复杂度的分析方法类似,算法的空间使用量仍然是与问题规模 n 相关的函数 $g(n)$。算法的空间复杂度定义为:$S(n)=O(g(n))$,表示随着问题规模 n 的增大,算法运行所需存储量的增长率与 $g(n)$ 的增长率相同。算法的存储量主要包括输入数据所占空间、程序本身所占空间和辅助变量所占空间。

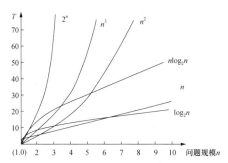

图 1.10　常见算法的运行时间 T 与问题规模 n 的关系

视频讲解

随着计算机硬件技术的发展,计算机的计算性能和存储性能取得了长足进步。计算机从早期只能处理几十兆字节的数据发展到今天可以轻松处理太字节(Terabyte)的数据。有一种观点认为计算机的性能提高那么快,就不再需要研究符合高效率和低存储量要求的算法了,因为如果算法效率低,占用空间大,可以用更好的计算机来弥补这些不足。针对这一观点,我们必须指出,研究和设计好的算法永远不会过时,也不是性能好的计算机就能代替的。下面通过一个例子来说明。

设求解同一问题的四种不同算法,其时间复杂度分别为 $O(n),O(n^2),O(n^5),O(2^n)$。采用速度为每秒处理 100 万次基本操作的计算机,问题规模 n 分别为 10,30,60,100 时的时间代价如表 1.1 所示。

表 1.1　问题规模 n 取不同值时四种算法的时间复杂度

问题规模 时间复杂度	$n = 10$	$n = 30$	$n = 60$	$n = 100$
$O(n)$	0.01 ms	0.03 ms	0.06 ms	0.1 ms
$O(n^2)$	0.1 ms	0.9 ms	3.6 ms	10 ms
$O(n^5)$	0.1 s	24.3 s	13.0 min	167 min
$O(2^n)$	1.0 ms	17.9 min	366.0 世纪	4×10^{14} 年

对于指数时间复杂度的算法,即使计算机速度提高 10 万倍,仍要用 4×10^9 年才能完成问题规模仅为 100 的问题的计算,因此,认为随着计算机性能的不断提高,就不再需要研究符合高效率和低存储量要求的算法的观点是错误的。

▶▶▶ 本章小结

绪论部分介绍了数据结构与算法课程的主要内容和基本概念;其中算法的复杂度分析是本章需要重点掌握的知识点。通过本章的学习,为后续章节奠定了概念和方法的基础。

▶▶▶ 习题

一、单项选择题

1. 从逻辑上可以把数据结构分为(　　　)两大类。

A. 动态结构和静态结构　　　　　B. 顺序结构和链式结构

C. 线性结构和非线性结构　　　　D. 初等结构和构造型结构

2. 算法分析的目的是(　　　)。

A. 找出数据结构的合理性　　　　B. 研究算法中输入和输出的关系

C. 分析算法的效率以求改进　　　D. 分析算法的易懂性和文档性

3. 以下数据结构中,(　　　)是非线性数据结构。

A. 树　　　　　　　　　　　　　B. 数组

C. 队列　　　　　　　　　　　　D. 堆栈

4. 树形的结构最适合用来描述(　　　)。

A. 有序的数据元素　　　　　　　B. 无序的数据元素

C. 数据元素之间存在层次关系　　D. 数据元素之间存在前驱后继关系

5. 以下(　　　)算法的执行工作量最大。

A. $f_1(n) = n(\log_2 n)^{50}$　　　　　　B. $f_2(n) = n^{2.5}(\log_2 n)^{10}$

C. $f_3(n) = n^3$　　　　　　　　　　D. $f_4(n) = (\log_2 n)^{100}$

二、填空题

1. 数据结构是_____的集合,以及表示它们关系的_____结构和组织方式的_____结构。

2. 数据元素是构成数据的_____单位,数据项是构成数据的_____单位。

3. 评价某个算法的优劣,通常需要从_____,_____,_____,_____方面来进行考察。

4. 下面程序段($n > 1$)的时间复杂度为_____。

```
sum = 1;
for(i = 0; sum < n; i ++) sum + = 1;
```

5. 已知输入数据个数为 n,下面程序段中的时间复杂度是_____。

```
i = n * n;          while(i!=1){i/=2;}
```

三、简答题

1. 数据为什么需要有结构?

2. 算法与程序的相同点和区别各是什么?

3. 怎样用抽象数据类型定义矩阵类型?

四、算法设计题

1. 编程实现本章停车楼的实例,并分析算法的时间复杂度。

2. 用流程图描述如何在一串整数中找到所有符合(奇数,偶数)相邻关系的数对的算法。

第 2 章
线性结构

　　线性表是最基本和最常用的一类数据结构,它表示的是元素之间一一对应的线性结构。
　　本章先给出四个实际应用问题,读者可以尝试独立解决这四个问题。为了解决这些问题,本章会介绍相关基础理论知识,包括线性表的结构(逻辑结构和存储结构)、基本操作、算法实现、常见变形及应用、特殊线性表(常用的栈和队列)、线性表在维度上的扩展(数组)和简单的查找排序算法。然后运用这些基础理论解决提出的四个实际问题。通过对实际问题的分析、求解,介绍根据问题需求分析数据元素关系、选择或设计合适的逻辑结构与存储结构、寻找算法并分析算法性能,最终编写程序模拟实际运行及求解过程。

2.1　项目指引

项目 1　电话号码本

　　张老师团队进行手机系统功能研发,其中对电话号码本功能的基本要求包括:联系人信息包括姓名、电话号码、住址等;具有添加新的联系人、修改联系人、删除联系人等功能;可以根据姓名查询某个人的详细信息。请问,怎么建立电话号码本并实现上述要求的功能呢?

项目 2　迷宫寻路

　　陈程最喜欢玩迷宫游戏了,而且每次跟朋友们一起玩,他总能轻松战胜其他人。最近他迷上了电脑上的迷宫游戏,里面的迷宫地图复杂多变,趣味性强。这不,今天他遇到一个超级复杂的迷宫地图(如图 2.1 所示),玩了好久都没有找到通路。你能通过编程帮助他在需要的时候指出通路吗?

项目 3　自助交易平台

　　周末的电影很好看,小王很早就订了票,小张也想去看,他去订票的时候却被告知票已售完。周末到了,小张不甘心,就在电影院外等着看是否有人退票,而小王因为临时有事,不能去看电影,也没时间去退票。于是,他们二人都没有看成电影。如果有一个自助交易平台,小王就可以通过该平台进行退票,小张也就可以通过该平台买到被其他客户退回的电影票了。请编程设计这个自助交易平台以满足客户自助交易的需求。

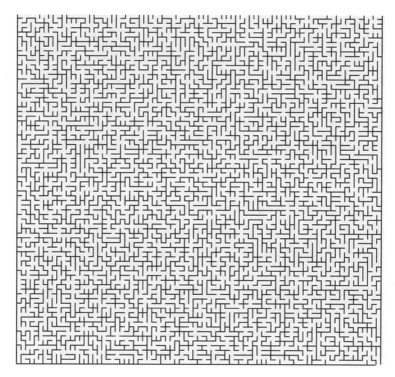

图 2.1　迷宫地图举例

项目 4　电话号码本的快速查找

　　项目 1 中要求的电话号码本设计好了，张老师通过测试发现该电话号码本虽然满足了项目 1 中所提的基本要求，但是查找速度比较慢，因此，他要求开发团队设计一个查找效率高的算法，以改进电话号码本的查找功能，你能协助开发团队完成这项工作吗？

2.2　基础知识

2.2.1　线性表

1. 线性表的定义

线性表是 $n(n>=0)$ 个具有相同类型的数据元素的有限序列，逻辑结构记为

$$L=(a_1,a_2,\cdots,a_{i-1},a_i,a_{i+1},\cdots,a_n)。$$

其中，L 是线性表的名称，通常用大写字母表示；a_i 是组成该线性表的数据元素，通常用小写字母表示；i 是数据元素的序号或编号，从数字 1 开始，a_i 是第 i 个数据元素；n 是数据元素的个数，称为表长，当 $n=0$ 时，线性表的数据元素个数为 0，称为空表。

　　在线性表的数据元素中，第一个元素 a_1 称为表**头元素**，最后一个元素 a_n 称为表**尾元素**。

　　线性表中数据元素之间的关系是线性关系，体现在表中相邻元素之间的顺序关系上。在非空线性表中，a_1 至 a_{i-1} 的所有数据元素称为 a_i 的**前趋**，a_{i+1} 至 a_n 的所有元素称为 a_i 的**后继**。a_{i-1} 称为 a_i 的**直接前趋**，a_{i+1} 称为 a_i 的**直接后继**。对于 a_i，当 $i=2,\cdots,n$ 时，有且仅有一

视频讲解

个直接前趋 a_{i-1}；当 $i=1,2,\cdots,n-1$ 时，有且仅有一个直接后继 a_{i+1}。a_1 是表中第一个元素，它没有直接前趋；a_n 是表中最后一个元素，它没有直接后继。在不混淆的情况下，下面我们将省略"直接"二字。

线性表中的数据元素可以是基本的数据类型，如 int、char 等，也可以是复杂的结构类型，但每个线性表中的数据元素类型必须相同。例如，4 本图书组成的线性表 L = (book1，book2，book3，book4)。其中，数据元素是由 3 个数据项构成的结构体类型：

```
struct bookinfo{
    int    No;       /* 图书编号 * /
    char  *name;    /* 图书名称 * /
    char  *auther;   /* 作者名称 * /
};
```

(分析问题的时候，本书通常将数据元素类型抽象成 ElemType 或 DataType，编程实现的时候才根据实际数据类型实例化为具体的数据类型。)

2. 线性表的基本操作

在第 1 章中提到，数据结构的操作是定义在逻辑结构层次上的，而操作的具体实现是建立在存储结构上的。因此，线性表的基本操作只是从逻辑结构层次上进行讨论，每一个操作的具体实现只有在确定了线性表的存储结构之后才能完成。

视频讲解

基本操作是一组运算，当掌握了某一数据结构上的基本操作后，其他的操作既可以通过基本操作来实现，也可以直接实现。

在下面的描述中，假设线性表定义为 ListPtr，数据元素类型为 ElemType，Status 是表示操作状态的枚举类型：

```
typedef enum Status
{
    success,fail,fatal,range_error
}Status;
```

其中，success 表示操作成功，其他表示操作失败，fail 表示一般出错，fatal 表示严重出错，range_error 表示参数不恰当。

线性表上的基本操作主要包括以下几种。

(1) 线性表初始化：Status List_Init(ListPtr L)

初始条件：线性表 L 不存在。

操作结果：成功返回 success，构造一个空的线性表 L；否则返回 fatal。

(2) 销毁线性表：void List_Destory(ListPtr L)

初始条件：线性表 L 存在。

操作结果：释放 L 所占空间。

(3) 线性表清空：void List_Clear(ListPtr L)

初始条件：线性表 L 存在。

操作结果：清除线性表中所有元素，线性表 L 变空。

(4) 线性表判空：bool List_Empty(ListPtr L)

初始条件：线性表 L 存在。

操作结果：如线性表 L 为空，返回 true，否则返回 false。

（5）求线性表的长度:int List_Size(ListPtr L)

初始条件:线性表 L 存在。

操作结果:返回线性表 L 中所含数据元素的个数。

（6）取表中元素:Status List_Retrieve(ListPtr L,int pos,ElemType * elem)

初始条件:线性表 L 存在。

操作结果:若 $1 < = pos < = List\_Size(L)$,返回 success,同时将线性表 L 中的第 pos 个元素的值存放在 elem 中;否则返回 range_error。

（7）按值查找:Status List_Locate(ListPtr L,ElemType elem,int * pos)

初始条件:线性表 L 存在,elem 是给定的一个数据元素。

操作结果:在线性表 L 中查找值为 elem 的数据元素,若找到,返回 success,同时将 L 中首次出现的值为 elem 的那个元素的序号记入 pos;否则,返回 fail。

（8）插入操作:Status List_Insert(ListPtr L,int pos,ElemType elem)

初始条件:线性表 L 存在。

操作结果:若 $1 < = pos < = List\_Size(L) + 1$,且线性表中还有未用的存储空间,在线性表 L 的第 pos 个位置上插入一个值为 elem 的新元素,原序号为 pos,$pos + 1, \cdots, n$ 的数据元素的序号变为 $pos + 1, pos + 2, \cdots, n + 1$,插入后表长 = 原表长 +1,返回 success;否则,若线性表中没有未用的存储空间,返回 overflow,位置不对返回 range_error。

（9）删除操作:Status List_Remove(ListPtr L,int pos)

初始条件:线性表 L 存在。

操作结果:若 $1 < = pos < = List\_Size(L)$,在线性表 L 中删除序号为 pos 的数据元素,删除后使序号为 $pos + 1, pos + 2, \cdots, n$ 的元素的序号变为 $pos, pos + 1, \cdots, n - 1$,新表长 = 原表长 -1,返回 success;否则返回 range_error。

（10）求前驱操作:Status List_Prior(ListPtr L,int pos,ElemType * elem)

初始条件:线性表 L 存在。

操作结果:若第 pos 个数据元素的直接前驱存在,将其存入 elem 中,返回 success;否则返回 fail。

（11）求后继操作:Status List_Next(ListPtr L,int pos,ElemType * elem)

初始条件:线性表 L 存在。

操作结果:若第 pos 个数据元素的直接后继存在,将其存入 elem 中,返回 success;否则返回 fail。

在线性表中,以基本操作为基础,可以实现其他一些复杂的操作。下面以两个例子来说明一些较为复杂的操作。

【例 2.1】 用线性表 La 和 Lb 分别表示集合 A 和 B,现要求一个新的集合 $A = A \cup B$。

分析: 只需将线性表 Lb 中的数据元素逐个取出,判断其是否在线性表 La 中,如果不在,就将其插入线性表 La。具体合并过程如算法 2.1 所示。

视频讲解

算法 2.1　线性表合并算法

```
1 Status List_Union(ListPtr La,ListPtr Lb){
2     ElemType elem;                    /* elem 用于存放从 Lb 中取出的元素 */
```

```
 3 Status status;                              /* 状态代码 */
 4     int i,j,len = List_Size(Lb);            /* len 中存放 Lb 的元素个数 */
 5     for(i = 1;i < = len;i + +){
 6         List_Retrieve(Lb,i,&elem);          /* 取出 Lb 中第 i 个数据元素 */
 7         status = List_Locate(La,elem,&j);    /* 判断它是否在 La 中 */
 8         if(status! = success){               /* 如果不在 */
 9             status = List_Insert(La,1,elem); /* 将其插入到 La 的第一个位置 */
10             if(status! = success)break;      /* 插入失败则退出 */
11         }
12     }
13     return status;
14}
```

该算法必须要在线性表的基本操作 List_Size,List_Retrieve,List_Locate,List_Insert 等函数已经编程实现后,才能够在计算机中被调用并实际运行。在线性表的存储结构中,根据不同的存储结构分别实现了这些基本操作函数,将这些函数的定义及实现加入 List_Union 所在工程,并在主程序中初始化线性表 La 和 Lb,则可以调用 List_Union 函数,实现两个线性表的合并操作。

在算法 2.1 中,第 5 行要重复执行 $len + 1$ 次(最后一次循环越界),第 6 行和第 9 行的执行次数与线性表 La,Lb 的具体的存储结构有关,第 7 行是将从 Lb 中取出的数据元素和 La 中所有元素逐个比较,比较的最大次数和 La 的当前长度相等。

如果以比较次数为算法时间的衡量尺度,即以比较作为算法的基本操作,则最好的情形是 Lb 中的数据元素全部都在 La 中,且处于 La 的最前面,此时的比较次数为 $1 + 2 + 3 + \cdots + len = len(len + 1)/2$,若用 m 和 n 分别表示 La 和 Lb 的长度,则最好情况下的时间复杂度为 $O(n^2)$。

最坏的情况是 Lb 中的数据元素全都不在 La 中,取出 Lb 中的第一个元素后需要将其与 La 中的所有 m 个元素进行 m 次比较,并将该元素插入到 La 中,取出 Lb 中的第二个元素后需要将其与 La 中的所有 $m + 1$ 个元素进行 $m + 1$ 次比较……最后一次取出 Lb 中的第 n 个元素后需要将其与 La 中的所有 $m + n - 1$ 个元素进行 $m + n - 1$ 次比较,故总的比较次数为 $m + (m + 1) + \cdots + (m + n - 1) = mn + n(n - 1)/2$,时间复杂度为 $O(mn + n^2)$。如果 m 和 n 同量级,那么最好和最坏情况下,算法复杂度都为 $O(n^2)$。

【例 2.2】已知线性表 La 和 Lb 中元素分别按非递减顺序排列,现要求将它们合并成一个新的线性表 Lc,并使得 Lc 中元素也按照非递减顺序排列。

分析:线性表 Lc 初始为空。依次扫描 La 和 Lb 中的元素,比较当前元素的值,将较小值的元素插入 Lc 的最后一个元素之后。如此反复,直到一个线性表扫描完毕,然后将未完的那个线性表中余下的元素逐个插入到 Lc 的表尾,具体合并过程如算法 2.2 所示。

视频讲解

算法 2.2 有序表的合并算法

```
Status List_Merge(ListPtr La,ListPtr Lb,ListPtr Lc){
    ElemType elem1,elem2;         /* 用于暂存数据元素 */
    Status status;                /* 状态代码 */
    status = List_Init(Lc);       /* 初始化线性表 Lc */
    if(status! = success){return status;}/* 初始化失败,退出 */
    int i = 1,j = 1,k = 1;        /* i,j,k 分别用于指示 La,Lb,Lc 中当前正处理的元素 */
    int n = List_Size(La),m = List_Size(Lb);  /* n,m 中分别存放 La,Lb 中的元素
                                                 个数 */
    while(i < = n && j < = m){    /* 两个表都还未处理完 */
```

```
List_Retrieve(La,i,&elem1);List_Retrieve(Lb,j,&elem2);
    if(elem1 < elem2){
        status = List_Insert(Lc,k,elem1);
        i = i +1;                    /*处理 La 中下一个数据元素 */
    }
    else{
        status = List_Insert(Lc,k,elem2);
        j = j +1;                    /*处理 Lb 中下一个数据元素 */
    }
    if(status! = success)return status;    /*插入失败,退出 */
    k = k +1;                        /* Lc 中数据个数加1 */
}
while(i < = n){                      /*表 La 都还未处理完 */
    List_Retrieve(La,i,&elem1);
    status = List_Insert(Lc,k,elem1);
    if(status! = success)return status;/*插入失败,退出 */
    i = i +1;k = k +1;
}
while(j < = m){                      /*表 Lb 都还未处理完 */
    List_Retrieve(Lb,j,&elem2);
    status = List_Insert(Lc,k,elem2);
    if(status! = success)return err;/*插入失败,退出 */
    j = j +1;k = k +1;
}
return status;
}
```

　　如果以比较次数作为基本语句,这个算法的比较次数等于遍历完成 La,Lb 两个线性表元素个数少的线性表所需要的比较次数,然后把另外一个线性表的余下元素依次插入到线性表 Lc 的尾部。因此,最坏情况下的时间复杂度为 $O(m+n)$。

　　3. 线性表的顺序存储

　　线性表的顺序存储结构是指用一组地址连续的内存单元依次存储线性表中的各个数据元素,数据元素之间的线性关系通过存储单元的相邻关系来体现,用这种存储形式存储的线性表称为**顺序表**。

视频讲解

　　存储结构要体现数据的逻辑结构,在顺序表的存储结构中,内存中物理地址相邻的结点一定具有线性表中的逻辑相邻关系。对线性表 $L = (a_1,a_2,\cdots,a_{i-1},a_i,a_{i+1},\cdots,a_n)$,由于所有数据元素 a_i 的类型相同,因此每个元素占用的存储空间的大小是相同的。假设每个数据元素占 d 个存储单元,第一个数据元素的存放地址(基地址)是 s,则该线性表的顺序存储结构如图 2.2 所示。

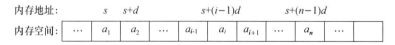

内存地址:		s	$s+d$		$s+(i-1)d$			$s+(n-1)d$	
内存空间:	$\cdots$	a_1	a_2	$\cdots$	a_{i-1}	a_i	a_{i+1}	$\cdots$	a_n	$\cdots$

图 2.2　线性表的顺序存储结构

　　由于数据元素 a_i 和 a_{i+1} 存放在相邻的存储单元中,记 $\mathrm{loc}(a_i)$ 为 a_i 的存储地址,则第 i 个数据元素的地址可用公式(2.1)计算。

$$\mathrm{loc}(a_i) = \mathrm{loc}(a_1) + (i-1) \times d \tag{2.1}$$

　　每个数据元素地址的计算都需要 1 次减法、1 次乘法和 1 次加法,需要的计算时间是相同的,这表明顺序表具有按数据元素的序号随机存取的特点,因此顺序表也称为线性表的随机存储结构。

线性表的顺序存储结构描述如下:

```
# define LIST_INIT_SIZE  100     /* 线性表存储空间的初始分配量 */
typedef struct Sqlist {
    ElemType  * elem;           /* 存储空间基址 */
    int length;                 /* 当前长度 */
    int listsize;               /* 当前分配的存储容量 */
}Sqlist, * ListPtr;
```

在上述定义中,数组指针 elem 指示线性表的基地址,length 指示线性表的当前长度。Listsize 指示顺序表当前分配的存储空间的大小。对于顺序存储结构,如果使用过程中发现预先分配空间不足,可以重新分配一个更大的空间,然后把原来空间的数据拷贝到新空间,再释放以前的小空间。本书没有针对空间不足的情况给出进行调整的例子,请读者自己思考该情况如何解决。

下面考虑顺序存储的具体实现。顺序存储有两种典型的实现方法:数组表示法和指针表示法。数组表示法的存储空间在编译之前就需确定,称为静态存储。指针表示法可以在程序运行时进行存储空间分配,称为动态存储。采用指针表示法时,可以在初始化时为数据元素分配恰当的存储空间,除初始化和释放过程与数组表示法不同外,其他操作和数组表示法完全相同。

本书采用指针表示法实现线性表的顺序存储,它也是我们后面主要使用的描述形式。

顺序表的各种操作实现相对较简单,需要注意的是,不同的约定实现略有不同。为了和数据元素的逻辑位置一致(从 1 开始编号),本章的数据元素是从第 2 个数据单元(C 语言中的编号为 1)开始存放,数据区编号为 0 的单元暂时没有使用。

1) 顺序表的基本操作

下面主要讨论顺序表中查找、插入和删除等操作的实现及复杂度分析。

(1) 顺序表的查找操作。

查找有时也称定位,查找的要求通常有两种:按位置查找和按值查找。按位置查找是给定数据元素的位置,在线性表中找出相应的数据元素;按值查找是给定数据元素的值(或值的一部分,比如数据元素的某个数据项),在线性表中查找相应数据元素的位置(或其他信息)。算法 2.3 给出了按位置查找的具体过程。

算法 2.3　顺序表的按位置查找算法

```
Status List_Retrieve(ListPtr L,int pos,ElemType * elem){
    Status status = range_error;
    int len = L -> length;
    if(1 < = pos && pos < = len){/* 检查参数是否合法 */
        * elem = L -> elem[pos];
        status = success;
    }
    return status;
}
```

显然,该算法的时间复杂度是 $O(1)$。这也是顺序表是随机存取结构,查找速度快的原因。

按值查找相对麻烦些,需要和原表中的数据元素逐一比较,算法 2.4 给出了按值查找的具体过程。

算法 2.4　顺序表的按值查找算法

```
Status  List_Locate(ListPtr L,ElemType elem,int * pos){
    Status status = range_error;
    int len = L -> length;
    int i = 1;
    while(i <= len && L -> elem[i]!= elem)/* 元素依次比较 */
        i + +;
    if(i <= len){    /* 找到 */
            * pos = i;
            status = success;
    }
    return status;
}
```

List_Locate 的时间耗费主要在于比较数据元素是否相等,显然,比较的次数和给定的数据元素有关。最好的情形是第 1 个元素就是要找的元素,只需比较 1 次即可;如果该数据元素不在此线性表中,则需比较 n 次,其中 n 是线性表的长度,所以最坏的时间复杂度为 $O(n)$。

下面计算其查找成功时的平均时间复杂度。假设查找每个数据的查找概率相等,则第 i 个数据需要比较 i 次,查找概率 $p_i = 1/n$,因此平均需要比较

$$\frac{1 + 2 + \cdots + n}{n} = \frac{1}{n} \times \frac{n(n + 1)}{2} = \frac{n + 1}{2} \tag{2.2}$$

次,即需要比较大约一半的数据元素,其平均查找长度为 $\mathrm{ASL} = \dfrac{n + 1}{2}$。

视频讲解

(2)顺序表的插入操作。

顺序表的插入操作是指在表的某个位置插入一个新的数据元素。设原来的顺序表为

$$(a_1, a_2, \cdots, a_{i-1}, a_i, a_{i+1}, \cdots, a_n)。$$

在第 i 个位置成功插入数据元素 x 后,原顺序表变为表长为 $n + 1$ 的顺序表

$$(a_1, a_2, \cdots, a_{i-1}, x, a_i, a_{i+1}, \cdots, a_n)。$$

由于是顺序表,结点之间的逻辑顺序和物理顺序一致,为保证插入数据元素后的相对关系,必须先将位置为 $i, i+1, \cdots, n$ 的元素依次后移一个位置,如图 2.3 所示。

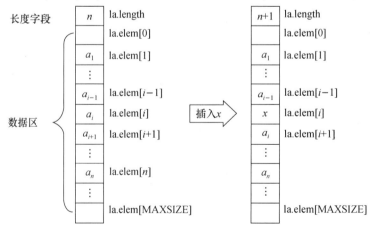

(a) 插入前　　　　　　　　　(b) 插入后

图 2.3　顺序表的插入操作在内存空间中的表示

插入操作可具体地描述为:对给定的顺序表 L、给定的数据元素 elem 和给定的位置 pos,若 $1 <= pos <= List\_Size(L)+1$,在顺序表 L 的第 pos 个位置上插入一个值为 elem 的新数据元素,原序号为 $pos, pos+1, \cdots, n$ 的数据元素的序号变为 $pos+1, pos+2, \cdots, n+1$,插入后表长 = 原表长 + 1,返回 success;否则,若没有空间则返回 overflow,若插入位置不正确则返回 range_error。

具体实现步骤包括以下5步:

① 检查插入位置是否合法,如果合法则继续,否则退出。

② 判断表是否已占满;因为可能存在所分配存储空间全部被使用的情况,此时也不能实现插入。

③ 若前面检查通过,则数据元素依次向后移动一个位置;为避免覆盖原数据,应从最后一个向前依次移动。

④ 新数据元素放到恰当位置。

⑤ 表长加1。

由于需要修改顺序表的各个字段,因此需传递指向顺序表的指针,具体插入过程如算法2.5所示。

算法2.5 顺序表的插入算法

```
Status  List_Insert(ListPtr L,int pos,ElemType elem){
    Status status = range_error;
    int len = L->length,i;
    if(len > MAXSIZE)error = overflow;
    else if(1 <= pos && pos <= len +1){
    for(i = len;i >= pos;i -- )
        L->elem[i +1] = L->elem[i];    /*数据元素后移一个位置*/
        L->elem[pos] = elem;
        L->length ++ ;/*表长加1*/
        status = success;
    }
    return status;
}
```

下面分析算法的时间复杂度。

显然,顺序表中插入操作的时间主要消耗在数据的移动上。假设顺序表的长度为 n,插入位置为 i,在第 i 个位置上插入数据元素 elem,从 a_i 到 a_n 都要向后移动一个位置,共需要移动 $n-i+1$ 个数据元素。因此,最好的情况是在最后一个元素后面插入新元素,此时不需要移动数据,时间复杂度为 $O(1)$;最坏的情况是在第一个位置插入新元素,此时需将所有元素后移一个位置,移动次数为 n,因此最坏的时间复杂度为 $O(n)$。

(3)顺序表的删除操作。

顺序表的删除操作是指删除顺序表中某个位置的数据元素。设原来的顺序表为

$$(a_1, a_2, \cdots, a_{i-1}, a_i, a_{i+1}, \cdots, a_n)。$$

删除第 i 个位置的数据元素 a_i 后,原顺序表变为表长为 $n-1$ 的顺序表

$$(a_1, a_2, \cdots, a_{i-1}, a_{i+1}, \cdots, a_n)。$$

由于是顺序表,为保证删除操作后数据元素之间的相对关系,必须将 a_i 后面的数据元素依次前移一个位置,如图2.4所示。

视频讲解

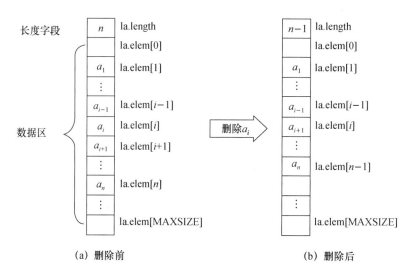

图 2.4　顺序表的删除操作在内存空间中的表示

删除操作可具体地描述为,对给定的顺序表 L,和给定的位置 pos,若 $1 <= \text{pos} <= \text{List\_}$ $\text{Size}(L)$,在顺序表 L 中删除序号为 pos 的数据元素,删除后使序号为 $\text{pos}+1,\text{pos}+2,\cdots,n$ 的数据元素的序号变为 $\text{pos},\text{pos}+1,\cdots,n-1$,新表长 = 原表长 -1,返回 success;否则返回 range_error。

具体实现步骤包括以下 3 步:

① 检查删除位置是否合法,如果合法,继续,否则退出;

② 若检查通过,删除指定位置的元素,其后的数据元素依次向前移动一个位置;

③ 表长减 1。

顺序表中删除操作的具体实现算法如算法 2.6 所示。

算法 2.6　顺序表的删除算法

```
Status List_Remove(ListPtr L,int pos){
    Status status = range_error;
    int len = L -> length,i;
    if(1 <= pos && pos <= len){
        for(i = pos;i < len;i ++)
                L -> elem[i] = L -> elem[i +1];/* 数据元素前移一个位置 */
        L -> length --;/* 表长减1 */
        status = success;
    }
    return status;
}
```

与顺序表的插入操作类似,顺序表的删除操作的时间主要消耗在移动顺序表中的数据元素上。考虑成功删除的情况,假设顺序表中原有数据元素的个数为 n,最好的情况是删除最后一个数据元素,此时不需进行数据元素的移动,只需修改线性表的长度,其时间复杂度为 $O(1)$;最坏的情况发生在删除第一个数据元素的时候,此时需要移动 $n-1$ 个数据元素,时间复杂度为 $O(n)$。所以,顺序表中删除操作的最坏时间复杂度为 $O(n)$。

（4）顺序表的其他基本操作。

顺序表的其他基本操作包括顺序表的创建、销毁、清空、判空以及前趋后继的求取等，下面给出这些操作具体实现的算法。

① 顺序表的创建。

算法 2.7　顺序表的创建算法

```
Status  List_Init(ListPtr L){
    Status status = fatal;
    L -> elem = (ElemType * )malloc((MAXSIZE +1) * sizeof(ElemType));/*分配存储
                                                        空间 * /
    if(L -> elem){                          /*检查是否成功 * /
        L -> length = 0;status = success;
    }
    return status;
}
```

② 顺序表的销毁。

算法 2.8　顺序表的销毁算法

```
void List_Destory(ListPtr L){
    if(L -> elem)
    {
        free(L -> elem);
        L -> elem = NULL;
    }
    L -> length = 0;
}
```

③ 顺序表的清空。

算法 2.9　顺序表的清空算法

```
void List_Clear(ListPtr L){
    L -> length = 0;
}
```

④ 顺序表的判空。

算法 2.10　顺序表的判空算法

```
bool List_Empty(ListPtr L){
    return L -> length == 0;
}
```

⑤ 顺序表的求前趋。

算法 2.11　顺序表的求前趋算法

```
Status List_Prior(ListPtr L,int pos,ElemType * elem){
    Status status = fail;
    int len = L -> length;
    if(2 <= pos && pos <= len){
        * elem = L -> elem[pos -1];
        status = success;
    }
    return status;
}
```

⑥ 顺序表的求后继。

算法 2.12　顺序表的求后继算法

```
Status  List_Next(ListPtr L,int pos,ElemType * elem){
    Status status = fail;
    int len = L -> length;
    if(1 <= pos && pos <= len -1){
        * elem = L -> elem[pos +1];
        status = success;
    }
    return status;
}
```

以上这些算法的时间复杂度均为 $O(1)$。

2）顺序表的优缺点

综合以上对顺序表的讨论分析,可总结出顺序表具有如下的优缺点。

（1）顺序表的优点。

① 方法简单,容易实现;② 不用为表示结点间的逻辑关系而增加额外的存储开销;③ 可按序号随机存取顺序表中的数据元素。

（2）顺序表的缺点。

① 插入、删除操作时,平均移动大约表中一半的元素,因此对较长的顺序表而言效率低。② 需要预先分配存储空间,预先分配存储空间过大,可能会导致顺序表后部大量存储空间闲置,造成空间极度浪费;预先分配存储空间过小,又会造成数据溢出。

4. 线性表的链式存储

线性表的链式存储是指用一组任意的存储单元(可以连续,也可以不连续)存储线性表中的数据元素。数据元素在存储空间中表示时通常称为结点。

因为数据元素可能不连续,为了能够反映数据元素之间的相邻逻辑关系,每个结点不仅要存放数据元素本身,还需要一些额外的存储空间,用于存放和它有关系的数据元素的地址,即需要存放指向其他元素的指针。我们称指向第一个结点的指针为**头指针**,一旦知道头指针,就可以沿着指针依次访问其他数据元素。

根据不同的标准,链表可以分为不同的类型。例如,根据结点中指针数量的多少,可以将链表分为单链表、双向链表和多重链表;根据是否在链表的第一个元素前附加额外的结点,可以将链表分为带头结点的链表和不带头结点的链表;根据头指针是指向第一个结点,还是指向最后一个结点,可以将链表分为带头指针的链表和带尾指针的链表等。

在对线性表进行操作时,只能通过头指针进入单链表,并通过每个结点的指针域向后扫描其余结点,这样就会造成寻找第一个结点和寻找最后一个结点所花费的时间不等。具有这种特点的存取方式被称为顺序存取方式。因此,链式存储结构失去了随机存取数据元素的功能,但换来了操作的方便性:在进行插入和删除时,无须移动数据元素。

1）单链表

单链表中每个结点由两部分组成:数据域和指针域。数据域用于存放数据元素,指针域用于存放数据元素之间的关系,通常用于存放直接后继的地址。由于每个结点中只有一个指向直接后继的指针,所以称其为单链表。这样的结点结构如图 2.5（a）所示,单链表

$(a_1,a_2,\cdots,a_n)$ 可用图 2.5(b) 表示。由于最后一个结点无后继,我们用"∧"表示空,同时应设立头指针指向第一个结点,通常用 head 表示头指针[如图 2.5(b) 所示]。

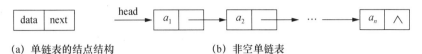

　　(a) 单链表的结点结构　　　　　　　　　(b) 非空单链表

图 2.5　单链表及其结点结构

图 2.4(b) 中的箭头仅仅表示结点之间的逻辑顺序,并不是实际的存储位置。对于线性表("a""b""c""d""e""f""g"),假设每个字符占用 2 个字节,每个指针占用 2 个字节,存储器按照字节编址,则该单链表在计算机存储器中的一种可能情况如图 2.6 所示。结点在存储空间中的地址可以相邻,如结点 6 和结点 7;也可以不相邻,如其他结点。

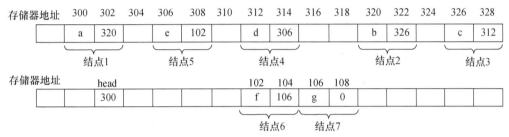

图 2.6　单链表在存储器中的映像

上述结点结构的类型在 C 语言中可定义如下:

视频讲解

```
typedef struct node{
    ElemType  data;  /*数据域*/
    struct node *next;  /*指针域*/
} ListNode,*ListNodePtr;
typedef ListNodePtr List,*ListPtr;
```

在上述类型定义中,我们定义了 3 个数据类型:struct node,ListNode, * ListNodePtr,定义不同数据类型的目的主要是提高算法的可读性,同时也使得某些表达较简单。比如,定义一个结点 $n1$,可以使用下面等价的语法:

```
struct node  n1;  ⇔  ListNode  n1;
```

定义一个指针变量 p,可以使用下面 3 种等价的方式:

```
struct node  *p ⇔  ListNode *p ⇔  ListNodePtr  p。
```

显然,无论是定义结点还是定义指针,最后一种写法不仅简单,而且意义更明确。

　　指针变量 p 定义后,并没有存放任何结点的地址,可以使用如下语法动态分配 ListNode 结点大小的存储空间:

```
p = (ListNodePtr)malloc(sizeof(ListNode)).
```

　　按照 ListNode 的结构格式化,并将其地址存放在变量 p 中。也可以将指针变量指向已经存在的结点 $n1$,如 $p=\&n1$。对于使用 malloc 函数分配的存储空间,如果不再需要使用这些空间,需用语句 free(p) 进行空间释放和回收。

　　一旦指针和某个地址进行了绑定,则可以利用下面几种格式对结点中的成员进行访问。

如用 $p->data$ 表示数据元素;用 $p->next$ 表示它的直接后继的地址。

下面的代码定义了3个变量:

```
ListNode    n1,n2;  /*定义2个结点变量*/
ListNodePtr  p=&n1;/*定义一个指向结点n1的指针变量p*/
n1.next=&n2;  /*结点n1的指针域存放结点n2的地址*/
```

图 2.7 表示了指针变量和结点变量之间的关系,以及在存储器中一种可能的存储方式。

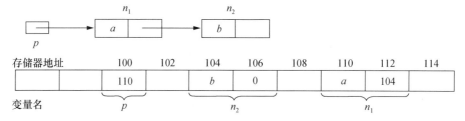

图 2.7　指针变量和结点变量的关系

头指针对单链表特别重要,它唯一的标识了一个单链表。对某个单链表,只需知道第一个结点的地址,就可以从第一个结点的地址开始"顺藤摸瓜",找到单链表中的每个结点。由图 2.7 可以看出,只要知道头指针 head,就知道第一个结点的位置在 110 单元,由第一个结点的 next 域(104 单元)就可知道其后继,也就是第二个结点在 104 单元,按照这种方法,就能找到单链表中的所有结点。相反,如果不知道头指针,则无法知道第一个结点的存储位置,当然也就无法通过指针逐一找到其他元素的位置。

视频讲解

定义一个单链表 L 可使用下面的语句为:

$$List\quad L;$$

该语句实际上定义了一个指针变量 L。对于空的单链表,可以用 $L=NULL$ 来表示。

(1)单链表的基本操作。

为了方便,对单链表进行操作之前,通常在第一个结点前增加一个称为头结点的结点。该头结点具有和其他结点相同的数据类型,其中的数据域通常不用,对于数据域是整数的结点,也可以用来存放数据元素个数等信息;指针域用来存放第一个结点的地址。在带头结点的单链表 $(a_1,a_2,\cdots,a_n)$ 中,头指针指向头结点,如果线性表为空,则头结点的后继为空[如图 2.8(a)所示],可表示为 $L->next==NULL$;否则,头结点的后继为第一个结点[如图 2.8(b)所示]。

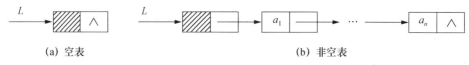

(a) 空表　　　　　　　　　　　　　　(b) 非空表

图 2.8　带头结点的单链表

下面介绍带头结点的单链表的各种操作的实现。和顺序表类似,我们分别介绍查找、插入、删除、创建和其他操作的实现,其中主要介绍查找、插入和删除操作的实现。

① 单链表的查找操作。

首先介绍按位置查找,即在给定的单链表 L 中,查找指定位置的数据元素,如果存在,则返回 scuccess,同时取回相应结点的数据。

和顺序表不同,链表的操作只能从头指针出发,顺着指针域 next 逐个结点比较,直到搜索到指定位置的结点为止。单链表中按位置查找的具体算法如算法 2.13 所示。

算法 2.13　单链表的按位置查找算法

```
Status List_Retrieve(ListPtr L,int pos,ElemType * elem){
    Status status = range_error;
    ListNodePtr p = (* L) -> next;/*p 指向第一个元素结点 * /
    int i =1;/*计数器 * /
    while(p && i < pos){/*p 指向的结点存在,且未到达指定位置 * /
        i ++;
        p = p -> next;      /*指针后移,同时计数器加 1 * /
    }
    if(p && i == pos){   /* 找到指定位置,且该结点存在 * /
        * elem = p -> data;
        status = success;
    }
    return status;
}
```

查找操作从第一个结点开始,依次访问单链表的结点,因此,查找时间最长的情况是指定位置为最后一个结点,或者指定的位置超过线性表长度,指针须遍历整个单链表中的所有结点,故单链表定位查找的最坏时间复杂度为 $O(n)$。而顺序表的定位查找的时间复杂度是 $O(1)$,显然顺序表的定位查找效率更高。

在单链表中,也可以采取按值查找的方式进行查找。查找时,也是从单链表的头指针出发,将单链表中的结点逐个和给定值进行比较,直到找到所需数据元素(查找成功),或到达单链表尾部(查找失败)。具体的单链表按值查找的算法如算法 2.14 所示。

算法 2.14　单链表的按值查找算法

```
Status  List_Locate(ListPtr L,ElemType elem,int * pos){
    Status status = range_error;
    ListNodePtr p = (* L) -> next;/*p 指向第一个元素结点 * /
    int i =1;
    while(p != NULL){   /*当 p 指向的结点存在时,才能向下比较 * /
        if(p -> data == elem) break;/*比较 * /
        i ++;
        p = p -> next;   /*指针后移,同时计数器加 1 * /
    }
    if(p){     /* 找到给定结点 * /
        * pos = i;
        status = success;
    }
    return status;
}
```

该算法的时间复杂度也是 $O(n)$,和顺序表按值查找算法的时间复杂度相同。

从上面两个查找算法可看出:链表中经常需要进行指针的移动和定位操作,我们将其作为一个独立的函数来实现,具体实现如算法 2.15 所示。

算法 2.15　单链表的指针定位算法

```
Status  List_SetPosition(ListPtr L,int pos,ListNodePtr * ptr){
```

```
/*内部函数,返回指向第 pos 个结点的指针 */
Status status = fail;
ListNodePtr p = * L;
int i = 0;
while(p && i < pos){
        i ++;
        p = p -> next;
}
if(p && i == pos){
            * ptr = p;
            status = success;
}
return status;
}
```

利用上述算法,可以简化一些操作,如单链表按位置查找算法可采用算法 2.16 进行描述。

算法 2.16   单链表的按位置查找的简化算法

```
Status   List_Retrieve2(ListPtr L,int pos,ElemType * elem){
    Status status;
    ListNodePtr p;
    status = List_SetPosition(L,pos,&p);
    if(status == success){   /*找到 */
            * elem = p -> data;
    }
    return status;
}
```

视频讲解

显然,该算法的时间复杂度为 $O(n)$。

② 单链表的插入操作。

插入操作是指将值为 elem 的新结点插入到单链表中第 pos 个结点的位置上,即 a_{pos-1} 和 a_{pos} 之间。为了实现这个操作,必须找到 a_{pos-1} 的位置,然后构造一个数据域为 elem 的新结点,将其挂在单链链表上,操作过程如图 2.9 所示。单链表的插入操作具体实现算法如算法 2.17 所示。

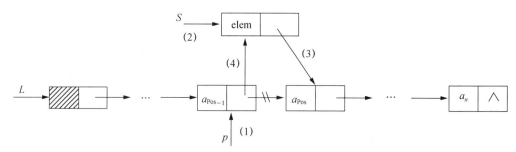

图 2.9   单链表的插入操作

算法 2.17   单链表的插入结点算法

```
Status   List_Insert(ListPtr L,int pos,ElemType elem){
    Status status;
    ListNodePtr pre,s;
    status = List_SetPosition(L,pos -1,&pre);   /*找插入位置的前驱 */
    if(status == success){
```

```
        s = (ListNodePtr)malloc(sizeof(ListNode));
    if(s){
        s ->data = elem;
        s ->next = pre ->next;
        pre ->next = s;
    }
    else
        status = fatal;
    }
    return status;
}
```

该算法的时间复杂度为 $O(n)$。此处的基本语句是指针移动,而不是数据元素移动。一般来说,数据元素移动的时间消耗要比指针移动的时间消耗大得多,上述算法仅仅移动指针而没有移动数据元素,因此实际运行速度是很快的。插入数据元素而不移动数据元素也是链表相对于顺序表的一大特点。

③ 单链表的删除操作。

同样,如果要删除单链表中第 pos 个结点,只需修改第 pos−1 个结点的后继域为第 pos+1 结点的地址,因此必须首先求得第 pos−1 结点的地址并用指针 p 指向该地址,然后再释放第 pos 个结点所占的存储空间。删除过程指针变化情况如图 2.10 所示,具体删除过程的算法实现如算法 2.18 所示。

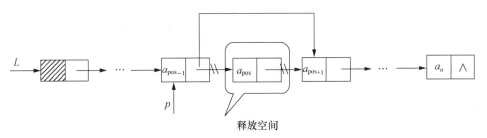

释放空间

图 2.10　单链表的删除操作

算法 2.18　单链表的结点删除算法

```
Status  List_Remove(ListPtr L,int pos){
    Status status;
    ListNodePtr ptr,q;
    status = List_SetPosition(L,pos −1,&ptr);/* 找插入位置的前驱 */
    if(status == success){
            q = ptr ->next;
            {ptr ->next = q ->next;
            free(q);
            q = NULL;}
    }
    return status;
}
```

上面算法的时间主要耗费在位置的查找上,如果以指针移动作为基本语句,其时间复杂度为 $O(n)$。同单链表的结点插入算法一样,单链表的结点删除操作也不需要移动数据元素,运行起来是很高效的。

④ 单链表的创建操作。

创建单链表的过程与创建顺序表的过程不同,单链表结点所占空间不是一次分配或预先划定的,而是根据结点个数不同即时生成的,并按需分配空间。

单链表的创建可以通过其他操作来实现,例如,首先创建一个空的单链表,然后依次动态生成元素结点,并逐个插入链表而得。数据的插入有两种方法:从链表头部开始插入和从链表尾部开始插入。由于从链表尾部开始插入需要跟踪尾部结点的位置,因此,我们使用从头部开始插入结点的方法建立单链表,此时要求数据元素以相反的顺序读入,每读入一个数据,就为其创建一个结点,并将其插入链表的头部。例如,创建单链表(1,2,3,4,5),可以通过图2.11所示过程实现,具体实现算法如算法2.19所示。

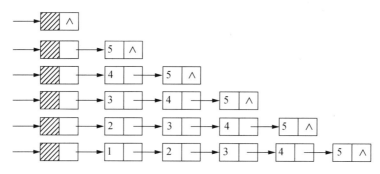

图 2.11　头部插入创建单链表

算法 2.19　单链表的创建算法

```
Status  List_Create(ListPtr L,ElemType elem[],int n){
        Status status = success;
        ListNodePtr  p,q;
        int  i = n-1;            /*指向最后一个数据元素*/
        q = (ListNodePtr)malloc(sizeof(ListNode));/*建立带头结点的空表*/
        q->next = NULL;
        while(i >= 0){   /*还存在数据元素未处理*/
                p = (ListNodePtr)malloc(sizeof(ListNode));
                if(!p){status = fatal;break;}       /*空间分配失败,退出*/
                p->data = elem[i];           /*新结点*/
                p->next = q->next;           /*插入在表头*/
                q->next = p;
                i = i-1;
            }
            *L = q;
        return status;
}
```

⑤ 单链表的其他操作。

下面给出单链表中其他操作的具体实现算法。

A. 单链表的初始化。

初始化是构造一个带头结点的空链表,头结点的后继为空。

```
Status  List_Init(ListPtr L){
        Status status = fatal;
        *L = (ListNodePtr)malloc(sizeof(ListNode));/*分配存储空间*/
```

```
    if(*L){(*L)->next=NULL;status=success;/*检查是否成功*/
    }
    return status;
}
```

B. 单链表的销毁。

```
void List_Destory(ListPtr L){
    List_Clear(L);    /*清空单链表*/
    free(*L);         /*删除头结点*/
}
```

C. 单链表的清空。

```
void List_Clear(ListPtr L){
    ListNodePtr p=*L,q=p->next;
    while(q){
        p->next=q->next;
        free(q);
        q=p->next;
    }
}
```

D. 单链表的判空。

```
bool List_Empty(ListPtr L){
    return(*L)->next==NULL;
}
```

E. 求单链表的长度。

```
int  List_Size(ListPtr L){
    int length=0;
    ListNodePtr p=(*L)->next;
    while(p){
        length++;
        p=p->next;
    }
    return length;
}
```

F. 求单链表中结点的前驱。

```
Status List_Prior(ListPtr L,int pos,ElemType *elem){
    Status status;
    ListNodePtr ptr;
    status=List_SetPosition(L,pos-1,&ptr);
    if(status==success){
        *elem=ptr->data;
    }
    return status;
}
```

G. 求单链表中结点的后继。

```
Status List_Next(ListPtr L,int pos,ElemType *elem){
    Status status;
    ListNodePtr ptr;
    status=List_SetPosition(L,pos+1,&ptr);
```

```
        if(status == success){
                * elem = ptr -> data;
        }
        return status;
    }
```

与顺序表不同,除初始化(List_Init)和判空(List_Empty)外,几乎所有的单链表的操作都涉及指针的大量移动($p = p -> next$),如果把指针移动作为基本语句,则它们的时间复杂度都是 $O(n)$。

需注意的是,不同情况下时间复杂度可能是不同的。如对于插入和删除操作,如果已知被操作结点的前驱指针,则它们的操作仅仅需要修改有限的几个指针即可,时间复杂度是 $O(1)$,而不像顺序表那样需移动大量的数据元素。即使考虑指针移动所花费的时间,因为指针移动仅仅是简单变量(相当于整型变量)的赋值操作,和移动数据元素相比,也能节省很多时间,这正是链式存储结构的一个重要优势。

(2)单链表的变形。

单链表还有多种变形形式,下面给出几种单链表变形。

① 不带头结点的单链表。

视频讲解

前面讨论的单链表都是带头结点的,下面介绍不带头结点的单链表。图 2.4 给出了不带头结点的单链表的示意图。不带头结点的单链表的创建具体实现算法如算法 2.20 所示。

算法 2.20 不带头结点的单链表的创建算法

```
Status   List_Create(ListPtr L,ElemType elem[],int n){
        Status status = success;
        ListNodePtr p,q;
        int  i = n-1;           /*指向最后一个数据元素*/
        while(i >= 0){   /*还存在数据元素未处理*/
                p = (ListNodePtr)malloc(sizeof(ListNode));
                if(!p){ status = fatal;break;}      /*空间分配失败,退出*/
                p -> data = elem[i];       /*新结点*/
                p -> next = NULL;
                if(i == n-1){q = p;}              /*第一个结点需特殊处理*/
                else{                      /*其他结点的处理不同*/
                        p -> next = q -> next;    /*插入在表头*/
                        q -> next = p;
                }
                i = i-1;
        }
        *L = q;
        return status;
    }
```

在算法 2.20 中,第一个结点的处理和其他结点是不同的,原因是第一个结点加入时链表为空,它没有直接前驱结点,它的地址就是整个链表的指针,需要放在链表的头指针变量中;而其他结点有直接前驱结点,其地址放入直接前驱结点的指针域。处理"第一个结点"的问题在很多操作中都会遇到,如空表情况下求链表中元素个数;向链表中插入结点时,插在第一个位置和插在其他位置的处理是不同的;从链表中删除结点时,删除第一个结点和删除其他结点的处理也是不同的。

在循环体中,由于对"第一个结点"的判断每次都需要重复进行,因此,为了方便操作,通常在链表的头部加入一个"头结点",头结点的类型与数据结点一致,标识链表的头指针变量 L 中存放该结点的地址。为链表加入头结点的优点表现在两个方面:

A. 由于第一个数据结点的地址存放在头结点的指针域中,所以链表中第一个结点和其他结点的操作一致,无须特殊处理。

B. 无论链表是否为空,因为头结点的存在,其头指针不空,使得"空表"和"非空表"的处理一样。

② 循环单链表。

循环单链表的特点是表中最后一个结点的指针域存放第一个结点的地址,整个链表形成一个环。一般单链表只能从头结点开始遍历整个链表,而循环单链表则可以从表中任意结点开始遍历整个链表。循环单链表有两种形式:带头结点和不带头结点。带头结点的循环单链表如图 2.12 所示。

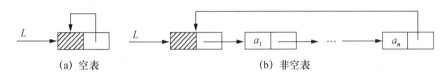

(a) 空表　　　　　　　　　　　　(b) 非空表

图 2.12　带头结点的循环单链表

循环单链表的各种操作实现基本上与非循环单链表相同,只是因为循环单链表中不存在空指针,所以须将非循环单链表操作中的终止条件由判断指针是否为 NULL,变为是否是头指针。算法 2.21 是在循环单链表中查找结点的具体实现算法,循环单链表其他操作的具体实现算法,请读者思考。

算法 2.21　循环单链表的查找结点算法

```
Status  List_Locate(ListPtr L,ElemType elem,int *pos){
    Status status = range_error;
    ListNodePtr p = (*L)->next;/*p指向第一个元素结点*/
    int i =1;
    while(p != *L){   /*p未回到头结点*/
        if(p->data == elem)break;/*比较*/
        i ++;  p = p->next;  /*指针后移,同时计数器加1*/
    }
    if(p){    /*找到给定结点*/
        *pos = i;status = success;
    }
    return status;
}
```

③ 带尾指针的循环单链表。

在某些操作中,如果知道循环单链表的尾指针,相关操作将得到简化。例如,在两个循环单链表 L_1 和 L_2 的合并操作中,需要将 L_2 的第一个结点接到 L_1 的尾结点之后。如果用头指针标识单链表,则需要从头到尾定位到链表 L_1 的尾结点,其时间复杂度为 $O(n)$;而如果用尾指针 La、Lb 来分别标识这两个循环单链表,即 La 和 Lb 分别指向的是这两个循环单链表的尾结点,则两个循环单链表合并操作的时间复杂度为 $O(1)$(注意与用头指针标识的区别)。带尾指针的两个循环单链表合并的具体实现算法如下,合并操作步骤如

图 2.13 所示。

```
p = La ->next;                    /* 保存 La 的头结点指针 */
La ->next = Lb ->next ->next;     /* 头尾连接 */
free(Lb ->next);                  /* 释放第二个表的头结点 */
Lb ->next = p;                    /* 组成循环链表 */
```

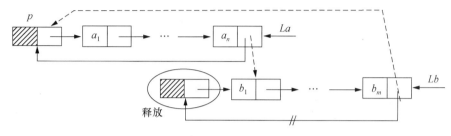

图 2.13　两个用尾指针标识的循环单链表的连接

2）链表的各种变形

（1）双向链表。

单链表的结点中只有一个指向其后继结点的指针域 next，因此，若已知某结点的指针为 p，则很容易求得其后继结点的指针 $p->$next，其时间复杂度为 $O(1)$；但找其前驱则只能从该链表的头指针开始，顺着各结点的 next 域进行，其时间复杂度为 $O(n)$。

循环单链表虽然可以从表中任意结点找到其他结点，但找前驱的操作还是需要遍历整个链表，其时间复杂度也是 $O(n)$。有些应用经常涉及找前驱的操作，因此需要从数据结构设计上，来支持高效的查找前驱的操作。

若希望找直接前驱的时间复杂度也达到 $O(1)$，可以为每个结点再加一个指向直接前驱的指针域，结点的结构如图 2.14（a）所示，用这种结点组成的链表叫作双向链表。与单链表相比，双向链表每个结点多占用一个指针所需的空间，这也是以空间换时间的一种处理策略。

在双向链表存储结构中，每个结点都有两个指针域：prior 和 next，prior 指向其直接前驱；next 指向其直接后继。若线性表为空表，则 prior 和 next 为空，如图 2.14（b）所示。双向链表 $L = (a_1, a_2, \cdots, a_n)$ 的逻辑结构如图 2.14（c）所示。

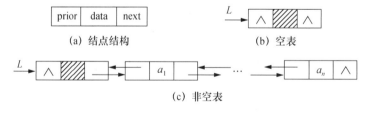

图 2.14　双向链表

可用如下方式定义双向链表的结点结构及类型：

```
typedef struct duNode{
    ElemType elem;
    struct duNode *prior, *next;
}DuNode, *DuNodePtr, *DuList;
```

和单链表类似,双向链表通常也用头指针标识,也可以是带头结点的双向链表,或构成循环双向链表。

显然,通过指向结点的指针 p 的 $p\text{->next}$ 可以直接得到某结点的后继结点地址,也可以通过 $p\text{->prior}$ 直接得到某结点的前驱结点地址。而 $p\text{->prior->next}$ 表示的是 p 指向结点的前驱结点的后继,即 p 自身存储的地址;同样,$p\text{->next->prior}$ 表示的是 p 指向结点的后继结点的前驱,也是 p 本身存储的地址,所以有以下等式:

$$p\text{-> prior -> next} = p = p\text{-> next -> prior}。$$

双向链表可以看作两个单链表,很多运算和单链表类似,下面介绍带头结点的双向链表的插入和删除操作。

① 双向链表的插入操作。

设 p 指向双向链表中某结点,q 为 P 的直接后继,s 指向值为 x 的待插入的新结点,将 $*s$ 插入到 $*p$ 的后面,指针修改如图 2.15 所示。

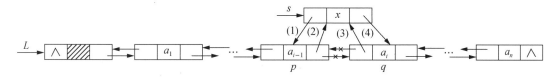

图 2.15　双向链表中的插入结点操作

具体实现算法中指针变化如下:

```
q = p ->next;
s ->prior = p;  p ->next = s;  s ->next = q;  q ->prior = s;
```

上述几个步骤操作的顺序是任意的。如果只知道指针 p 或者指针 q,则要注意指针的修改顺序。

在双向链表中,将新结点插入到 p 所指结点的后面的具体实现算法如算法 2.22 所示。

算法 2.22　双向链表的插入结点算法

```
Status  List_Insert (DuList L,int pos,ElemType elem){
    Status  status = range_error;
    DuNodePtr p = L,s;
    int i = 0;
    while(p && i < pos -1){      /*还存在结点且未到达第 pos -1 个结点 */
        p = p ->next;i = i +1;
    }
    if(p && i == pos -1){      /*第 pos -1 个结点是否存在 */
        s = (DuNodePtr)malloc(sizeof(DuNode));
        s ->data = elem;
        s ->next = p ->next;s ->prior = p;/*插入 p 的后面,需修改 4 个指针 */
        p ->next ->prior = s;p ->next = s;
        status = success;
    }
    return status;
}
```

② 双向链表的删除操作。

在双向链表中,设 p 指向其中某结点,删除 $*p$ 的操作需要修改 2 个指针,并释放该结

点,步骤如下:

```
p->prior->next = p->next;
p->next->prior = p->prior;
free(p);
```

在双向链表中删除结点的操作如图 2.16 所示。

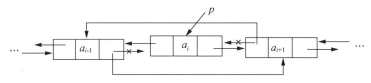

图 2.16　双向链表中的删除结点操作

如果指针已经定位到待插入/删除结点的位置,在双向链表中插入/删除结点操作的时间复杂度都是 $O(1)$。

(2) 静态链表。

前面所介绍的链表如要实现某些操作都需要指针,如果语言中不提供指针,如 Java 和 Visual BASIC 等,则只能通过其他方式来模拟指针。由于指针就是地址,而地址一般就是一个整数,因此,可以使用额外存储空间存放其直接后继的相对地址。不用动态生成结点,采用数组模拟链表的指针,用以表示数据元素直接后继所存放位置的存储结构,称为**静态链表**。

静态链表有两个特点:一是数据元素的存储空间像顺序表一样是事先静态分配的,而不像链表一样根据需要动态申请获得;二是数据元素之间的关系像链表一样是显示标明的,而不像顺序表一样隐含在邻接的存储单元中。

图 2.17 给出了静态链表的一种实现。分配一个较大的数组,每个数组元素包括 2 个数据项:data 和 next,data 存放数据元素本身,next 存放其直接后继的指针,该指针与前面的指针是不同的,它是直接后继结点的相对地址,即直接后继存放在该数组的下标。图 2.17 中存在两个静态链表:链表 head 是一个带头结点的单链表,表示单链表(a_1, a_2, a_3, a_4, a_5),而另一个单链表 av 是由可用结点组成的空闲链表。因为数组中没有下标为 −1 的单元,所以将 −1 作为静态链表的结束标志,即静态链表中最后一个结点的 next 置为 −1。

		data	next
head=0	0		4
	1	a_4	5
	2		9
	3	a_3	1
	4	a_1	8
	5	a_5	−1
av=6	6		7
	7		2
	8	a_2	3
	9		10
	10		11
	11		−1

图 2.17　静态链表

静态链表可以使用下面的方式实现：

```
#define  MAXSIZE  100      /*足够大的数*/
    typedef  struct {
          ElemType  data;
          int       next;
      }SNode;
      typedef struct{
          SNode  storage[MAXSIZE];
          int head,av;      /*head 为静态链表头指针,av 为空闲链表头指针*/
    }SlList,*SlListPtr;
```

在带头结点的静态链表 SL 的第 pos 个结点之前插入一个值为 elem 的新结点的具体实现算法如算法 2.23 所示。

算法 2.23　静态链表中插入新结点的算法

```
Status  List_Insert(SlList SL,int pos,ElemType elem){
      Status  status = rang_error;
      int p = SL.head,i = 0,s;
      while(SL.storage[p].next! = -1&& i < pos -1){  /*找第 pos -1 个结点*/
          p = SL.storage[p].next;  i + +;
      }
      if(i = =pos -1){
          if(SL.av ! = -1){                      /*若还有结点可用*/
              s = SL.av;
              SL.av = SL.storage[s].next;          /*申请新结点*/
              SL.storage[s].data = elem;
              SL.storage[s].next = SL.storage[p].next;  /*插入*/
              SL.storage[p].next = s;
              status = success;                  /*插入成功*/
          }
          else  status = fatal;              /*未申请到结点,插入失败*/
      }
      return status;
  }
```

2.2.2　特殊线性表

栈和队列是软件设计中常用的两种数据结构,它们的逻辑结构和线性表相同。这两个特殊线性表的特点在于运算受到了限制:栈只能在线性表的表尾进行插入和删除操作,具有"后进先出"的特点;队列只能在线性表的表尾进行插入、在表头进行删除的操作,具有"先进先出"的特点,故这两种线性表又称为运算受限的线性表。

1. 栈

(1) 栈的定义。

栈是一种特殊的线性表,它的逻辑结构和存储结构与线性表相同,它的特殊性在于所有操作都只能在线性表的一端进行。进行操作的一端为**栈顶**,用一个"栈顶指针"指示,栈顶的位置经常发生变化;而另一端是固定端,称为**栈底**。当栈中没有元素时称为**空栈**。向栈中插入数据元素的操作称为**入栈**,从栈中删除数据元素的操作称为**出栈**。图 2.18 是一个栈的示意图。

视频讲解

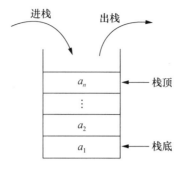

图 2.18　栈

由于栈的操作都在栈顶进行,如果数据元素 $a_1, a_2, \cdots, a_{n-1}, a_n$ 依次入栈,当 a_n 入栈后,其他元素都被"压"在下面,因此出栈的顺序只能是 $a_n, a_{n-1}, \cdots, a_2, a_1$(如图 2.18 所示)。这表明最先进入栈的数据元素出栈时却排在最后,这个特性称为**先进后出**(First In Last Out, FILO)。上述特性也可以描述为最后进栈的数据元素最先出栈,因此也可以称为**后进先出**(Last In First Out, LIFO)。所以,栈又称为先进后出(或后进先出)的线性表。

在日常生活中,有很多后进先出的例子。如家里吃饭的碗,通常在洗干净后一个一个地叠放在一起,使用时,若一个一个地拿,一定最先拿走最上面(最后洗干净)的那只碗,最后拿走最下面(最先洗干净)的那只碗。在程序设计中,也有很多后进先出的例子。如函数调用时,若一个函数 func1 调用另一个函数 func2,只有 func2 执行完毕后,才返回执行 func1,因此,可以用栈来保存函数运行时的各种局部数据和状态信息。

所有这些具有后进先出或者先进后出特性的操作,都可以用栈来实现,因此,栈是一种非常基本和重要的数据结构。

(2)栈的基本操作。

栈的基本操作主要包括以下几种。

① 初始化:Status Stack_Init(StackPtr s)

　初始条件:s 所指的栈不存在。

　操作结果:若成功,返回 success,构造一个 s 所指向的空栈;否则返回 fatal。

② 销毁:void Stack_Destory(StackPtr s)

　初始条件:栈 s 存在。

　操作结果:释放 s 所占空间,栈 s 不存在。

③ 清空:void Stack_Clear(StackPtr s)

　初始条件:栈 s 存在。

　操作结果:清空栈中所有元素,栈 s 变空。

④ 判空:bool Stack_Empty(StackPtr s)

　初始条件:栈 s 存在。

　操作结果:若栈 s 为空,返回 true;否则返回 false。

⑤ 判满:bool Stack_Full(StackPtr s)

　初始条件:栈 s 存在。

　操作结果:若栈 s 为满,返回 true,否则返回 false。

⑥ 入栈:Status Stack_Push(StackPtr s,StackEntry item)

　　初始条件:栈 s 存在。

　　操作结果:若栈 s 不满,将 item 添加到栈顶,返回 true;否则返回 overflow。

⑦ 出栈:Status Stack_Pop(StackPtr s, StackEntry * item)

　　初始条件:栈 s 存在。

　　操作结果:若栈 s 不空,将栈顶数据放入 item,并删除原栈顶,返回 true;否则返回 un-
derflow。

⑧ 取栈顶元素:Status Stack_Top(StackPtr s,StackEntry * item)

　　初始条件:栈 s 存在。

　　操作结果:若栈 s 不空,将栈顶数据放入 item,返回 true;否则返回 underflow。

（3）栈的顺序存储。

和一般线性表一样,栈的存储结构也有顺序存储结构和链式存储结构两种。

利用顺序存储方式实现的栈称为**顺序栈**。在这种存储结构中,逻辑上相邻的两个数据元素在物理上也相邻。顺序栈通常用预先设定的足够大的一维数组来存放数据元素,用一个整型变量来存放栈顶指针。栈底可设置在数组的任一端,由于栈底位置是固定不变的,一般将数组首部作为栈底。

视频讲解

顺序栈的类型描述如下:

```
#define MAXSTACK    100
typedef struct stack {
    int top;
    StackEntry entry [MAXSTACK];
} Stack, * StackPtr;
```

其中,域 entry 用于存放数据元素,StackEntry 是数据元素的抽象类型表示。我们约定 top 为存放栈顶元素的位置,若 top = -1,表示该栈为空栈;若 top = MAXSIZE - 1,表示栈满。我们也可以约定 top 为栈顶的后一个位置,这样 top = 0 表示该栈为空栈,top = MAXSIZE 表示栈满,这种情况下栈的存储空间大小应该为 MAXSTACK + 1。本书以 top = -1 作为空栈。

入栈时 top 指针加 1,出栈时 top 指针减 1。图 2.19 给出了顺序栈中入栈和出栈操作时栈顶指针的变化情况。

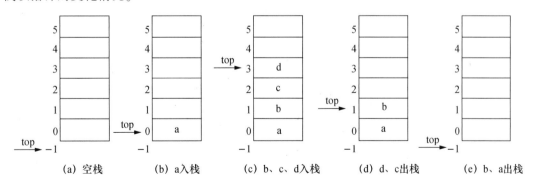

图 2.19　顺序栈中入栈和出栈操作时栈顶指针的变化情况

由于顺序栈中数据元素空间的大小是预先分配的,当空间全部占满后再做入栈操作将产生溢出,称为"**上溢**";类似地,当栈为空时再做出栈操作也将产生溢出,称为"**下溢**"。

下面介绍顺序栈的基本操作及其具体实现算法,其中的 Stack 和 StackPtr 为本小节定义的类型,Status 为本书定义的枚举类型。

① 顺序栈的初始化。

顺序栈的初始化操作主要是分配存储空间,并将栈顶指针置为 −1。存储空间的分配有两类:一类是静态分配,另一类是动态分配。

静态分配时的初始化比较简单,只需用如下代码预先定义一个栈

```
Stack s;
```

然后将其栈顶置为 −1,即 $s.top = -1$。具体描述如下:

```
Status  Stack_Init(Stack s){
    s.top = -1;      /*空栈数据元素个数为零*/
    return success;
}
```

动态分配存储空间时,可按如下方式进行:

```
StackPtr ps;/*声明一个指向栈的指针变量*/
ps = (StackPtr)malloc(sizeof(Stack));   /*分配存储空间*/
ps -> top = -1;   /*置栈顶为 -1*/
```

动态分配的存储空间首地址有两种传递方法:一种是通过函数返回值返回,另一种是通过参数返回。由于初始化返回的结果有两个:是否成功和成功时的存储空间首地址,我们采用通过参数传递的方式,具体实现算法如下:

```
Status  Stack_Init(StackPtr * s){
    Status  outcome = fatal;  /*不成功返回错误*/
    StackPtr p = (StackPtr)malloc(sizeof(Stack));
      if(p){
          p -> top = -1;      /*空栈数据元素个数为零*/
          * s = p;
          outcome = success;
      }
        return outcome;
}
```

如果预先指定的最大存储空间不够,还可以定义栈的存储空间是指针,采用动态分配方式:

```
typedef struct stack {
    int top;
    int maxSize;
    StackEntry * entry;
} Stack,* StackPtr;
```

然后,我们可以采用动态内存分配方式分配需要大小的栈空间:

```
Status Stack_Init(StackPtr s,int size){
    Status  outcome = fatal;  /*不成功返回错误*/
    StackEntry  p = (StackPtr)malloc(size * sizeof(StackEntry));
    if(p){
        s -> top = -1;          /*空栈数据元素个数为零*/
        s -> maxSize = size;
        outcome = success;
```

```
        }
    return outcome;
    }
```

如果采用上述这种定义和分配方式,在销毁栈的时候还要释放之前动态分配的空间。

② 顺序栈的销毁。

销毁是指将栈的动态分配的内存储空间释放,下面分别是两个销毁函数。

动态分配栈的销毁函数为:

```
void Stack_Destory(StackPtr * s){
    if(* s){                        /* 数据区域存在 * /
            free(* s);* s = NULL;
            (* s) -> top = -1;
        }
}
```

动态分配栈空间的销毁函数为:

```
void Stack_Destory(StackPtr s){
        if(s -> entry){                        /* 数据区域存在 * /
                free(s -> entry);s -> entry = NULL;
                s -> top = -1;
            }
    }
```

后面的程序都是针对第一种情况进行的,不再做另外说明。如果栈空间采用的是数组形式,则不能采用以上方式销毁数组空间。

③ 顺序栈的清空。

清空是指将栈的数据元素清空。由于数据元素由栈顶指针指示,而与存储空间中的数据元素无关,因此只需将栈顶置为 -1 即可。

```
void  Stack_Clear(StackPtr s){
        s -> top = -1;
    }
```

④ 顺序栈的判空。

判空是指判断栈中是否还有数据元素。如果已经没有数据元素,返回 true;否则返回 false。

```
bool  Stack_Empty(StackPtr s){
        return  (s -> top <= -1);
    }
```

⑤ 顺序栈的判满。

```
bool  Stack_Full(StackPtr s){
        return  (s -> top > MAXSTACK -1);
    }
```

⑥ 顺序栈的入栈。

```
Status  Stack_Push(StackPtr s,StackEntry item){
        Status  outcome = success;
        if(Stack_Full(s))                /* 栈满则上溢出 * /
            outcome = overflow;
```

```
else{
    s ->top ++;
    s ->entry[s ->top] = item;/*数据元素放入top位置*/
}
return outcome;
}
```

⑦ 顺序栈的出栈。

```
Status  Stack_Pop(StackPtr s,StackEntry * item){
    Status  outcome = success;
    if(Stack_Empty(s))
        outcome = underflow;     /*栈空则下溢出*/
    else
        * item = s ->entry[s ->top --];/*top -1,再将top所指数据元素放入
    item*/
    return outcome;
}
```

⑧ 顺序栈的取栈顶元素。

```
Status  Stack_Top(StackPtr s,StackEntry * item){
    Status outcome = success;
    if(Stack_Empty(s))
        outcome = underflow;/*栈空则下溢出*/
    else
        * item = s ->entry[s ->top];/*取出数据,top指针不变*/
    return outcome;
}
```

由于栈的插入和删除操作具有它的特殊性,用顺序存储结构表示的栈插入或删除数据元素时并不存在需要移动数据的问题,因而效率较高。顺序栈的主要缺点在于难以预先估计准确的存储空间大小,因此需要预先分配一个较大的空间,这可能会造成存储空间的浪费;有时栈需要处理大量数据,又可能造成预先分配的空间不够使用的问题。

为充分使用存储空间,可考虑多个栈共享存储空间。两个栈共享存储空间的时候,可以将两个栈的栈底分别设置在数组的两端,这两个栈各自向中间延伸,如图2.20所示。这样,当一个栈的数据元素较多,而另一个栈的数据元素较少时,只要它们的数据元素总和不超过整个空间,就不会发生上溢。这种方案比为每个栈单独分配空间要好得多。相应的思想可以应用于多个栈同时共享一个存储空间的情形。

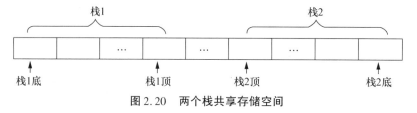

图 2.20　两个栈共享存储空间

视频讲解

（4）栈的链式存储。

顺序栈的主要问题在于如何选择恰当的空间大小,多个栈共享存储空间可以在一定程度上缓解存储空间占用的问题。当栈中数据元素的数目变化范围较大或不清楚栈中的数据元素的数目时,就应该考虑使用链式存储结构。用链式存储结构实现的栈称为**链栈**。

链栈通常用单链表表示,因此其结点结构与单链表的结点结构相同。由于栈的插入和删除操作只能在一端进行,对于单链表来说,在首端插入和删除结点要比在尾端相对容易一些,因此,我们将单链表的首端作为栈顶,如图2.21(a)所示。因为栈的插入和删除操作频繁,为了避免对栈空与非空情况的分别处理,我们仍然采用带头结点的单链表来表示链栈,如图2.21(b)所示,其中,单链表的头指针的next域指向栈顶,看作栈顶指针。链栈通常可表示成图2.21所示的形式。

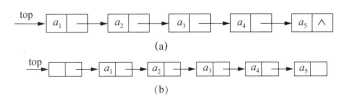

图2.21 链栈

在C语言中,栈的链式存储结构可用下列类型定义描述:

```
typedef struct node {      /*结点类型定义*/
        StackEntry entry;
        struct node *  next;
} StackNode,*StackNodePtr;
typedef struct stack {  /*链栈类型定义*/
    StackNodePtr top;       /*指向栈顶的指针*/
} Stack,*StackPtr;
```

在链栈中,经常需要生成新结点,为方便起见,我们将生成新结点的过程定义成如下的函数。

```
StackNodePtr NewNode(StackEntry item){
    StackNodePtr nodepointer;
    if ((nodepointer = (Node *)malloc(sizeof(Node))) = = NULL){
            printf("Exhausted memory.");
            exit(0);
    }else{
        nodepointer -> entry = item;
        nodepointer -> next = NULL;
    }
    return nodepointer;
    }
```

链栈的基本操作的具体实现算法分别表示如下。

① 链栈的初始化。

```
Status  Stack_Init(StackPtr *s){
    StackNodePtr nodepointer;
    Status  outcome = fail;
    if((nodepointer = (Node *)malloc(sizeof(Node))) ==NULL){/*头结点*/
            printf("Exhausted memory.");
            outcome = fatal;
        }else{
            nodepointer -> next = NULL;
            s -> top = nodepointer;
            outcome = success;
```

```
        }
        return success;
    }
```

② 链栈的清空。

```
void  Stack_Clear(StackPtr s){
    StackNodePtr np = s -> top -> next;/*第一个元素结点 * /
    while(np){
      s -> top -> next = np -> next;
      free(np);
      np = s -> top -> next;
    }
    s -> top -> next = NULL;
}
```

③ 链栈的判空。

```
bool Stack_Empty(StackPtr s){
    return(s -> top -> next == NULL);
}
```

④ 链栈的入栈。

```
Status Stack_Push(StackPtr s,StackEntry item){
    Status outcome = success;
    StackNodePtr np = (StackNodePtr)malloc(sizeof(StackNode));
    np -> entry = item;/*申请新的结点空间 * /
    if(np == NULL)
        outcome = overflow;/*无法分配存储空间,相当于栈满上溢出 * /
    else{
        np -> next = s -> top -> next;   /*在表头插入 * /
        s -> top -> next = np;
        }
        return outcome;
}
```

⑤ 链栈的出栈。

```
Status  Stack_Pop(StackPtr s,StackEntry * item){
    Status  outcome = success;
    if(Stack_Empty(s))
      outcome = underflow;/*栈空则下溢出 * /
    else{
        StackNodePtr np = s -> top -> next;      /*删除栈顶元素 * /
        s -> top -> next = np -> next;
        * item = np -> entry;
        free(np);
    }
    return outcome;
}
```

⑥ 链栈的取栈顶元素。

```
Status  Stack_Top(StackPtr s,StackEntry * item){
    Status  outcome = success;
    if (Stack_Empty(s))
       outcome = underflow;/*栈空则下溢出 * /
    else
```

```
    *item = s -> top -> next -> entry;
    return outcome;
}
```

对比栈的顺序存储和链式存储两种实现方式,可见栈的链式存储结构实现涉及指针操作,容易出错。由于实际应用中通常栈的数据元素不会很多,数据元素所占空间不会太大,因此,多选用简单的顺序存储结构。

2. 队列

(1) 队列的定义。

视频讲解

队列也是一种操作受限的线性表,与栈"后进先出"的特性不同,队列具有"先进先出"(First In First Out,FIFO)的特性。在队列中,数据元素的插入操作在表一端进行,而删除操作在表的另一端进行。我们称允许插入的一端为**队尾**(Rear),允许删除的一端为**队头**(Front),分别用队尾指针和队头指针指示。如图 2.22 所示,数据元素入队的顺序依次为 $a_1, a_2, a_3, \cdots, a_n$,出队时的顺序不变,依然是 $a_1, a_2, a_3, \cdots, a_n$。

图 2.22　队列

在日常生活中队列的例子很多,例如,乘坐公共汽车时,应该在车站排队,先来的排在队列前面,后来的排在队列后面,车来后,前面的人先离开队列上车,后来的人随后逐次离开队列上车。在食堂排队就餐和在商店排队买东西等也都是队列应用的例子。

在程序设计中也经常会有应用队列的例子,如在 Windows 这类多任务的操作系统环境中,每个应用程序响应一系列的"消息",像用户单击鼠标、拖动窗口这些操作,都会导致系统向应用程序发送消息。为此,系统将为每个应用程序创建一个队列,用来存放发送给该应用程序的所有消息,应用程序的处理过程就是按照先进先出的原则不断地从消息队列中读取消息,并依次给予响应。

(2) 队列的基本操作。

队列的基本操作主要包括以下几种。

① 初始化:Status Queue_Init(QueuePtr q)

　　初始条件:q 所指的队列不存在。

　　操作结果:若成功,返回 success,构造一个 q 所指向的空队列;否则返回 fatal。

② 销毁:void Queue_Destory(QueuePtr q)

　　初始条件:队列 q 存在。

　　操作结果:释放 q 所占空间,队列 q 不再存在。

③ 清空:void Queue_Clear(QueuePtr q)

　　初始条件:队列 q 存在。

　　操作结果:清空队列中所有元素,队列 q 变空。

④ 判空:bool Queue_Empty(QueuePtr q)

　　初始条件:队列 q 存在。

操作结果:若队列 q 为空,返回 true;否则返回 false。

⑤ 判满:bool Queue_Full(QueuePtr q)

　　初始条件:队列 q 存在。

　　操作结果:若队列 q 满,返回 true;否则返回 false。

⑥ 入队:Status Queue_EnQueue(QueuePtr q,QueueEntry * item)

　　初始条件:队列 q 存在。

　　操作结果:若队列 q 不满,将 item 添加到队尾,返回 true;否则返回 overflow。

⑦ 出队:Status Queue_DeQueue(QueuePtr q,QueueEntry * item)

　　初始条件:队列 q 存在。

　　操作结果:若队列 q 不空,将队头数据元素放入 item,并删除该数据元素,返回 true;
　　　　　　　否则返回 underflow。

⑧ 求队列元素个数:int Queue_Size(QueuePtr q)

　　初始条件:队列 q 存在。

　　操作结果:返回队列 q 中元素个数。

⑨ 取队头元素:Queue_Font(QueuePtr q,QueueEntry * item)

　　初始条件:队列 q 存在。

　　操作结果:返回队列 q 的队头元素。

对于上述操作,不同的存储结构实现对应的操作有所不同,但无论哪种存储结构实现,判空、入队、出队都是最基本的操作。

和线性表一样,队列的实现也包括顺序存储结构和链式存储结构两种。

（3）队列的顺序存储。

视频讲解

顺序存储的队列称为**顺序队列**。和顺序表一样,顺序队列需要用一个向量空间来存放当前队列中的数据元素。因为队头和队尾都可能是变化的,因此,顺序队列除了数据区外,至少还需设置队头、队尾两个指针。顺序队列的类型可定义如下:

```
#define MAXQUEUE  10
typedef struct queue {
     int  front,rear;   /*队头和队尾指针,指示队头和队尾数据元素的位置 */
     QueueEntry entry[MAXQUEUE];/*数据元素存储空间 */
     }Queue,* QueuePtr;  /*定义为新的数据类型 */
```

我们需要约定队头指针和队尾指针的位置。有多种约定的方法,本书约定队头指针指向队头元素前面一个位置,队尾指针指向队尾元素位置。

若 q 为指向队列的指针,则 $q->front$,$q->rear$ 分别表示队头和队尾指针,$q->entry$ 表示队列数据存储空间。在我们的约定下,$q->entry[q->front+1]$ 表示队头数据元素,$q->entry[q->rear]$ 表示队尾数据元素。

队列初始化时,令 $q->front=q->rear=-1$。每当插入新的队列元素时,队尾指针增 1;每当删除队头元素时,队头指针增 1。在图 2.23 中,(a)表示空队列。随后,数据元素 a_1,a_2,a_3 依次入队,如图 2.23(b)所示。接着,数据元素 a_4,a_5,a_6,a_7,a_8 依次入队,然后,$a_1 \sim a_5$ 又依次出队,$a_1 \sim a_5$ 出队后状态如图 2.23(c)所示。最后,数据元素 a_9 入队 a_9 入队后该队列的状态如图 2.23(d)所示。

和顺序栈类似,顺序队列也有上溢和下溢现象。随着入队出队的进行,会使整个队列整

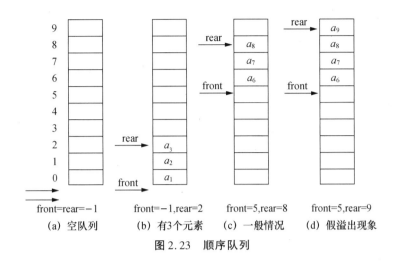

图 2.23 顺序队列

体向后移动,如果队尾指针已经移到了最后,再有元素入队就会出现溢出,而事实上此时队列并不一定真的"满员",可能还有空闲存储空间,这种现象称为**"假溢出"**。假溢出不能通过增加存储空间来解决。

假溢出现象的发生是我们对指针的操作只增不减造成的。解决假溢出的方法有多种。一种简单的方法是,固定队头指针永远指向数据区开始位置,如果数据元素出队,则将队列中所有数据元素前移,同时修改队尾指针。这种方法的优点是简单,缺点是可能造成大量数据元素移动,带来较大的时间开销。

一个改进的方法是,队头、队尾指针都可以移动,只有造成假溢出时,才将队列中所有数据元素依次前移到存储空间前面,同时修改队头和队尾指针。但这种方法也会带来数据元素移动的时间开销。

另一种方法是,将队列的数据存储区看成首尾相接的循环结构,头尾指针的关系不变,我们将其称为**"循环队列"**,如图 2.24 所示。

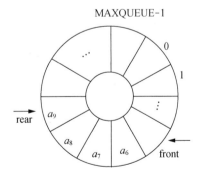

图 2.24 循环队列

假设为队列分配的存储空间大小为 MAXQUEUE,在 C 语言中,头尾指针的下标范围是 $0 \sim$ MAXQUEUE -1,若增加队头或队尾指针,可以利用取模运算实现,例如,

```
front = (front +1)% MAXQUEUE;
rear = (rear +1)% MAXQUEUE.
```

当 front 或 rear 为 MAXQUEUE − 1 时,上述两个公式计算的结果就为 0。这样,就使得指针自动由后面转到前面,形成循环的效果。

图 2.24 是循环队列操作示意图。图 2.25(a)中有 a_5,a_6,a_7,a_8 4 个元素,此时 front = 4,rear = 8。随着 $a_9 \sim a_{14}$ 相继入队,队列中共有 10 个元素,已占满所有存储空间,此时 front = 4,rear = 4,如图 2.25(b)所示,可见在队满情况下有 front == rear。若在图 2.25(a)的情况下,$a_5 \sim a_8$ 相继出队,此时队列变空,front = 8,rear = 8,如图 2.25(c)所示,即在队空情况下也有 front == rear。也就是说,队满和队空的条件相同,仅凭 front == rear 是无法区分循环队列是空还是满的。

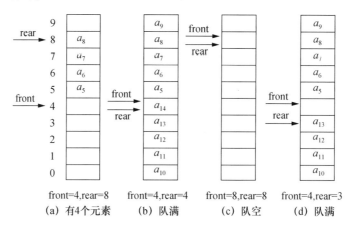

图 2.25　循环队列的操作

那么,如何判断循环队列的空和满呢?解决这个问题有多种方法。方法一是附设一个存储队列中元素个数的变量,如 count,当 count 等于 0 时为队空,当 count 等于 MAXQUEUE 时为队满。方法二是为队列另设一个标志,用来区分队列是空还是满。方法三是少用一个数据元素空间,当数组只剩下一个单元时就认为队满,此时,队尾指针只差一步追上队头指针,即(rear + 1)% MAXQUEUE == front。前两种方法都需要另外定义变量,第三种方法不需要额外的变量定义,因此,我们采用第三种方法解决队空与队满的判断区分问题,如图 2.25(d)所示。虽然还有一个空间没有使用,但(rear + 1)% MAXQUEUE == front,这时我们认为队列已经满,而 front == rear 只有队列空时才会出现,这样就避免了只通过 front == rear 无法区分队列空或者满的情况。

下面给出循环队列基本操作的具体实现算法。

① 循环队列的初始化。

```
Status Queue_Init(QueuePtr * q){
        Status outcome = fatal;
        QueuePtr queueptr = (QueuePtr)malloc(sizeof(Queue));
        if(queueptr){
                queueptr -> front = queueptr -> rear = -1;
                * q = queueptr;
                outcome = success;
        }
        return outcome;
}
```

② 循环队列的销毁。

```
void  Queue_Destory(QueuePtr * q){
    if(* q){
        free(* q);        /*释放该队列 * /
        * q = NULL;
    }
}
```

③ 循环队列的清空。

```
void Queue_Clear(QueuePtr q){
    q - > front = q -> rear = -1;
}
```

④ 循环队列的判空。

```
bool Queue_Empty(QueuePtr q){
    return q -> front == q -> rear;/* 两个指针相等 * /
}
```

⑤ 循环队列的判满。

```
bool Queue_Full(QueuePtr q){
    return ((q -> rear +1)% MAXQUEUE == q -> front);
}
```

⑥ 循环队列的入队。

```
Status Queue_EnQueue(QueuePtr q,QueueEntry item){
    Status outcome = overflow;
    if(!Queue_Full(q)){
        q -> rear = (q -> rear +1)% MAXQUEUE;
        q -> entry[q -> rear] = item;
        outcome = success;
    }
    return outcome;
}
```

⑦ 循环队列的出队。

```
Status Queue_DeQueue(QueuePtr q,QueueEntry * item){
    Status outcome = underflow;
    if(!Queue_Empty(q)){/* 非空 * /
        q -> front = (q -> front +1)% MAXQUEUE;
        * item = q -> entry[q -> front];
        outcome = success;
    }
    return outcome;
}
```

⑧ 求循环队列的元素个数。

```
int Queue_Size(QueuePtr q){
    return(q -> rear - q -> front)% MAXQUEUE;
}
```

（4）队列的链式存储。

链式存储的队列称为**链队列**,通常用单链表来实现链队列。单链表有带头结点和不带

视频讲解

头结点两大类,还有循环单链表等形式,因此,需要考虑选择哪种单链表的问题。队列具有 FIFO 的特点,在队头删除数据元素,在队尾插入数据元素。只有单链表的头指针不方便在表尾进行插入操作。为了操作方便,需要增加一个尾指针,指向链表的最后一个结点。于是,一个链队列就由一个头指针和一个尾指针唯一确定。在实现时,我们将这两个指针封装在一个结构中。下面是在 C 语言中实现队列链式存储结构的类型定义:

```
typedef struct node {              /*链式队列的结点结构*/
  QueueEntry Entry;                /*队列的数据元素类型*/
      struct node * next;          /*指向后继结点的指针*/
        }QueueNode,*QueueNodePtr;
typedef struct queue{              /*链式队列*/
  QueueNode * front;               /*队头指针*/
      QueueNode * rear;            /*队尾指针*/
        }Queue,*QueuePtr;
```

此外,为了简化边界条件的处理,可以在队头结点前附加一个头结点。图 2.26 为链队列的示意图,图中 q 为 QueuePtr 类型的指针。

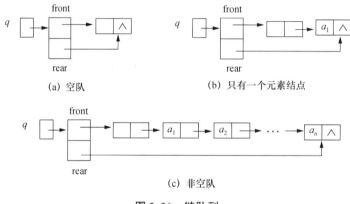

(a) 空队　　　　　　　　　　(b) 只有一个元素结点

(c) 非空队

图 2.26　链队列

下面给出链队列的基本操作的具体实现算法。

① 链队列的初始化。

```
Status Queue_Init(QueuePtr q)
{
      Status outcome = fatal;
      QueueNodePtr ptr = (QueueNodePtr)malloc(sizeof(QueueNode));
      if(ptr){
            q -> front = q -> rear = ptr;
            ptr -> next = NULL;
            outcome = success;
      }
       return outcome;
    }
```

② 链队列的判空。

```
bool Queue_Empty(QueuePtr q)
{
    return(q -> front -> next == NULL&& q -> rear -> next == NULL);
}
```

③ 链队列的入队。

```
Status   Queue_ EnQueue(QueuePtr q,QueueEntry item)
{   /*将元素 x 插入链队列尾部 */
    Status outcome = success;
    QueueNode *p = (QueueNode *)malloc(sizeof(QueueNode));/*申请新结点 */
    if(p == NULL)
    {
        outcome = overflow;
        return outcome;
    }
    p -> entry = item;   p -> next = NULL;
    q -> rear -> next = p;     /*  *p 链到原队尾结点后   * /
    q -> rear = p;            /*队尾指针指向新的尾结点 */
}
```

④ 链队列的出队。

```
Status Queue_DeQueue(QueuePtr q,QueueEntry * item)
{
    Status outcome = success;
    QueueEntry x;
    QueueNodePtr p;
    if(QueueEmpty(q))
    {
        outcome = underflow;/*下溢 * /
        return outcome;
    }
    p = q -> front -> next;          /*指向队头结点 * /
    x = p -> data;                   /*保存队头结点的数据 * /
    q -> front -> next = p -> next;  /*将队头结点从链上摘下 * /
    if(q -> rear == p)/*原队中只有一个结点,删去后队列变空,此时队头结点 next 域为
空 * /
    {
        q -> rear = q -> front;
        q -> front -> next = NULL;
        free(p);   /*释放被删的队头结点 * /
    }
    * item = x;
    return outcome;/*返回原队头数 * /
}
```

⑤ 取链队列的队头元素。

```
Status   Queue_Front(QueuePtr q, QueueEntry * item)
{
    Status outcome = success;
    if(QueueEmpty(q))
    {
        outcome = underflow;
        return outcome;
    }
    * item = q -> front -> next -> data;
    return outcome;
}
```

3. 数组的定义、表示与实现

一维数组的存储结构既可以采用顺序存储结构,也可以采用链式存储结构。由于数组的运算通常是查询操作,很少做插入或删除运算,所以通常在高级语言中采用顺序存储结构实现,这刚好对应 C 语言的数组结构。如果采用链式存储结构,则其操作和链表完全一样,此处不再重复。

由于二维或者二维以上的数组是多维的,而内存的地址空间是一维的,因此需要选择恰当的方法将多维数据按照某种顺序存储在一维内存空间中。一般有两种映射方式:一种是以行为主序(逐行存放)的顺序存放,如 BASIC、PASCAL、COBOL、C 等程序设计语言中用的就是以行为主的顺序存储,即一行所有元素存储完了接着再存储下一行;另一种是以列为主序(逐列存放)的顺序存放,如 FORTRAN 语言中用的就是以列为主序的存储顺序,即一列一列地存储。

对一个多维数组来说,以行为主序的分配规律是:最右边的下标先变化,即最右边的下标从小到大,循环一遍后,右边第二个下标再按相同的规律变化,所有下标依此规律从右向左依次变化,最后是最左边的下标按此规律变化。以列为主序分配的规律恰好相反:最左边的下标先变化,即最左边的下标从小到大,循环一遍后,左边第二个下标再按相同的规律变化,……,最后是最右边的下标按此规律变化。

例如,一个 2×3 的二维数组,逻辑结构可以用图 2.27(a)表示,以行为主序的内存映象如图 2.27(b)所示,存放的顺序为 $a_{11}, a_{12}, a_{13}, a_{21}, a_{22}, a_{23}$;以列为主序的内存映象如图 2.27(c)所示,存储顺序为 $a_{11}, a_{21}, a_{12}, a_{22}, a_{13}, a_{23}$。

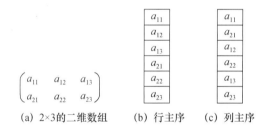

(a) 2×3的二维数组　　(b) 行主序　　(c) 列主序

图 2.27　2×3 的二维数组及其存储结构

按上述两种方式存储的数组,只要知道第一个结点存放的地址(基地址)、数组的维数和每维的上下界,以及每个数据元素占用的单元数,就可以将任意数据元素的存储地址用线性函数表示出来。而计算这个线性函数的时间是相同的,所以顺序存储的数组是一个随机存取结构。

例如,对一个 $m \times n$ 的二维数组,设其基地址为 $\mathrm{Loc}(a_{11})$,每个数据元素占 d 个存储单元,如果以行为主序进行存储分配,则 a_{ij} 的物理地址为

$$\mathrm{Loc}(a_{ij}) = \mathrm{Loc}(a_{11}) + [(i-1) \times n + (j-1)] \times d。 \qquad (2.3)$$

这是因为数组元素 a_{ij} 的前面有第 1 至第 $i-1$ 行,共 $i-1$ 行,每一行的元素个数为 n,在第 i 行中它的前面还有 $a_{i1}, a_{i2}, \cdots, a_{i,j-1}$ 共 $j-1$ 个数组元素,因此 a_{ij} 总共有 $[(i-1) \times n + (j-1)]$ 个数据元素,而每个数据元素占用 d 个单元。

类似地,对一个 $m \times n \times p$ 的三维数组,设其基地址为 $\mathrm{Loc}(a_{111})$,每个数据元素占 d 个存储单元,如果以行为主序进行存储分配,则 a_{ijk} 的物理地址为

$$\mathrm{Loc}(a_{ijk}) = \mathrm{Loc}(a_{111}) + \big[(i-1)\times n \times p + (j-1)\times p + (k-1)\big]\times d。 \tag{2.4}$$

上述讨论均是假设数组各维的下界是 1，更一般的二维数组是 $A[c_1 \cdots d_1][c_2 \cdots d_2]$，其中 c_1 和 d_1 分别是第一维的下界和上界，c_2 和 d_2 分别是第二维的下界和上界。数组元素 a_{ij} 的前面有 $i-c_1$ 行，每一行的元素个数为 (d_2-c_2+1)，在第 i 行中它的前面还有 $j-c_2$ 个数组元素，因此总共有 $\big[(i-c_1)\times(d_2-c_2+1)+(j-c_2)\big]$ 个数据元素，而每个数据元素占用 d 个单元。则 a_{ij} 的物理地址为

$$\mathrm{Loc}(a_{ij}) = \mathrm{Loc}(a_{c1,c2}) + \big[(i-c_1)\times(d_2-c_2+1)+(j-c_2)\big]\times d。 \tag{2.5}$$

例如，在 C 语言中，数组中每一维的下界定义为 0，则 a_{ij} 的物理地址为

$$\mathrm{Loc}(a_{ij}) = \mathrm{Loc}(a_{11}) + (i\times(d_2+1)+j)\times d。 \tag{2.6}$$

推广到一般的三维数组：$A[c_1 \cdots d_1][c_2 \cdots d_2][c_3 \cdots d_3]$，则 a_{ijk} 的物理地址为：

$$\begin{aligned}\mathrm{Loc}(a_{ijk}) = \mathrm{Loc}(a_{c1,c2,c3}) &+ \big[(i-c_1)\times(d_2-c_2+1)(d_3-c_3+1)\\&+ (j-c_2)(d_3-c_3+1)+(k-c_3)\big]\times d。\end{aligned} \tag{2.7}$$

如果"以列为主序"进行存储分配，对于一个 $m\times n$ 的二维数组来说，则 a_{ij} 的物理地址为

$$\mathrm{Loc}(a_{ij}) = \mathrm{Loc}(a_{11}) + \big[(j-1)\times m + (i-1)\big]\times d。 \tag{2.8}$$

这是因为数组元素 a_{ij} 的前面有 $j-1$ 列，每一列的元素个数为 m，在第 i 列中它的前面还有 $i-1$ 个数组元素，因此 a_{ij} 前面总共有 $\big[(j-1)\times m+(i-1)\big]$ 个数据元素，而每个数据元素占用 d 个单元的缘故。

同理，也可以照此推广得到二维、三维和任意维数组元素的地址计算方法。

2.2.3　线性表的查找算法

视频讲解

在现实生活中查找的例子有很多，我们要到某学校找某个同学；邮递员按信件收信人地址确定收信人的位置；中学数学中，同学们经常利用对数表查某个数的对数，利用平方根表查某个数的平方根；我们经常在字典中查询某个字；随着计算机及计算机网络的发展，每天都有大量的信息产生，用户常常需要从这些海量信息中找到自己需要的信息，等等。要查询这些信息，涉及两个主要问题：一是数据如何组织——查找表，二是在查找表上如何查找——查找方法。查找是许多程序中最消耗时间的一部分，因而，一个好的查找方法会极大地提高系统运行的速度。在查找过程中，往往是依据数据元素的某个数据项进行的，这个数据项通常是数据的**关键字**。可唯一确定一个数据元素的关键字称为**主关键字**，不能唯一确定一个数据元素的关键字称为**次关键字**。常用的查找方法主要有顺序查找、索引查找和哈希查找。

1. 顺序查找

顺序查找就是依次查找表中的数据，直到找到要找的元素或者找遍整个查找表找没有找到要找的元素，则结束查找。顺序查找可以在顺序存储结构上进行，也可以在链式存储结构上进行。如果不考虑其他因素，顺序存储结构编程简单，是更常用的存储结构。

视频讲解

（1）基本思想及查找算法。

顺序查找的过程为：从表中指定位置（一般为最后一个，第 0 个位置设为岗哨）的记录开始，沿某个方向将记录的关键字与给定关键字的值相比较，若某个记录的关键字和给定关键字值相等，则查找成功；反之，若找完整个顺序表，都没有找到与给定关键字值相等的

视频讲解

记录,则此顺序表中没有满足查找条件的记录,查找失败。顺序查找过程可用算法2.24来描述。

算法2.24 顺序表的顺序查找算法

```
int seqsearch(DataType R[],int n, KeyType key){
    int i = n;R[0].key = key;
    while(R[i].key! = key)  i = i - 1;
    return i;
}
```

在算法2.24中,对$R[0]$的关键字赋值key,目的在于免去查找过程中每一次都要检测整个顺序表是否查找完毕。$R[0]$起到了一个监视哨的作用,在数据量较大时,能一定程度地减少查找的时间(减少了每次是否到达表头的判断时间)。

(2) 查找性能分析。

对于顺序查找算法而言,一般只需要一个辅助存储单元空间,因此,顺序查找的空间复杂度为$O(1)$。查找算法的基本运算是给定值与顺序表中记录关键字值的比较,因此常以比较次数作为查找算法好坏的依据。

在最好的情况下,第一次比较就成功,找到所需数据,这时,时间复杂度为$O(1)$。在最坏的情况下,所查找的记录不在顺序表中,这时,需要和整个顺序表的所有记录进行比较,比较的次数为n,时间复杂度为$O(n)$。平均情况下,需要和顺序表中大约一半的记录进行比较,即比较次数为$n/2$,因而,时间复杂度为$O(n)$。

在进行查找性能分析时,经常采用平均查找长度(Average Search Length, ASL)来衡量查找算法性能的优劣。

我们将ASL定义为查找过程中,给定值与数据关键字比较次数的期望值。对于具有n个记录的顺序表,查找成功时的平均查找长度(ASL)为

$$ASL = \sum_{i=1}^{n} P_i C_i。 \tag{2.9}$$

其中,P_i为查找第i个记录的概率;C_i为找到第i个记录数据需要比较的次数,C_i随查找过程不同而不同。若每个记录的查找概率相等,即

$$P_i = 1/n, \tag{2.10}$$

则等概率情况下顺序查找的平均查找长度为

$$ASL_s = \sum_{i=1}^{n} P_i C_i = \frac{1}{n} \sum_{i=1}^{n} (n - i + 1) = \frac{n+1}{2}。 \tag{2.11}$$

有时,表中各个记录的查找概率并不相等。例如,将全校学生的病历档案建立一张顺序表存放在计算机中,则体弱多病同学的病历的查找概率必定高于健康同学。因此,对查找表若能预先得知每个记录的查找概率,则可先对记录的查找概率排序,将表中记录按查找概率由大到小重新排列,以便提高查找效率。

但一般情况下,记录的查找概率无法预先确定。为了提高查找效率,可以在每个记录中附设一个访问频度域,并使顺序表中的记录始终保持按访问频度非递减的次序排列,使得查找概率大的记录在查找过程中不断往后移,以便在以后的逐次查找中减少比较次数。或者根据最近访问的记录最有可能下次被访问的规律,在每次查找之后都将刚被查到的记录移至表尾。

顺序查找的缺点是平均查找长度较大,特别是当 n 很大时,查找效率极低。优点是算法简单且适应面广,对表的结构无任何要求,无论记录是否按关键字有序排列,均可应用。

上面关于平均查找长度的分析都是以查找一定能成功为前提,但有时也会出现查找失败的情况。如果考虑此种情况,平均查找长度就是查找成功和不成功的平均查找长度之和。在顺序查找情况下,查找不成功时的比较次数为顺序表的长度,假设查找成功和不成功的可能性相同,对每条记录的查找概率也相等,则查找的平均查找长度为

视频讲解

$$ASL = \frac{n + \dfrac{n+1}{2}}{2} = \frac{3n+1}{4}。 \tag{2.12}$$

2. 索引查找

(1) 索引表。

索引在现实生活中用得很多,比如有些英文字典会提供一个目录,大部分情况是这样的:A(01),B(13),…。这样就能迅速翻到相应开头字母对应的页数(实际上也知道了开头字母结束的地方),并且每页的左上角或右上角的单词说明了本页的单词范围(可以判断所查单词在不在此页),这就是索引的基本思想。

使用索引能够快速地定位查找范围,从查字典的经验来看,索引是提高查找效率的方法之一。字典目录的作用,就是使得字典空间分布十分明了,在某一页(或者几页)的空间上可迅速地找到所需单词。此外,如果数据太多以至内存装不下,我们也可以采用建立"目录"的形式,先查找目录,然后根据目录将需要的数据块读入内存,从而实现只需先对小部分数据进行查询,提高查找效率的效果。对块内数据查找,可采用顺序查找;而对索引块,可采用顺序查找、二分查找或其他形式的查找算法。

(2) 索引表的构建。

我们通常可以通过如下三个基本步骤建立索引表。

① 按表中数据的关键字将表分成若干块:$R_1, R_2, \cdots, R_L$,这些块要满足第 R_k 块中所有关键字 $<= R_{k+1}$ 块中所有关键字,$k = 1, 2, \cdots, L-1$,称为"分块有序"。也可以满足第 R_k 块中所有关键字 $>= R_{k+1}$ 块中所有关键字,此时,分块降序排列。本书以分块递增为例。

② 对每块建立一个索引项,每一个索引项包含两项内容:

A. 关键字项,为该块中最大关键字值;

B. 指针项,为该块第一个记录在表中的位置。

③ 所有索引项组成索引表。

(3) 索引表的查找。

索引表的查找分两步进行:

① 查找目录。将外存上含有索引区的页块调入内存,根据索引表的关键字项查找记录所在块,根据其指针项确定所在块的第一个记录的物理地址。

② 查找数据。将含有该数据的页块调入内存,在这个块内部根据关键字查找记录的详细信息。

注意,当索引表不大时,索引表可一次读入内存。在查找数据时只需两次访问外存:一次读索引,一次读实际数据。由于索引表有序,对索引表的查找可用顺序查找、二分查找等方法。

【例 2.3】 某查找表中具体数据为:22,12,13,8,9,20,33,42,44,38,24,48,60,58,74,49,86,53,请设计索引查找方法查找该表中的数据。

分析: 首先建立索引表,本查找表有 18 个数据,可以分成 3 块,每块 6 个数据,该查找表分块情况为(22,12,13,8,9,20),(33,42,44,38,24,48),(60,58,74,49,86,53),建立一种索引表如表 2.1 所示。

表 2.1 索引表

关键字	22	48	86
指针	1	7	13

查找过程分为两步:第 1 步,确定待查记录所在块;第 2 步,在块内进行顺序查找。

例如,查找关键字 $k=38$ 的数据的具体查找过程为:第 1 步,在索引表中进行查询,$k=38$ 的数据在块 2 中;第 2 步,从 $r[7]$ 开始,直到 $k=r[i].key$ 或 $i>12$ 为止。由于 $r[10].key=38$,查找成功。

再如,查找关键字 $k=50$ 的数据,第 1 步,在索引块中查找,关键字为 50 的数据在块 3 中;第 2 步,从 $r[13]$ 开始顺序查找,找到 $r[18]$ 整个块找完也没找到关键字等于 50 的数据,则查找失败。

(4)索引表的顺序查找算法。

根据前述的索引顺序查找的基本思想,可得到索引表顺序查找的算法,如算法 2.25 所示。

算法 2.25 索引表的顺序查找

```
typedef struct IndexType
        {
            KeyType key;//关键字项
            int Link;//指针项
        } IndexType;
int IndexSequelSearch(IndexType ls[],DataType s[],int m,int l,KeyType key){
    //索引表 ls 中顺序查找关键字为 key 的记录,索引表长度为 m.
    //顺序表为 s,块长为 l,
    int  i=1
    while(i<=m && key>ls[i].key)i++;//块间查找
        if(i>m) return-1;//查找失败
            else{
                //在块内顺序查找
                j=ls[i].Link;
                while(Key!=s[j].key && j-ls[i].Link<l)j++;
                if(key==s[j].key) return j;   //查找成功
                    else return-1;   //查找失败
            }
    }
}
```

(5)查找性能分析。

索引块间和索引块内部都采用顺序查找,则查找的平均查找长度为块间及块内平均查找长度之和,即

$$ASL_{bs}=L_b+L_w=\frac{1}{b}\sum_{j=1}^{b}j+\frac{1}{s}\sum_{i=1}^{s}i=\frac{1}{2}\left(\frac{n}{s}+s\right)+1 \tag{2.13}$$

其中,n 为表长,均匀分为 b 块,每块含有 s 个记录。从平均查找长度可知,索引表顺序查找

的时间复杂度不仅和表长 n 有关,而且和每一块中的记录个数 s 有关。可见为了提高查找效率,在 n 确定的情况下,应该选择合适的 s。容易证明,当 s 取 $\sqrt{n}$ 时,ASL_{bs} 取最小值 $\sqrt{n}+1$。

3. 哈希查找

(1) 基本概念。

前面介绍的查找算法有一个共同特点——通过一系列比较来确定关键字为 key 的记录在查找表中的地址,ASL 不能为 0。能不能提高查找效率,使得 ASL = 0 呢?那就是不通过比较,直接在关键字和存储地址之间建立映射关系 f,每次查找可以通过关键字直接定位到记录所在位置,这种查找效率最高。我们把这种查找方法称为**哈希法**(Hash)或**杂凑法、散列法**。这个对应关系 f 为**哈希函数**,按这种方式建立起来的查找表称为**哈希表**。

视频讲解

具体地,设地址空间 D 是长度为 n 的表,A 是含 m 个记录的关键字集合,哈希查找的核心就是在 A 和 D 之间建立一种函数关系 H,使得对 A 中任一关键字 K_i,均有 $0 \leqslant H(K_i) \leqslant n-1$,$i=1,2,\cdots,m$,同时,$K_i$ 所标识的记录 R_i 在表 D 中的地址是 $H(K_i)$,称函数 H 为关键字集合 A 到地址空间 D 之间的哈希函数,地址空间 D 为哈希表,如图 2.28 所示。

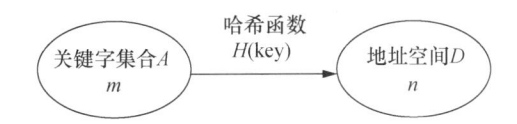

图 2.28 哈希函数的关键字集合与地址空间映射关系

哈希函数不一定是一对一的,例如,当 $m > n$ 时,对任何哈希函数 H,至少存在两个关键字 $K_i \neq K_j$,使得 $H(K_i) = H(K_j)$,这种不同关键字得到同一地址的现象,称为**冲突**。有时,即便 $m < n$,也可能存在两个关键字 $K_i \neq K_j$,但 $H(K_i) = H(K_j)$。一般来说,要找到一个哈希函数对所有序列都不冲突是很困难的,冲突不可避免。

因此,在应用哈希查找方法时,需要解决两个主要技术问题:一是哈希函数的构造方法,哈希函数构造得好,可尽可能地减少冲突;二是解决冲突的方法,解决冲突的方法选得好,可以在尽可能短的时间里搜索到需要的信息。

(2) 哈希函数的构造方法。

构造哈希函数的方法很多,首先要明确的是怎样的哈希函数才算是"好"的。若对于关键字集合中的任一个关键字,经哈希函数映像到地址集合中任何一个地址的概率是相等的,则称此类哈希函数为**均匀的哈希函数**(Uniform)。也就是说,关键字经过哈希函数后得到一个"随机的地址",从而使得一组关键字的哈希地址均匀分布在整个地址区间中,从而减少冲突。一般来说,一个好的哈希函数应满足两个条件:一是计算简单容易;二是很少有冲突。下面介绍几种常用的哈希函数构造方法。

视频讲解

① 直接哈希函数。

直接哈希函数就是取关键字本身或关键字的某个线性函数值作为哈希地址,即 $H(\text{key}) = \text{key}$ 或 $H(\text{key}) = a \times \text{key} + b$($a,b$ 为常数)。例如,有一份中华人民共和国成立以后的出生人口调查表,每条数据都包含出生年份、人数等数据项,其中年份为关键字,则哈希函数可取为 $H(\text{key}) = \text{key} + (-1948)$,这样就可以方便地存储和查找 1948 年后任一年的出生人数等情况,如表 2.2 所示。

表 2.2　直接哈希函数举例

散列地址	01	02	03	...	22	...
出生年份	1949	1950	1951	...	1970	...
出生人数	××××	××××	××××	...	××××	...

② 数字分析法。

设 n 个 d 位数的关键字,由 r 个不同的符号组成。这 r 个符号在关键字各位出现的频率不一定相同,可能在某些位上均匀分布,即每个符号出现的次数都接近于 n/r 次;而在另一些位上分布不均匀。选择其中分布均匀的 s 位作为哈希地址,即 $H(\text{key}) =$ "key 中数字均匀分布的 s 位",这便是**数字分析哈希函数**。

【例 2.4】有 80 个数据,关键字为 8 位十进制数($n=80, r=10, d=8$)。因为 80 个数据,只需要百位以内的地址即可存储,因此从 8 位关键字中找均匀分布的 2 个关键字组合成存储地址即可。图 2.29 列出了 80 个数据中的一部分。通过对关键字的各位进行观察,我们发现第 1 位和第 2 位都分别是"8"和"1",第 3 位只取"3"或"4",第 8 位只取"2""5"或"7",即 10 个数在这四个数位上分布不均匀,不取。余下的 4 个数位(第 4 位、第 5 位、第 6 位、第 7 位)数字随机分布,均匀出现,因此,可在剩下的第 4 位、第 5 位、第 6 位、第 7 位中任取两位,作为哈希地址。例如,取第 4 位和第 6 位两位组成的两位十进制数作为每个数据的哈希地址,则图 2.29 中列出的关键字的哈希地址分别为 45,72,84,03,28,39,51,65,13。

```
8  1  3  4  6  5  3  2
8  1  3  7  2  2  4  2
8  1  3  8  7  4  2  2
8  1  3  0  1  3  6  7
8  1  3  2  2  8  1  7
8  1  3  3  8  9  6  7
8  1  3  5  4  1  5  7
8  1  3  6  8  5  3  7
8  1  4  1  9  3  5  5
```

图 2.29　一部分 8 位十进制数

③ 平方取中法。

平方取中法是指取关键字平方后的中间几位作为哈希地址,即哈希函数为 $H(\text{key}) =$ "key^2 的中间几位",其中,所取的位数由哈希表的大小确定。

【例 2.5】请为 BASIC 源程序中的标识符建立一个哈希表。假设 BASIC 语言中允许的标识符为一个字母或一个字母加一个汉字。取标识符在计算机中的八进制数为它的关键字。假设表长为 $2^9 = 512$,则可取关键字平方后的中间 3 位二进制数作为哈希地址,即 3 个八进制数作为存储地址,如表 2.3 所示。

表 2.3 平方取中法求哈希地址举例

数据	关键字	(关键字)^2	哈希地址	数据	关键字	(关键字)^2	哈希地址
A	0100	0 <u>010</u>000	010	P2	2062	4 <u>314</u>704	314
I	1100	1 <u>210</u>000	210	Q1	2161	4 <u>734</u>741	734
J	1200	1 <u>440</u>000	440	Q2	2162	4 <u>741</u>304	741
I0	1160	1 <u>370</u>400	370	Q3	2163	4 <u>745</u>651	745
PI	2061	4 <u>310</u>541	310				

平方取中法思想是以关键字的平方值的中间几位作为存储地址。求关键字的平方值的目的是"扩大差别"和"贡献均衡",即关键字的每一位都在平方值的中间几位有所贡献,哈希地址中应该有每一位的影子。

④ 折叠法。

折叠法是指当关键字位数较长时,可将关键字分割成位数相等的几部分(最后一部分位数可以不同),取这几部分的叠加和(舍去高位的进位)作为哈希地址。位数由存储地址的位数确定。相加时有两种方法:一种是**移位叠加法**,即将每部分的最后一位对齐,然后相加;另一种是**边界叠加法**,即把关键字看作一张纸条,从一端向另一端沿边界逐次折叠,然后对齐相加。

设关键字 $key = d_{3r}\cdots d_{2r+1}d_{2r}\cdots d_{r+1}d_r\cdots d_2 d_1$,允许的存储地址有 r 位。则移位叠加的结果如图 2.30(a)所示,边界叠加的结果如图 2.30(b)所示。

$$
\begin{array}{ccc}
d_r & \cdots & d_2 & d_1 \\
d_{2r} & \cdots & d_{r+2} & d_{r+1} \\
+) \; d_{3r} & \cdots & d_{2r+2} & d_{2r+1} \\
\hline
S_r & \cdots & S_2 & S_1
\end{array}
\qquad
\begin{array}{ccc}
d_r & \cdots & d_2 & d_1 \\
d_{r+1} & \cdots & d_{2r-1} & d_{2r} \\
+) \; d_{3r} & \cdots & d_{2r+2} & d_{2r+1} \\
\hline
S_r & \cdots & S_2 & S_1
\end{array}
$$

(a) 移位叠加法 　　　　　(b) 边界叠加法

图 2.30 折叠法举例

⑤ 除留取余法。

除留取余法是指取关键字被某个不大于哈希表长度 m 的数 p 除后的余数作为哈希地址,即 $H(key) = key \bmod p (p \leqslant m)$。其中 p 的选择很重要,如果选得不好会产生很多冲突,比如,若 p 含有质因子 pf,则所有含有因子 pf 的关键字的哈希地址均为 pf 的倍数。例如,在图 2.31 中,当 $p = 21 = 3 \times 7$ 时,下列含因子 7 的关键字对 21 取模的哈希地址均为 7 的倍数,从而增加了冲突发生的可能性。

关键字　 28　 35　 63　 77　 105
哈希地址　 7　 14　 0　 14　 0

图 2.31 除留取余法举例

⑥ 随机数法。

随机数法是指选择一个随机函数,取关键字的随机函数值作为它的哈希地址,即

$H(\text{key}) = \text{random}(\text{key})$，其中 random 为随机函数。

上面，我们介绍了几种常用的哈希函数构造方法，实际工作中，需根据不同的情况采用不同的方法来构造哈希函数。在这个过程中通常需要考虑的因素包括以下几方面：

A. 计算哈希函数所需时间（包括硬件指令的因素）；

B. 关键字的长度；

C. 哈希表的大小；

D. 关键字的分布情况；

E. 记录的查找频率。

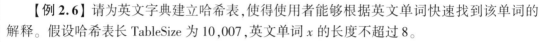

【例 2.6】请为英文字典建立哈希表，使得使用者能够根据英文单词快速找到该单词的解释。假设哈希表长 TableSize 为 10,007，英文单词 x 的长度不超过 8。

分析：英义单词的每一个字符都是 ASCII 码，所以我们可以采用 $f(x) = (\sum x[i]) \% \text{TableSize}$ 的方法。但 $0 < x[i] < 127, 0 < H(x) <= 127 \times 8 = 1016$。这就造成字符串的哈希值在前面 1016 个空间集聚，容易产生冲突。我们可以考虑扩大单词 x 的每一位的值的范围，修改哈希函数为 $f(x) = (x[0] + x[1] \times 27 + x[2] \times 27^2) \% \text{TableSize}$。我们只看最高范围的位，字母表中的字母共 26 个，则 $26 \times 27^2 = 18\,954$，超过 10 007 范围，因此不会出现集聚。但实际情况是只考虑字符串的前三位的各种组合情况少于 3000，还是会出现大量单词集聚在前 3000 位置的情况。所以我们进一步改进哈希函数，设法让单词的每一位都能够参与到哈希函数映射中来，且因为乘法运算计算量大，可以考虑修改为左移 5 位代替乘以 32 （$32 > 27$，范围更大）的乘法运算，即修改哈希函数为 $f(x) = (\sum x[N-i-1] \times 32^i) \% \text{TableSize}$。这样得到的哈希函数既考虑到每一位都参与运算，又计算简单，且均匀分布。该例的具体实现算法如算法 2.26 所示。

算法 2.26 英文字典的哈希函数

```
Index Hash3(const char *x,int TableSize)
{
  unsigned  int  HashVal = 0;
  while(*x != '/0)
      HashVal = (HashVal < <5) + *x + +;
  return HashVal%TableSize;
}
```

（3）冲突处理。

冲突是指由关键字得到的哈希地址上已有其他数据占用，如果某个哈希表的地址集为 $0 \sim (n-1)$，某关键字得到的哈希地址 $j(1 \leqslant j \leqslant n-1)$ 的位置上已存有数据，此时就发生了冲突。处理冲突就是为该关键字找到另一个"空"的哈希地址。在冲突处理过程中可能会得到一个地址序列 $H_i, i = 1, 2, \cdots, k(0 \leqslant H_i \leqslant n-1)$。即在处理哈希地址的冲突时，若得到另一个哈希地址 H_1 仍是冲突的，再求下一个哈希地址 H_2，若 H_2 还是冲突的，继续求下一个哈希地址 H_3，依此类推，直至 H_k 不发生冲突为止，则 H_k 为该数据在哈希表中的地址。

前面曾提到均匀的哈希函数可以减少冲突，但不能避免冲突。因此，怎样处理冲突是构造哈希表时不可忽视的一部分。常用的冲突处理方法有下面几种。

① 开放地址法。

当冲突发生时,形成一个探测序列,沿此序列逐个对地址进行检查,直到找到一个空位置(开放的地址),将发生冲突的记录放到该地址中,即 $H_i = (H(\text{key}) + d_i) \bmod m \, (i = 1, 2, \cdots, m-1)$。其中,$H_i$ 为第 i 次冲突的地址,$H(\text{key})$ 为哈希函数值,m 为哈希表表长,d_i 为增量序列。d_i 一般有如下三种取法:

A. $d_i = 1, 2, 3, \cdots, m-1$,称为**线性探测再散列**;

B. $d_i = 1^2, -1^2, 2^2, -2^2, 3^2 \cdots \pm k^2 \, (k \leqslant m/2)$,称为**二次探测再散列**;

C. $d_i =$ 伪随机序列,或 $d_i = i \times H_i(\text{key})$,称为**伪随机探测再散列**。

视频讲解

【例 2.7】在长为 16 的哈希表中已有关键字分别为 19,70,33 的三个记录,哈希函数取为 $H(\text{key}) = \text{key} \bmod 13$,现在第四个关键字为 18 的数据要填入表中,由哈希函数得地址为 5,产生冲突,用线性探测再散列的方法处理,得到下一个地址为 6,仍冲突,再求得下一个地址为 7,仍冲突,直到哈希地址为 8 的位置为空,冲突处理完毕,数据填入到哈希表中序号为 8 的位置。若用二次探测再散列法,第四个关键字 18 会被填入序号为 4 的位置,类似地可得到伪随机探测再散列的地址。三种方法的探测过程及结果如表 2.4 所示。

视频讲解

表 2.4　三种不同增量的开放地址哈希冲突法的过程及结果

哈希表地址	0	1	2	3	4	5	6	7	8	9	10	11	12	13	14	15
已有关键字及其地址						70	19	33								
线性探测再散列						70	19	33	18							
							H_1	H_2	H_3							
二次探测再散列					18	70	19	33								
					H_2		H_1									
伪随机探测再散列						70	19	33							18	
															H_1	

视频讲解

从上述线性探测再散列的过程可以看到一个现象:当表中 $i, i+1, i+2$ 位置上已有数据时,下一个哈希地址为 $i, i+1, i+2$ 和 $i+3$ 的数据都将填在 $i+3$ 的位置。这种在处理过程中发生的两个第一个哈希地址不同的数据争夺同一个后继哈希地址的现象称作"**二次聚类**",即在处理同义词的冲突过程中又添加了非同义词的冲突,显然这种情况对查找非常不利。另一方面,用线性探测再散列处理冲突可以保证,只要哈希表未被填满,总能找到一个不发生冲突的地址 H_k。而二次探测再散列只有在哈希表长 m 为形如 $4j+3(j$ 为整数)的素数时才可能找到不发生冲突的地址。伪随机探测再散列则取决于伪随机数列的取法。

② 再哈希法。

设 $H_i = RH_i(\text{key}) \, (i = 1, 2, \cdots, n)$ 为 n 个不同的哈希函数,即将 n 个不同哈希函数排成一个序列,当发生冲突时,由 RH_i 确定第 i 次冲突的地址 H_i。这种方法不会产生"聚类",但会增加计算时间。

③ 链地址法。

链地址法就是将关键字发生冲突的记录存储在同一个线性链表中。假设某哈希函数产生的哈希地址在$[0,m-1]$区间上,则设一个指针型向量 **ChainHash**$[m]$,其每一个分量的初始值都是空指针。凡哈希地址为 i 的记录都插入到头指针为 **ChainHash**$[i]$ 的链表中。记录在链表中的插入位置可以在表头或表尾,也可以在中间,以保持同义词在同一线性表中按关键字有序排列。

例如,一组关键字序列为 $\{19,14,23,01,68,20,84,27,55,11,10,79\}$,哈希函数为 $H(\text{key}) = \text{key mod } 13$,采用链地址法处理冲突,构造所得的哈希表如图 2.32 所示。

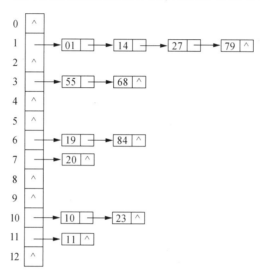

图 2.32　用链地址法处理冲突的哈希表

④ 公共溢出区法。

假设某哈希函数的值域为 $[0,m-1]$,向量 **HashTable**$[0,m-1]$ 为基本表,每个分量存放一个记录,另设一个向量 **OverTable**$[0,v]$ 为溢出表。我们将与基本表中的关键字发生冲突的所有记录都填入溢出表中。

例如,例 2.8 中的序列若采用公共溢出区法,得到的结果如图 2.33 所示。

图 2.33　用公共溢出区法处理冲突的哈希表

(4) 哈希查找算法及哈希查找性能分析。

① 哈希查找算法。

在哈希表上查找的过程和哈希表的构造过程基本一致。给定 K 值,根据构造表时所用的哈希函数求哈希地址 j,若此位置无记录,则查找不成功;否则比较关键字,若和给定的关键字相等,则成功,否则,根据构造表时设定的冲突处理的方法找"下一地址",直到找到某个位置为"空"或表中所填数据的关键字与给定值相等时为止。算法 2.27 给出了以开放地址方法处理冲突的哈希表的查找过程,其他方法的查找算法请读者自行思考。

算法 2.27　开放地址法哈希查找与插入算法

```
typedef struct HashTable {
        DataType * data;//数据元素存储基址,动态分配数组
        int count;//当前数据元素个数
        int sizeindex;      //hashsize[sizeindex]为当前容量
}HashTable;
Status SearchHash(HashTable H,KeyType key,int *p,int *c){
        //在开放地址哈希表 H 中查找关键字为 key 的数据,若查找成功,以 p 指示待查数据在表
        //中的位置,并返回 SUCCESS;否则,以 p 指示插入位置,并返回 UNSUCCESS,
        //用 c 记录发生冲突的次数,其初始值为 0,供建表插入时参考
          Status status = fail;
          p = Hash(key);//求得哈希地址
          while(H.data[p].key! = NULL && H.data[p].key! = key)    //该位置填有数据且
        //与所查关键字不同
                collision(p, ++c);//求下一探查地址 p
        if(H.data[p].key == key)
            status = success;   //查找成功,p 返回待查数据元素位置
return status;//查找不成功(H.data[p].key = NULL),p 返回的是插入位置
}//SearchHash
    Status InsertHash(HashTable H,DataType e){
        //查找不成功时插入数据元素 e 到开放地址哈希表 H 中.并返回 SUCCESS,
        //若冲突次数过大,则重建哈希表
        Status status = exist;
          c = 0;
        if(SearchHash(H,e.key,p,c))  return status;//数据已在哈希表中,无须插入
        else if(c < hashsize[H.sizeindex]/2)
        {
            H.data[p] = e; + +H.count;//次数 c 还未达到上限,插入 e
            status = success;
            return status;
        }
        else{
            RecreatHashTable(H);//以现在表长的 2 倍重建哈希表
            status = unsuccess
            Return status;
        }
    }// InsertHash
```

【例 2.8】已知例 2.8 中所示的一组关键字序列,按哈希函数 $H(key) = key \bmod 13$ 构建哈希表,采用线性探测再散列处理冲突,所得哈希表 e.data[0,…,12]如图 2.34 所示。

0	1	2	3	4	5	6	7	8	9	10	11	12
	14	01	68	27	55	19	20	84	79	23	11	10

图 2.34　关键字序列的哈希表

给定值 $K = 84$ 的查找过程如下:首先,求得哈希地址 $H(84) = 6$,因为 e.data[6]不空,且 e.data[6].key $= 19 \neq 84$,所以冲突;其次,找第一次冲突处理的地址 $H_1 = (6+1) \bmod 13 = 7$,因为 e.data[7]不空,且 e.data[7].key $= 20 \neq 84$,所以冲突;再次,找第二次冲突处理的地址

$H_2 = (6+2) \mod 13 = 8$，e. data[8]不空，且 e. elem[8]. key = 84，查找成功，返回数据在哈希表中的序号8。

给定值 $K = 38$ 的查找过程如下：首先，求得哈希地址 $H(38) = 12$，因为 e. data[12]不空，且 e. data[12]. key = 10 ≠ 38，所以冲突；其次，找下一次冲突处理的地址 $H_1 = (12+1) \mod 13 = 0$，由于 e. data[0]没有存放数据，表明哈希表中不存在关键字为 38 的记录，查找失败。

② 哈希查找性能分析。

从哈希表的查找过程我们发现：

A. 虽然哈希函数在关键字与记录位置之间建立了直接映射，但由于冲突的存在，使得哈希表的查找过程仍然存在给定值与关键字进行比较的过程。因此，仍需用平均查找长度作为衡量哈希表的查找效率的量度。

B. 查找过程中需和给定值进行比较的关键字的个数取决于三个因素：哈希函数、冲突处理的方法和哈希表的装填因子，哈希表的装填因子定义为

$$\alpha = \frac{\text{表中填入的记录数}}{\text{哈希表的长度}} \tag{2.14}$$

α 标志着哈希表的装满程度。α 值越小，哈希表中填入的数据越少，发生冲突的可能性就越小；反之，α 值越大，说明哈希表中填入的数据越多，再填数据时，发生冲突的可能性就越大。

哈希函数的好坏影响冲突出现的频繁程度。均匀的哈希函数出现冲突的概率较低，而一般情况下设定的哈希函数都是均匀的，所以，可以不考虑它对平均查找长度的影响。

对同样的一组关键字，设定相同的哈希函数，冲突处理的方法不同，得到的哈希表也不同，它们的平均查找长度也不同。如例 2.7 和例 2.8 中的两个哈希表，在数据的查找概率相同的情况下，后者（链地址法）查找成功的平均查找长度为 $ASL(12) = 1/12(1 \times 6 + 2 \times 4 + 3 + 4) = 1.75$，前者（线性探测再散列）查找成功的平均查找长度为 $ASL(12) = 1/12(1 \times 6 + 2 + 3 \times 3 + 4 + 9) = 2.5$。一般情况下，冲突处理方法相同的哈希表，其平均查找长度依赖于哈希表的装填因子。可以证明：线性探测再散列的哈希表查找成功的平均查找长度为

$$S_{ns} \approx \frac{1}{2}\left(1 + \frac{1}{1-\alpha}\right) \tag{2.15}$$

伪随机探测再散列，二次探测再散列和再哈希的哈希表查找成功的平均查找长度为

$$S_{nr} \approx \frac{1}{\alpha}\ln(1-\alpha) \tag{2.16}$$

链地址法处理冲突的哈希表查找成功的平均查找长度为

$$S_{nc} \approx 1 + \frac{\alpha}{2} \tag{2.17}$$

由于哈希表查找不成功时所用的比较次数也与给定值有关，因此，可以类似地定义查找不成功时的平均查找长度为查找不成功时需和给定值进行比较的次数期望值。同样可证明，不同冲突处理方法所得到的哈希表查找不成功的平均查找长度分别为

$$U_{ns} \approx \frac{1}{2}\left(1 + \frac{1}{(1-\alpha)^2}\right)（线性探测再散列） \tag{2.18}$$

$$U_{nt} \approx \frac{1}{1-\alpha}（伪随机探测再散列） \tag{2.19}$$

$$U_{nc} \approx \alpha + e^{\alpha}（链地址法） \tag{2.20}$$

哈希表的平均查找长度是 α 的函数,而不是 n 的函数。所以,不管 n 有多大,我们总可以选择一个合适的装填因子将平均查找长度限定在一定范围内。

此外,若要在非链地址处理冲突的哈希表中删除一个记录,则须在该记录位置上填入一个特殊符号,以免找不到在其之后填入的"同义词"的记录。

最后要说明的是,对于预先知道且规模不大的关键字集,有时也可以找到不发生冲突的哈希函数。因此,对频繁进行查找的关键字集,还应尽量设计一个相对完美的哈希函数。

2.2.4　线性表的排序算法

排序操作是计算机经常遇到的一类问题。如何设计快速高效的排序算法,对数据处理,特别是大规模的数据处理至关重要。下面介绍几种基于线性表的排序算法。

1. 排序及与其相关的几个基本概念

(1)排序。

排序就是将一组数据元素序列重新排列,使得数据元素序列变成按某个数据项有序的序列。

(2)排序依据。

排序依据是指数据元素的关键字,若关键字是主关键字(关键字值不重复),则无论采用何种排序方法,排出的结果都是唯一的,若关键字是次关键字(关键字值可以重复),则排出的结果可能不唯一,即相同关键字的数据在排序前后的相对位置发生了变化。

(3)稳定排序和不稳定排序。

对于任意的数据元素序列,若在排序前后相同关键字数据的相对位置都保持不变,这样的排序称为**稳定排序**。若存在一组数据序列,在排序前后,相同关键字数据的相对位置发生了变化,这样的排序称为**不稳定排序**。例如,对于关键字序列 3,2,3,4,若经某种排序方法排序后该序列变为 2,3,3,4,则此排序方法就不稳定。

(4)算法效率评价。

在多种排序算法中,每一种算法都有优点,也有不足。因此,简单地说某种算法优于另外某种算法,是不贴切的。总的来说,评价一个算法的好坏主要应从两个方面进行考察,一是算法的空间复杂度,二是算法的时间复杂度。算法的执行时间主要从比较的次数和数据的移动次数来衡量,一般分为最好情况下的时间复杂度、最差情况下的时间复杂度和平均情况下的时间复杂度。本章给出的各种算法复杂度,仅仅给出结果或简单说明,深入分析可以参考有关参考资料。

(5)排序方法。

排序是计算机中经常要做的一件事情,通常包括内部排序和外部排序两种。**内部排序**是指无须借助外存,直接在内存中完成的排序;而**外部排序**是指数据量巨大,必须借助外存的帮助才能完成的排序。这里主要讨论简单的内部排序方法,对于外部排序方法,请读者参阅相关参考资料。

2. 直接插入排序

(1)直接插入排序的基本思想。

直接插入排序又称简单插入排序,其基本思想是:对于一串数据序列,需要将其按关键字有序进行排列的基本思想是将序列分成两部分,左边按关键字有序排列,右边无序排列。初始时,先将左边序列中第一个数据元素作为左边有序部分的第一个数据元素,然后将右边第二个记录插入到左边序列的适当位置,使得左边部分仍然按关键字有序排列。这样,左边序列长度增一,右边序列长度减一,如此继续进行下去,直到右边序列长度为0,这时整个序列就从无序变为有序了。

例如,将序列{9,5,6,4,2,1}按升序排列,则其直接插入排序过程如图2.35所示。

9,5,6,4,2,1   **5,9**,6,4,2,1   **5,6,9**,4,2,1   **4,5,6,9**,2,1   **2,4,5,6,9**,1   **1,2,4,5,6,9**
(a)   (b)   (c)   (d)   (e)   (f)

图2.35　直接插入排序过程举例

(2)直接插入排序算法。

根据上述排序思想,可写出直接插入排序算法,如算法2.28所示。

算法2.28　直接插入排序算法

```
void Direct_Insert_Sort(DataType R[],int n){
        //将记录序列R按关键字作升序排列,降序排列类似
        //记录从第一个位置开始存储,R[0]作为监视哨
        for(i=2;i<=n;++i){
            if(R[i].key<R[i-1].key){//如果未排序部分的第一个记录的关键字比左边
                                    //有序
            //部分最后一个记录的关键字小,则将此记录插入到有序部分的适当位置
            R[0]=R[i];  //R[0]作为监视哨
            for(j=i-1;R[0].key<R[j].key;j--)
             R[j+1]=R[j];  //从有序部分最后一个位置开始向前查找插入位置
             R[j]=R[0];  //将记录插入到正确位置
            }
        }
}
```

(3)直接插入排序性能分析。

从空间复杂度来看,直接插入排序在排序过程中,需要一个辅助空间$R[0]$。

从时间复杂度来看,直接插入排序的时间主要消耗在比较和数据移动上,对每一趟排序过程,需要从有序部分的最后向前比较,直到找到插入位置,比较的过程中同时移动数据元素,下面从最好、最坏、一般三种情况进行讨论。

① 最好情况。序列本身已经有序,每趟排序过程只需1次比较,0次移动,因而整个排序过程总共需要$n-1$次比较,0次数据移动。

② 最坏情况。序列本身为反序,这时,每趟排序过程都需要最多的比较次数和最多的数据移动次数,对于第i趟,需要$i-1$次比较,$i+1$次数据移动,整个排序过程总共$n-1$趟,因此,

$$总的比较次数 = \sum_{i=2}^{n}(i-1) = \frac{n(n-2)}{2},$$

$$总的移动次数 = \sum_{i=2}^{n}\frac{(n+2)(n+1)-2}{2}。$$

③ 一般情况。第i趟排序操作,需要和前面有序部分大约一半的记录进行比较,即大约比较$i/2$次,需要移动的数据量也大约为$i/2$次。由此,直接插入排序的时间复杂度在平均情况下和最坏情况下都为$O(n^2)$。对于直接插入排序,除了可用顺序表进行排序操作外,采用链式存储结构也可实现。直接插入排序是一种稳定的排序方法。

3. 希尔排序

（1）希尔排序的基本思想。

对于直接插入排序，当序列长度 n 较小时，排序的效率较高；当序列长度 n 较大时，若序列已基本有序，排序的效率也较高，其时间复杂度可达到 $O(n)$；当序列长度 n 较大而且该序列无序时，直接插入排序效率就较低，时间复杂度为 $O(n^2)$。这时，如果能将序列分成几个较小的序列，将这些较小的序列先排序，然后再对较长的序列进行排序，这样，可一定程度地提高排序效率，这就是希尔排序的基本思想。

视频讲解

视频讲解

（2）希尔排序算法。

希尔排序又称缩小增量排序，是美国科学家 D. L. Shell 在 1959 年提出来的。其排序的基本过程是：

① 先选取一个小于 n 的整数 d_i（步长），然后把待排序的序列分成多个组，从第一个记录开始，把间隔为 d_i 的记录分为同一组，分完组之后，在每一组中采用直接插入排序法或二分插入排序法进行排序。

② 第一趟完成之后，每一组内部已按关键字有序排列，即间隔为 d_i 的记录已有序。这时，序列的有序性和之前的序列相比已有所改善，接下来，减小步长，再进行分组，然后再排序，序列的有序性进一步得到改善。

③ 将这种先分组再排序的过程一直进行下去，直到 $d_i = 1$，使得间隔为 1 的记录有序，即整个序列已达到有序状态，排序完成。当步长为 1 时，这时的排序过程就是直接插入排序，因为这时序列已基本上有序，直接插入排序的效率在这时就很高了。下面举例说明希尔排序的过程。

【例 2.10】设待排序的关键字序列为 $\{23,15,12,35,46,19,20,14,8,74,86,25\}$，步长 d_i 取为 $\{5,3,1\}$，其排序过程如图 2.36 所示。

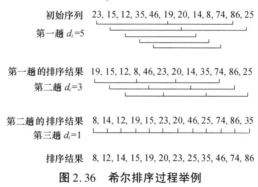

初始序列　23, 15, 12, 35, 46, 19, 20, 14, 8, 74, 86, 25
第一趟 $d_i = 5$

第一趟的排序结果　19, 15, 12, 8, 46, 23, 20, 14, 35, 74, 86, 25
第二趟 $d_i = 3$

第二趟的排序结果　8, 14, 12, 19, 15, 23, 20, 46, 25, 74, 86, 35
第三趟 $d_i = 1$

排序结果　8, 12, 14, 15, 19, 20, 23, 25, 35, 46, 74, 86

图 2.36　希尔排序过程举例

希尔排序的具体算法如算法 2.29 所示。

算法 2.29　希尔排序算法

```
void Shell_Insert_Sort(DataType R[],int n,int d[],int t){
    //待排序序列为R[1,…,n],d[0,…,t-1]为增量序列
    for(k=0;k<t;++k){//第k趟,对增量为d[k]的序列进行直接插入排序
        dk=d[k];
        for(m=1;m<dk;++m)
        for(i=m+dk;i<=n;i+=dk){
            if(R[i].key<R[i+dk].key){//无序时,在增量为dk的子序列中插入适当位置
                R[0]=R[i];   //监视哨,存放待插入数据
                for(j=i-dk;j>=0 && R[0].key<R[j].key;j-=dk)
```

```
                    R[j + dk] = R[j];//寻找插入位置,同时数据后移
                    R[j + dk] = R[0];  //插入到正确位置
                }//end if
            }//end for(i = dk;i <= n; ++i)
        }//end for(k = 0;k < t; ++k)
    //end for(m = 1;m <= n; ++m)
}
```

视频讲解

(3)希尔排序性能分析。

从空间复杂度来看,希尔排序过程中需要一个存储单元的辅助空间。

从时间复杂度来看,希尔排序的时间性能与增量因子 d_i 有直接关系,选取不同的步长,排序的时间复杂度不一样。目前,还没有人给出选取最好步长的方法。步长增量序列的取法很多,有取奇数的,也有取质数的,但无论怎么取,必须满足这样一个规则——最后一个步长一定为1。

希尔排序是一种不稳定的排序方法。例如,采用希尔排序方法对序列{4,7,2,9,5,3,2}排序后的结果为{2,2,3,4,5,7}。相同关键字的位置发生了变化,即排序前 2 在 2 的前面,而排序后 2 在 2 的后面了。

4.冒泡排序

(1)冒泡排序的基本思想。

冒泡排序是一种交换排序,其基本思想是基于两两比较和交换,每次冒出一个关键字最大的记录(升序)或关键字最小的记录(降序)。对长度为 n 的序列,冒泡排序的第 i 趟操作流程如下:从序列最左边开始,比较第 1 个记录和第 2 个记录的关键字,如果不满足序列排序的要求,则进行交换;交换之后,再比较第 2 个记录和第 3 个记录的关键字,根据比较结果确定是否交换,这样一直进行到第 $n - i$ 和第 $n - i + 1$ 个数据,根据关键字的比较结果确定是否交换,最终得到第 i 趟冒出的最大值(升序)或最小值(降序)。冒泡排序过程中第一趟完成后,再进行第二趟,这样一直进行下去,直到某一趟没有发生数据的交换为止。

例如,将序列{12,34,20,15,9,25,27,13}用冒泡排序法升序排列。排序过程为先从最左侧的两个数开始,将 12 和 34 进行比较,符合排序规则,不交换;继续比较 34 和 20,不符合排序规则,交换 34 和 20;这样一直进行下去,最终得到第一趟的冒泡排序结果如图 2.37(a)最后一行所示。以后各趟冒泡排序结果如图 2.37(b)所示,在第 6 趟冒泡过程中,没有发生数据的交换,这时,整个序列已经按升序有序排列,不需再进行冒泡,排序结束。

第 1 趟 12, 34, 20, 15, 9, 25, 27, 13   第 2 趟的结果 12, 15, 9, 20, 25, 13, 27, 34
             12, 20, 34, 15, 9, 25, 27, 13   第 3 趟的结果 12, 9, 15, 20, 13, 25, 27, 34
             12, 20, 15, 34, 9, 25, 27, 13   第 4 趟的结果 9, 12, 15, 13, 20, 25, 27, 34
             ...   第 5 趟的结果 9, 12, 13, 15, 20, 25, 27, 34
             12, 20, 15, 9, 25, 27, 13, 34   第 6 趟的结果 9, 12, 13, 15, 20, 25, 27, 34

                 (a)   (b)

图 2.37 冒泡排序举例

(2)冒泡排序算法。

根据冒泡排序的基本思想及冒泡排序过程,可写出冒泡排序的算法,如算法 2.30 所示。

算法 2.30 冒泡排序算法

```
void Bubble_Sort(DataType R[],int n){
    //对长度为 n 的序列 R 按升序进行冒泡排序,降序排序类似
    for(i = 1;i < n; + +i){
```

```
swap = 0;    //交换标志
    for(j =1;j < = n - i; + +j){
        if(R[j].key >R[j +1].key){    //不满足升序规则,交换
          R[0] = R[j +1];  R[j +1] = R[j];  R[j] = R[0];
          swap =1;
        }}
    if(swap = =0)break;    //此趟冒泡没有发生交换,排序结束
    }
}
```

（3）冒泡排序性能分析。

从空间复杂度来看,冒泡排序过程中,需要一个辅助存储单元 $R[0]$。

从时间复杂度来看,冒泡排序的时间性能分以下两种情况:

① 序列具有正序,此时,在第一趟冒泡过程中,一次交换都未发生,因此,排序过程需要比较的次数为 $n-1$,需要交换的次数为 0。

② 序列具有反序,这时,每一趟冒泡都是必须的,共需要 $n-1$ 趟冒泡,而每一趟冒泡过程中,需要最大次数的比较和最大次数的交换,第 i 趟冒泡过程中比较的次数为 $n-i$,数据交换的次数为 $n-i$,因此,整个冒泡排序过程中总的比较次数为

$$\sum_{i=1}^{n-1} (n-i) = \frac{1}{2}n(n-1)。$$

总的交换次数也为

$$\sum_{i=1}^{n-1} (n-i) = \frac{1}{2}n(n-1)。$$

冒泡排序是一种稳定的排序方法,即排序前后相同关键字数据的相对位置保持不变。

（4）冒泡排序的改进。

在冒泡排序过程中,如果最后面若干个记录未发生交换,说明这些记录已经符合要求的排序规则。在常规的冒泡排序算法中,不管情况怎样,都会进行冒泡,即使遇到上述情况也会继续进行冒泡比较,这就无谓地增加了排序时间。实际上,上述情况中这些有序的若干数据无须再进行冒泡。根据此想法,可将冒泡算法改写,从而提高冒泡排序的效率。改进后的冒泡算法如算法 2.31 所示。

算法 2.31 改进后的冒泡排序算法

```
void Bubble_Modified_Sort(DataType R[],int n){
    //对长度为 n 的序列 R 按升序进行冒泡排序,若后面若干数据已按关键字具有
    //正序,这后面的若干数据不再参与冒泡
    i =n;
    while(i >1){
      LastExchangeIndex =1;
      for(j =1;j < i; + +j){
        if(R[j].key >R[j +1].key){    //不满足升序规则,交换
          R[0] = R[j +1];  R[j +1] = R[j];  R[j] = R[0];
          Lastexchangeindex =j;//记录交换的位置
        }
      }//end for
      i =LastExchangeIndex;//本趟进行交换的最后位置
    }//end while
}
```

例如,将序列{23,15,14,25,28,30}用冒泡排序法进行升序排列。用改进后的冒泡排序法对该序列进行排序的过程如图2.38所示。

初始序列,i=6   23   15   14   25   28   30
第一趟冒泡, i=2   15   14   23   25   28   30
第二趟冒泡, i=1   14   15   23   25   28   30

图2.38 改进后的冒泡排序过程举例

视频讲解

5. 简单选择排序

简单选择排序的基本策略是每次从无序序列部分选出一个关键字最大(或最小)的记录添加到有序序列尾部。

(1)简单选择排序的基本思想。

简单选择排序的基本思想是:第1趟,从长度为 n 的序列中选择关键字最大(或最小)的记录与第一个记录交换;第二趟,从第2个数据开始的长度为 $n-1$ 的序列中选择关键字最大(或最小)的记录与第二个记录交换;……;第 i 趟,从第 i 个记录开始的长度为 $n-i+1$ 的序列中选择关键字最大(或最小)的记录与第 i 个记录交换;如此一直进行下去,直到第 $n-1$ 趟完成,整个序列已按关键字有序排序。例如,对序列{6,15,45,23,9,78,35}做升序排列,其简单选择排序过程如图2.39所示。

初始序列   6   15   45   23   9   78   35
第1趟   6   15   45   23   9   78   35
第2趟   6   9   45   23   15   78   35
第3趟   6   9   15   23   45   78   35
第4趟   6   9   15   23   45   78   35
第5趟   6   9   15   23   35   78   45
第6趟   6   9   15   23   35   45   78

图2.39 简单选择排序举例

(2)简单选择排序算法。

根据简单选择排序的基本思想和简单选择排序过程可写出简单选择排序的算法,如算法2.32所示。

算法2.32 简单选择排序算法

```
void Simple_Select_Sort(DataType R[],int n){
    //对序列 R[1,…,n]作升序排列,降序类似
    for(i =1;i <n;++i){//n-1 趟选择
     k =i;
     for(j =i+1;j < =n;++j)
       if(R[j].key <R[k].key)k =j;   //寻找关键字最小的记录
     if(i! =k){//关键字最小的记录不在第 i 个位置上,将关键字最小的记录与第 i 个记录
     //交换
       R[0] =R[k];  R[k] =R[i];R[i] =R[0];}
       }
}
```

（3）简单选择排序性能分析。

从空间复杂度来看，简单选择排序算法的空间复杂度为 $O(1)$。

从时间复杂度来看，对简单选择排序算法，在最好的情况下，第 i 趟选择需要进行比较的次数为 $n-i$，需要进行交换的次数为 0，整个简单选择排序过程总共需要的比较次数为

$$\sum_{i=1}^{n-1}(n-i) = \frac{1}{2}n(n-1) \text{，}$$

总共需要的交换次数为 0。在最坏的情况下，第 i 趟选择需要进行比较的次数为 $n-i$，需要进行交换的次数为 1，因此，整个简单选择排序过程总共需要进行比较的次数为

$$\sum_{i=1}^{n-1}(n-i) = \frac{1}{2}n(n-1) \text{，}$$

总共需要的交换次数为 $n-1$。因此，简单选择排序的时间复杂度为 $O(n^2)$。

6. 基数排序

前面讨论的排序算法都是基于关键字比较的排序算法，而基数排序是按类似哈希查找的思路进行排序的，也就是将关键字和存储地址建立映射关系，然后按照地址递增方式读取序列里面的数据，从而达到排序的目的。基数排序基于分配—收集的排序算法，它利用的是多关键字的排序思想。

视频讲解

（1）多关键字排序。

对于长度为 n 的序列 $\{R_1, R_2, \cdots, R_n\}$，对关键字 $(K^0, K^1, \cdots, K^{d-1})$ 有序是指对于序列中任意两个数据 R_i 和 R_j $(1 \le i < j \le n)$ 都满足 $(K_i^0, K_i^1, \cdots, K_i^{d-1}) < (K_j^0, K_j^1, \cdots, K_j^{d-1})$ 的有序关系。其中，K^0 称为最主位关键字，K^{d-1} 称为最次位关键字。多关键字排序通常包括高位优先多关键字排序和低位优先多关键字排序两种。

① 高位优先多关键字排序。

高位优先多关键字排序的基本思想是先按关键字 K^0 进行排序，K^0 相同的数据不分大小放在一起形成子序列，然后在各个子序列中分别对 K^1 进行排序，依次类推，直至最后对最次位关键字 K^{d-1} 排序完成为止。

例如，某学生数据包含三个关键字：系、班和班内序号，其中以系为最主要关键字，班内序号为最次位关键字。学生序列为 $\{<3,2,30>, <1,2,15>, <3,1,20>, <2,3,18>, <2,1,20>\}$，用高位优先多关键字排序法对该学生序列排序的过程如表 2.5 所示。

表 2.5　学生数据的高位优先多关键字排序过程举例

无序序列	(3,2,30)	(1,2,15)	(3,1,20)	(2,3,18)	(2,1,20)
对 K^0 排序	(**1**,2,15)	(**2**,3,18)	(**2**,1,20)	(**3**,2,30)	(**3**,1,20)
对 K^1 排序	(1,**2**,15)	(2,**1**,20)	(2,**3**,18)	(3,**1**,20)	(3,**2**,30)
对 K^2 排序	(1,2,**15**)	(2,1,**20**)	(2,3,**18**)	(3,1,**20**)	(3,2,**30**)

② 低位优先多关键字排序。

低位优先多关键字排序的基本思想是先按关键字 K^{d-1} 进行排序，然后按关键字 K^{d-2} 进行排序，依次类推，直至最后对最主位关键字 K^0 排序完成为止。

例如,前面提到的学生数据,用低位优先多关键字排序法排序的过程如表2.6所示。

表2.6 学生数据的低位优先多关键字排序过程

无序序列	(3,2,30)	(1,2,15)	(3,1,20)	(2,3,18)	(2,1,20)
对 K^2 排序	(1,2,**15**)	(2,3,**18**)	(3,1,**20**)	(2,1,**20**)	(3,2,**30**)
对 K^1 排序	(3,**1**,20)	(2,**1**,20)	(1,**2**,15)	(3,**2**,30)	(2,**3**,18)
对 K^0 排序	(**1**,2,15)	(**2**,1,20)	(**2**,3,18)	(**3**,1,20)	(**3**,2,30)

通过比较上述两种排序过程我们可以看到,高位优先多关键字排序需要标注子序列,然后在子序列中再用同样的方法进行排序。低位优先多关键字排序所有数据都参与同样的操作,不需要特别标注各自属于哪个子序列,因此,能够用统一的方法处理所有数据,更加方便。

（2）链式基数排序。

链式基数排序不是基于关键字的比较,而是基于分配—收集的策略进行排序。在排序过程中,先将关键字拆分成若干项,然后把每一项作为一个"关键字",这样,单关键字排序过程就转换为多关键字的排序过程,可以采用前面提到的低位优先多关键字排序方法。对于整数或字符串型的关键字,可将其拆分为单个数字或单个字母,这样,每个关键字都在相同的取值范围内,可以采用多个队列来存放分配结果。

① 链式基数排序的基本思想。

链式基数排序的基本思想是从最低位的关键字开始,按关键字的不同值将序列中的数据分配到不同的队列中,然后按关键字从小到大(升序,如果降序,就按关键字从大到小)收集起来,这就完成了一趟分配—收集工作,对次低位以及后面各位关键字,采用同样的策略进行分配—收集,最高位分配—收集完成后,整个序列就有序了。

例如,将序列 $\{089,135,521,204,367,045,259,723,412\}$ 用链式基数排序法升序排列,其链式基数排序过程如图2.40所示。

在图2.40中,$e[0] \sim e[9]$ 为每个队列的队头,$f[0] \sim f[9]$ 为每个队列的队尾。分配时,依次考察序列中每个数据,根据相应位数的数字存储到相应队列中;存储时,从队尾向队头方向存储;在收集时,从 $f[0]$ 开始从左到右,从下到上进行收集,收集完之后,便形成一个新的链表。

图2.40(a)按个位数进行分配,分配完之后,从 $f[0]$ 开始收集,收集结果仍串成一个链表。图2.40(b)按十位数进行分配—收集,并得到新的链表,图2.40(c)按百位数进行分配—收集,收集完之后,整个序列就按升序有序排序了。

② 链式基数排序算法。

在链式基数排序过程中,先将关键字分成几个关键字基数,再从个位开始分配—收集。若为字符串,就从最右边开始分配—收集;若字符串长度不等,右边补空格,规定空格比任何非空格字符都小。下面以整数排序为例给出链式基数排序算法,如算法2.33所示。

视频讲解

视频讲解

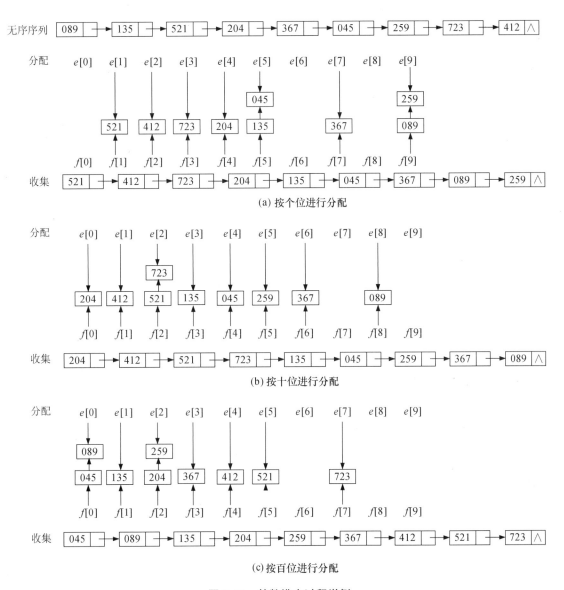

图 2.40　基数排序过程举例

算法 2.33　链式基数排序算法

```
#define KEY_NUM 10      //关键字长度
#define RADIX   10      //关键字基数,整数时为 0～9
typedef struct Node{
        KeyType key[KEY_NUM];   //关键字字段
        OtherField otheritem;
        Node *next;
} Node;
typedef struct Queue{
        Node *e;
        Node *f;
}Queue;
Queue queue[READIX];
```

```
void Distribute_Radix(Node * * head,int i){
        Node * p;
        //分配过程,序列链表 * head 已按关键字 key[0],key[1],…,key[i-1]有序,
        //本过程按第 i 个关键字建立子序列,使得同一子序列中的 key[i]相等,
        //queue[k]->e 和 queue[k]->f 分别指向第 k 个队列的第一个和最后一个数据
        for(j=0;j<RADIX;++j){queue[j]->e=null;queue[j]->f=null;}   /*队
        列置空 */
        for(p= * head;p! =null;p=p->next){
        j=ord(p.key[i]);//ord 为取出 p 中第 i 个关键字字段
        if(queue[j]->f==null)queue[j]->f=p;//分配到相应队列中
        else queue[j]->e->next=p;
        Queue[j]->e=p;
    }
}
void Collect_Radix(Node * * head,int i){
        //收集过程
        //将 queue[0],queue[1],…,queue[RADIX-1]所指序列收集起来形成新的链表
        for(j=0;!queue[j]->f;++j);   //寻找第一个非空队列
        * head=queue[j]->f;t=queue[j]->e;   //第一个非空队列链入新的链表中
        while(j<RADIX){
         for(++j;j<RADIX-1 && !queue[j]->f;++j);//寻找下一个非空队列
         if(queue[j]->f){   //链接两个非空队列
             t->next=queue[j]->f;
             t=queue[j]->e;
        }
    }
}
t->next=null;   //t 指向最后一个非空结点
}
void Radix_Sort(Node * * head,int n){
        //对 * head 做基数排序,使其成为按关键字升序的链表
        // * head 指向第一个数据结点
        for(i=0;i<KEY_NUM;++i){
            Distribute_Radix(head,i);
            Collect_Radix(head,i);
        }
}
```

③ 链式基数排序性能分析。

从空间复杂度来看,链式基数排序算法需要 $2\times$ RADIX 个队列头尾指针的辅助空间指示每个链队列的头和尾。还需要 n 个存储每个数据结点的 next 指针的存储单元。

从时间复杂度来看,在链式基数排序中,待排序的 n 个数据,关键字长度为 d,每位关键字字段取值为 0 到 RADIX -1,进行一趟分配所需的时间为 $O(n)$,进行一趟收集所需时间为 $O(\text{RADIX})$,一共需要 d 趟分配—收集,因此,总的时间复杂度为 $O(d(n+\text{RADIX}))$。如果 d 为常数,RADIX 为 $O(n)$ 时,链式基数排序的时间复杂度就为 $O(n)$,这比以前讲的各种排序算法的时间复杂度都要低。理论上已经证明,基于关键字比较的排序算法,其时间复杂度的下限为 $O(n\log_2 n)$,而链式基数排序法突破了这一限制,这是因为链式基数排序不是基于关键字比较的排序方法。对于关键字长度不太长的整数或字符串排序,链式基数排序无疑是一种比较优越的排序方法。

2.3 项目实战(任务解答)

前面介绍了线性表的逻辑结构及它的各种存储结构,它们各有优缺点。在实际应用中究竟该选择哪种存储结构呢? 一般应根据具体问题要求和性质来决定,通常应考虑以下几点。

1. 基于存储空间的考虑

顺序表的存储空间是静态分配的,在程序执行之前必须明确规定它的存储规模,也就是说事先对 MAXSIZE 要有合适的设定,过大会造成存储空间浪费,过小易造成插入溢出。可见对线性表的长度或存储规模难以估计或数据元素动态变化较大时,不宜采用顺序表。链表不用事先估计存储规模,按需分配结点空间,但链表的存储密度较低,存储密度是指一个结点中数据元素所占的存储单元和整个结点所占的存储单元之比。链表中除了存储数据元素本身外,还需要存储表明数据元素关系的指针,所以链式存储结构的存储密度是小于 1 的。

2. 基于运算时间的考虑

在顺序表中,可以根据地址计算公式得到任一数据元素 a_i 的存放地址,所以访问数据元素 a_i 的时间复杂度为 $O(1)$,属于随机存取结构。而在链表中,需要从头指针开始,沿指针域移动,才能到达存放数据元素 a_i 的结点,所以访问数据元素 a_i 的时间复杂度为 $O(n)$。如果经常做的是访问数据元素的操作,显然顺序表优于链表。在顺序表中做插入、删除操作时平均移动表中一半的元素,时间复杂度为 $O(n)$;在链表中做插入、删除操作,虽然也要找插入或删除的位置,但操作主要是指针移动和修改操作,不需要移动数据元素,从这个角度考虑,做插入、删除操作时,显然链表优于顺序表。

3. 基于实现的考虑

顺序表容易实现,任何高级语言都有数组类型,链表的操作是基于指针的,相对来讲顺序表的实现较为简单,链表的实现较为复杂。

总之,两种存储结构各有优缺点,选择哪一种存储结构由实际问题中的主要因素决定。通常“较稳定”的线性表选择顺序存储,而频繁做插入、删除的,即动态性较强的线性表宜选择链式存储;当数据量不是很多和很复杂的时候,一般选择顺序存储;否则,选择链式存储。

项目 1 电话号码本

题目:编程实现如下功能:

(1)建立电话号码本,联系人信息包括姓名、电话号码、住址等,姓名没有重复的;

(2)具有添加新的联系人、修改联系人、删除联系人等功能;

(3)可以根据姓名查询某个人的详细信息。

下面,我们来具体介绍电话号码本的编程分析及实现过程。

1. 数据元素

电话号码本的数据元素是联系人,包括姓名、电话号码、住址等信息,用自定义的结构 Person 表示联系人类型。根据实际情况,姓名长度一般不超过 20 个字符,电话号码长度为 12 位,地址不超过 50 个字符,用字符数组存储各个数据,其最大长度分别定义为 20,12,50。

```
typedef struct Person
{
     char name[20];
     char phone[12];
     char address[50];
}Person;
```

2. 数据结构及其基本操作

多个联系人在电话号码本中是按照顺序依次存储的,各个元素之间满足线性关系,因此电话号码本的本质是线性表,而需要完成的功能本质就是线性表的基本操作:查找、修改、插入和删除。各个基本操作主要功能分析如下:

（1）查找。

输入:姓名。

输出:这个人的详细信息,包括姓名、电话号码、住址等。

算法:采用顺序查找方法,将输入的姓名与电话号码本中每一个人的姓名依次进行比较,如果不同,则比较下一个联系人的姓名。如果所有人都找完也没有找到与输入姓名相同的联系人,则返回查找失败信息;如果找到与输入姓名相同的联系人,则输出这个人的详细信息,返回查找成功的状态。

（2）修改。

输入:一个人的相关信息。

输出:修改后的电话号码本。

算法:根据某个人的姓名在电话号码本中进行查找,如果查找成功,则用输入的信息覆盖原电话号码本中的这个人的信息。

（3）插入。

输入:一个人的相关信息。

输出:插入这个人的相关信息之后的新电话号码本。

算法:对于线性表,插入元素的位置没有限制。对于顺序存储结构,插入在线性表尾部效率最高;对于链式存储结构,插入在线性表的头部效率最高。

（4）删除。

输入:待删除的人的姓名。

输出:删除这个人的相关信息之后的新电话号码本。

算法:在电话号码本中查找待删除的人,如果查找成功,则将这个人的所有信息从电话号码本中删除。

总结: 电话号码本的维护主要是线性表的查找、修改、插入和删除等基本操作,其中,查找、修改操作在顺序存储结构与链式存储结构中的操作效率相近,但插入、删除操作在链式存储结构中避免了大量数据的移动,因此效率更高。综上所述,在没有特别说明哪些操作更频繁的情况下,整体上链式存储结构效率更高。因此,我们选择链式存储结构来编程实现电话号码本功能。可以编写独立的实现电话号码本功能的算法,也可以基于线性表的基本操作进行修改,比如将抽象数据类型定义为 Person 结构,然后调用线性表的基本操作,实现电话号码本的查找、修改、插入和删除等功能。我们这里以第二种方法为例,展示如何利用已有的线性表的基本操作,实现电话号码本的各种功能,具体实现算法如算法

2.34 所示。

算法 2.34 采用线性表的基本操作实现电话号码本各种功能的算法

```
//List.h
//定义枚举状态
typedef enum Status
{
    success,fail,fatal,range_error
}Status;
    //定义电话号码本要存储的每个人的结构类型
typedef struct Person
{
    char name[20];
    char phone[12];
    char address[50];
}Person;
typedef Person ElemType;//定义 Person 为 ElemType 类型,
                        //这样就可以使用线性表基本操作的抽象数据类型了.
//定义单链表的结点结构:数据成员是 Person(ElemType)和指向直接后继的指针
typedef struct node
{
    ElemType  data;    /* 数据域 */
    struct node * next;   /*指针域 */
} ListNode;
typedef ListNode * ListNodePtr;
typedef ListNodePtr List, * ListPtr;


//List.cpp
#include < stdio.h >
#include < stdlib.h >
#include < string.h >
#include"List.h"
//线性表初始化:
Status  List_Init(ListPtr L)
{
    Status status = fatal;
    * L = (ListNodePtr)malloc(sizeof(ListNode));/*分配存储空间 */
    if(* L)
    {
      (* L) ->next =NULL;status = success;      /*检查是否成功 */
    }
    return status;
}
//建立带头结点的单链表:
Status  List_Create(ListPtr L,ElemType elem[],int n)
{
    Status status = success;
    ListNodePtr  p,q;
    int  i =n-1;         /*指向最后一个数据元素 */
    q = (ListNodePtr)malloc(sizeof(ListNode));/*建立带头结点的空表 */
    q ->next =NULL;
    while(i > =0)
{  /*还存在数据元素未处理的情况 */
    p = (ListNodePtr)malloc(sizeof(ListNode));
    if(!p){status = fatal;break;}     /*空间分配失败,退出 */
```

```
        p -> data = elem[i];              /*新结点 * /
          p -> next = q -> next;           /*插入在表头 * /
          q -> next = p;
          i = i - 1;
        }
       *L = q;
       return status;
}
//修改元素信息
Status   List_Modify(ListPtr L,ElemType elem)//修改
{
       Status status = range_error;
       ListNodePtr p = ( * L) -> next;/* p 指向第一个元素结点 * /
       int i = 1;
       while(p ! = NULL)
       {  /*只有 p 指向的结点存在,才能向下比较 * /
          if(strcmp(p -> data.name,elem.name) == 0)
          {
                memcpy(p,&elem,sizeof(ElemType));
                status = success;
                break;/*比较 * /
          }
          i ++;
          p = p -> next;    /*指针后移,同时计数器加 1 * /
       }

       return status;
}
//插入元素
Status   List_Insert(ListPtr L,int pos,ElemType elem)
{
       Status status;
       ListNodePtr pre,s;
       status = List_SetPosition(L,pos - 1,&pre);   /*找插入位置的前驱 * /
       if(status == success)
       {
                s = (ListNodePtr)malloc(sizeof(ListNode));
                if(s)
                {
                    s -> data = elem;
                    s -> next = pre -> next;
                    pre -> next = s;
                }
          else
                status = fatal;
       }
       return status;
}
//删除元素
Status   List_Del(ListPtr L,ElemType elem)//删除
{
       Status status = range_error;
       ListNodePtr p = ( * L) -> next,q = * L;/* p 指向第一个元素结点 * /
       inti = 1;
       while(p! = NULL)
```

```
    {   /* p 指向的结点存在才能向下比较 */
            if(strcmp(p->data.name,elem.name)==0)
            {
                    q->next=p->next;
                    free(p);
                    status=success;
                    break;/* 比较 */
            }
            i++;
            q=p;
            p=p->next;/* 指针后移,同时计数器加 1 */
    }

    return status;
}
//PhoneBook.cpp
#include<stdio.h>
#include<stdlib.h>
#include"List.h"
// 主程序测试建立电话号码本,查找,修改,插入,删除等功能:
int main()
{
    ElemType *elem,aElem;
    char name[20];
    int n;
    Status s;
    List pBooks=NULL;
    List_Init(&pBooks);
    printf("输入初始的联系人个数:");
    scanf_s("%d",&n);
    /* 加_S 的函数是微软的 visual studio 2010 版本以后的安全函数,如果使用其他编译环
    境,需要修改为不带_S 的标准库函数,比如 scanf_S 需要用 scanf 代替 */
    elem=(ElemType *)malloc(n*sizeof(ElemType));
    if(elem==NULL)
    {
    printf("malloc error/n");
    system("pause");
    return -1;
    }
    printf("输入每个人的详细信息:姓名 电话号码 住址:/n");
    for(int i=0;i<n;++i)
    {
      printf("第%d个人:",i+1);
      scanf_s("%s%s%s",elem[i].name,19,elem[i].phone,11,elem[i].address,49);
    }
    List_Create(&pBooks,elem,n);
    printf("输入待查找人的姓名:");
    scanf_s("%s",name,19);
    s=List_Search(&pBooks,name,&aElem);
    if(s==success)
      printf("%s 的电话号码:%s,住址:%s/n",aElem.name,aElem.phone,aElem.ad-
dress);
    // 插入新的联系人
    printf("插入新的联系人,输入姓名 电话号码 住址:/n");
    scanf_s("%s%s%s",aElem.name,19,aElem.phone,11,aElem.address,49);
    s=List_Insert(&pBooks,1,aElem);
```

```
if(s != success)printf("插入失败 /n");
    List_PrintAll(pBooks);

    // 修改联系人
    printf("输入待修改的联系人的新信息:姓名 电话号码 住址:/n");
    scanf_s("%s%s%s",aElem.name,19,aElem.phone,11,aElem.address,49);
    s = List_Modify(&pBooks,aElem);
    List_PrintAll(pBooks);
    // 删除联系人
    printf("输入待删除的联系人姓名:/n");
    scanf_s("%s",aElem.name,19);
    s = List_Del(&pBooks,aElem);
    List_PrintAll(pBooks);
    List_Destory(&pBooks);
    free(elem);// 释放空间
    system("pause");
    return 0;
}
```

程序运行及输入输出截屏如图 2.41 所示。

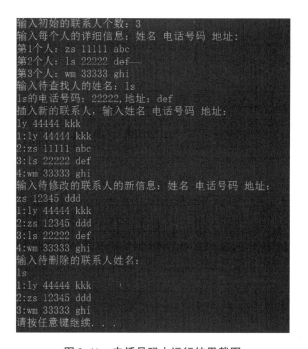

图 2.41　电话号码本运行结果截图

项目 2　迷宫寻路

题目:从文件中读出迷宫地图,显示迷宫地图;寻找并打印找到的通路。

文件中迷宫地图数据格式为:长,宽,入口,出口,迷宫地图数据。

迷宫地图数据由二进制数组成,1 表示墙壁,0 表示通路。

采用字符显示迷宫地图和路径,□表示墙壁,■表示通路,※表示找到的路径,下面,我们具体介绍在迷宫地图中寻找通路的编程分析及实现过程。

1. 寻路算法描述

从入口位置开始探测,按照右、下、左、上的顺时针顺序依次探测相邻位置是否为通路,如果是通路,则以新位置为当前位置继续探测;如果是墙壁,则探测下一个方向;如果是死路,则回退到上一个有多条探测路径的地方继续探测下一个方向;如果是走过的路,则查看是否还有通路可以探测。继续这个过程,直到找到出口为止。

2. 迷宫地图的表示与存储

假设迷宫地图存储在 maze.dat 文件中,按照迷宫的行数、列数、起始位置、结束位置、迷宫地图数据的格式存储。其中,行列数量是整数,起始位置与结束位置用所在位置的行列(x,y)结构存储,迷宫地图数据用 0 表示通路,1 表示墙壁。例如,我们把一个 9×9 的迷宫地图存储在 maze.dat 中,具体内容如下:

9 9 0 0 8 8
011000111000010111101000001110110101100110000 11
001101011000001011101100001101111100

其中,"9 9"表示 9 行 9 列,"0 0"表示起始位置$(x=0,y=0)$"8 8"表示结束位置$(x=8,$ $y=8)$。第二行开始就是按照行序存储的迷宫数据。用字符形式绘制出来如图 2.42 所示。

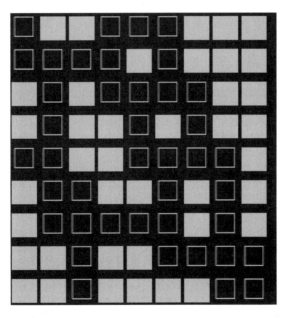

图 2.42　9×9 的字符界面的迷宫地图

下面定义各种结构。

（1）为了能够表示迷宫地图的所在行和列,定义位置结构如下:

```
typedef struct Position
{
    int x,y;
}Position;
```

（2）我们用二维数组存储迷宫地图数据,定义二维数组每一维的最大长度为 100,具体定义如下：

```
#define MAX_LEN 100
//定义枚举结构描述程序状态信息
typedef enum Status
{
        success,fail,fatal,range_error
}Status;
int maze[MAX_LEN][MAX_LEN]={0};
```

（3）遇到死路要回退到上一个有多条路径的位置，需要借助栈存储位置信息和当前的探测方向，具体定义如下：

```
typedef struct stackContent
{
        Position pos;
        int d;
}stackContent;
```

3. 主程序功能

从文件当中读出迷宫地图数据，包括迷宫地图的长宽信息和迷宫地图的入口与出口数据，迷宫地图数据用二进制 0,1 表示，其中 0 表示通路，1 表示墙壁。然后在读出的迷宫地图中搜索路径，找出的通路用 2 表示，最后将地图及通路打印出来，主函数代码如下。

```
int main()
{
    char * name = "maze.dat";
    int maze[MAX_LEN][MAX_LEN]={0};
    int r,c;
    Position start,end;
    ReadMazeFromFile(name,maze,&r,&c,&start,&end);
    SearchPath(maze,r,c,start,end,0);
    PrintPath(maze,r,c);
    system("pause");
    return 0;
}
```

4. 从文件中读取迷宫数据、寻找通路、打印通路

（1）从指定文件中读出迷宫地图的数据，文件名是输入参数。文件中的数据需要先按照指定格式存储好，正确读出后的数据有多个，通过函数参数返回给调用函数，而函数执行的状态信息通过函数返回值返回。从文件中读出迷宫地图数据的函数如下：

```
int ReadMazeFromFile(char * name,int maze[][MAX_LEN],int * row,int * col,Position * start,Position * end)
{
    FILE * fp = NULL;
    Status s = fail;

    fopen_s(&fp,name,"r");//加_s 的函数是微软的 visual studio 2010 版本以后的安全
    //函数,如果使用其他编译环境,需要修改为不带_s 的标准库函数,比如 fopen_s 需要用
    //fopen 代替.
    if(fp == NULL)
    {
        printf("open file error/n");
```

```
        return s;
    }
```
// 采用指定格式读出迷宫数据,先读出长、宽、入口位置和出口位置
```
    fscanf_s(fp,"%d%d%d%d%d%d",row,col,&start->x,&start->y,&end->x,
&end->y);
```
// 然后读出所有的数据
```
    for(int i=0;i<*row;++i)
      for(int j=0;j<*col;++j)
        fscanf_s(fp,"%d",&maze[i][j]);
    fclose(fp);
    return s;
}
```

(2) 从迷宫地图中读出迷宫信息后,需要寻路。输入参数是二维数组 maze,输出参数仍然是 maze,函数状态通过返回值获得。搜索路径函数的具体功能由同学们自己完成。

```
int SearchPath(int maze[][MAX_LEN],int row,int col,Position start,Position
end,int d)
{
// 将寻找到的通路存放在二维数组 maze 中
    return 0;
}
```

(3) 打印通路。读取二维数组的信息,如果值是 0,则输出■;如果值是 1,则输出□;如果值是 2,则输出※。具体程序代码如下。

```
void PrintPath(int maze[][MAX_LEN],int row,int col)
{
    for (int i=0;i<row;++i)
    {
        for(int j=0;j<col;++j)
        {
            switch(maze[i][j])
            {
            case 0:
                printf("■");
                break;
            case 1:
                printf("□");
                break;
            case 2:
                printf("※");
                break;
            default:
                break;
            }
        }
        printf("/n");
    }
    return;
}
```

例如,在如图 2.42 所示的 9×9 的迷宫中运行程序,寻找的通路如图 2.43 所示。

图2.43　迷宫通路

项目3　自助交易平台

题目:周末的电影很好看,小王很早就订了票,小张也想去看,他去订票的时候却被告知票已售完。周末到了,小张不甘心,就在电影院外等着看是否有人退票,而小王因为临时有事,不能去看电影,也没时间去退票。于是他们二人都没有看成电影。如果有一个自助交易平台,小王就可以通过该平台进行退票,小张也就可以通过该平台买到被其他客户退回的电影票了。

分析:可能存在多个退票和买票的情况,根据先来先服务原则,我们设立2个队列来分别存放退票和买票人的情况。我们先请用户选择操作行为(买票或退票),然后根据其选择决定是进哪个队列。下面是主程序:

```
void auto_exchanger(void){
    char answer;
    QueuePtr require_queue,sell_queue;
    help();
    scanf("%c",&answer);
    while(answer!='q'){
            while(answer!='r'&&answer!='s'&&answer!='q'){
                printf("you have pressed a wrong key,please try again!");
                scanf("%c",&answer);
            }
    switch(answer){
        case 'r':
            require(sell_queue,require_queue);/*买票*/
            break;
        case 's':
            sell(sell_queue,require_queue);   /*卖票*/
```

```
            break;
        }
        help();
        scanf("%c",&answer);
    }
    printf("Bye - bye !");
}
```

其中的 help 函数用于提示用户输入，一种可能的实现方法如下：

```
void help(void){
    printf("Welcome to auto ticket require/sell system!",
            "    r - -   require a ticket"
            "    s - -   sell a ticket"
            "    q - -   quit"
            "what can I do for you ?");
}
```

函数 require 完成买票的相关工作，首先输入买票人的信息，然后查看卖票队列是否为空，不空的情况下则从卖票队列取出队头元素，客户获得相关的卖票信息进行买票。

```
void require(QueuePtr forSaleQueue,QueuePtr requestQueue)
{
    scanf("% s",me);
    enQueue(requestQueue,me);
    while(!Empty(forSaleQueue)&&!Empty(requestQueue))
    {
        delQueue(forSaleQueue,sellPerson);
        delQueue(requestQueue,buyPerson);
        match(sellPerson,buyPerson);
        if(buyPerson = =me)break;
    }
}
```

函数 sell 完成卖票的相关工作，首先输入卖票人信息，然后查看是否有买票人（买票队列是否为空）。不空的情况下，则从买票人队列中取出队列头部元素，获取买票人信息将票卖给对方。函数主体请同学们自己完成。

```
void sell(QueuePtr forSaleQueue,QueuePtr requestQueue){
}
```

项目 4　电话号码本的快速查找

题目：项目 1 中要求的电话号码本设计好了，该电话号码本虽然满足了项目 1 所提的基本要求，但通过测试发现其查找速度较慢，请设计一个查找效率较高的算法，以改进电话号码本的查找功能。

分析：和项目 1 中的电话号码本相比，本项目增加了查找速度快的要求。数据元素仍然是结构 Person，元素关系是线性关系，因此用线性表的查找功能可以达到根据姓名查找电话号码的功能。但为了做到快速查找，可以考虑顺序查找、索引查找、哈希查找等典型查找算法,现将这些查找算法的查找效率分析如下。

(1)顺序查找:时间复杂度为 $O(n)$。

(2)索引查找:根据姓名首字母建立索引,索引有 26 项。n 个数据元素,每个索引对应的数据元素个数平均为 $n/26$,实际上出现频率最高的首字母元素个数远大于 $n/26$,因此,索引查找的时间复杂度为 $O(kn) = O(n)$。

(3)哈希查找:姓名是字符串,因为没有重名的人,如果能够找到冲突很少的哈希函数,则查找效率将接近 $O(1)$。因此,可以选用哈希查找实现电话号码本的快速查找。假设电话号码本的联系人不超过 1000 个,则哈希表表长为大于 1000 的最小质数,这里,表长 Len 取 1009。

哈希函数:$H(k) = \text{sum}(\text{name}[i]) \% \text{Len}(1 < = i < = \text{length}(\text{name}))$;

冲突处理函数:采用开放地址法的伪随机数 $d = 13$,则 $H_i = (H(k) + d_i) \% \text{Len}$;$d_i = i \times d$;

下面根据哈希查找算法完成编程。

1. 主程序功能

从文件中读出电话号码本的多人信息存储在 persons 数组中;根据 persons 信息建立哈希表(CreateHTable 函数);通过 SearchHTable 函数根据姓名查找某个人的详细信息;通过 InsertHTable 函数添加某个人的详细信息;通过 DelHTable 函数从哈希表中删除某个人的信息。其主程序如下。

```c
int main()
{
    Person persons[Len],aPerson;
    HTable table = NULL;
    int n;
    char name[20];
    //读入 n 个人的信息到 person 数组中
    if((n = ReadPersonsInfo(persons)) <= 0)
    {
        printf("没有输入正确信息,退出程序/n");
        return -1;
    }
    //根据 persons 的 n 个人的信息,构造哈希表 table
    if(CreateHTable(&table,persons,n) < 0)
    {
        printf("生成哈希表失败,退出程序/n");
        system("pause");
        return -2;
    }
    //哈希查找
    printf("输入待查找的姓名:");
    getchar();
    scanf_s("%s",name,19);
    if(SearchHTable(table,name,&aPerson) < 0)
    {
        printf("查找失败,退出程序/n");
        system("pause");
        return -3;
    }
```

```
        else
        {
                printf("查找成功,这个人的详细信息为:");
                printf("name = %s,phone = %s,address = %s/n",aPerson.name,aPerson.
phone,aPerson.addr);

        }
        //哈希插入
        printf("/n 添加新的信息:/n");
        printf("输入姓名:");
        getchar();//将输入缓冲区中的回车符号读走
        scanf_s("%s",aPerson.name,19);
        printf("输入电话号码:");
        getchar();
        scanf_s("%s",aPerson.phone,11);
        printf("输入地址:");
        getchar();
        scanf_s("%s",aPerson.addr,49);
        //将 aPerson 中的信息插入哈希表 table 中
        if(InsertHTable(table,aPerson)<0)
        {
                printf("插入失败,退出程序/n");
                system("pause");
                return -4;
        }
        printf("添加成功!/n");
        printf("请输入待删除的人的姓名:");
        scanf_s("%s",name,19);
        DelHTable(table,name);
        system("pause");
        return 0;
}
```

2. 建立哈希表

```
/* * * * * * * * * * * * * * * * * * * * * * * * */
/* 函数功能:建立哈希表
输入参数:一维数组 persons 及长度 n
输出参数:哈希表 table
函数返回值:整数表示成功,负数表示失败
*/
/* * * * * * * * * * * * * * * * * * * * * * * * */
int CreateHTable(HTable * table,Person persons[],int n)
{
        * table = (Person *)malloc(Len * sizeof(Person));
        if(table == NULL)return -1;
        int i,hkey,hk2,count = 0;
        for(i = 0;i<Len;++i)
                memset((*table)[i].name,'/0',n * sizeof(Person));
        for(i = 0;i<n;++i)
        {
                hkey = GetHKey(persons[i].name)%Len;
                //下面判断是否冲突
                if(strlen((*table)[hkey].name) == 0)
                {
                memcpy(&(*table)[hkey],&persons[i],sizeof(Person));
```

```
      }
      else
      {
            hk2 = hkey;
            do
            {
                hk2 = (hk2 + DIST)%Len;
                ++count;
            }while(strlen((*table)[hk2].name)!=0 &&count<Len);
            if(count > =Len)
            {
                printf("no space/n");
                return -2;
            }
        }
    }
    return 1;
}
```

3. 插入数据到哈希表

```
/* * * * * * * * * * * * * * * * * * * * * * * * * * * * * * * /
/* 函数功能:插入某个人的信息到哈希表中
输入参数:哈希表 table,待插入的信息 aPerson
函数返回值:正数表示成功,负数表示失败
* /
/* * * * * * * * * * * * * * * * * * * * * * * * * * * * * * * /
int InsertHTable(HTable table,Person aPerson)
{
      int hkey,hk2,count =0;
      hkey =GetHKey(aPerson.name)%Len;
      if(strlen(table[hkey].name) = =0)
      {
            memcpy(&table[hkey],&aPerson,sizeof(Person));
      }
      else
      {
            hk2 =hkey;
            do
            {
                hk2 = (hk2 + DIST) % Len;
                ++count;
            } while (strlen(table[hk2].name) != 0 && count<Len);
            if (count > = Len)
            {
                printf("no space /n");
                return -1;
            }
        }
    }
    return 1;
}
```

查找与删除哈希表的操作程序由同学们自行补充完整。

2.4 线性结构的其他应用

2.4.1 线性表的简单应用

1. 线性表的倒置运算

视频讲解

所谓**倒置运算**,是指将线性表$(a_1, a_2, \cdots, a_n)$变为线性表$(a_n, a_{n-1}, \cdots, a_1)$的运算。倒置运算的实现与倒置策略有关,倒置策略有两种:一是对应数据元素相交换,如a_1与a_n交换,a_2与a_{n-1}交换……;二是将前驱后继关系改变,即倒置前a_1是a_2的前驱,a_2是a_1的后继,倒置后a_1是a_2的后继,a_2是a_1前驱……。倒置运算的实现与线性表的具体存储结构有关,下面分别介绍在顺序和链式两种存储结构上倒置运算的实现。

(1) 倒置运算在顺序表上按数据元素交换策略的实现。

设置i和j两个指针,分别指向线性表的两端,然后交换这两个指针所指的数据元素,交换后两个指针向中间移动,继续交换,直到$i >= j$为止(如图2.44所示)。具体的实现算法如算法2.35所示。

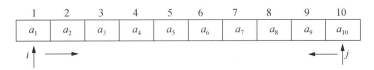

图2.44 顺序表中倒置运算的实现

算法2.35 线性表的倒置运算在顺序存储结构上的实现算法

```
void List_Reverse(ListPtr L){
    int i = 1, j = L->length;
    ElemType temp;
    while (i < j){
        temp = L->elem[i];
        L->elem[i] = L->elem[j];
        L->elem[j] = temp;
        i++; j--;
    }
}
```

显然,用数据元素交换策略在顺序表上实现倒置运算比较简单,而且是有效的。但用该策略在单链表上实现倒置运算是有困难的,因为从头到尾正向移动的指针i很容易由next得到,但是从尾到头反向移动的指针j就很难实现了。所以如用该策略在链表中实现倒置运算,须选用双向链表。

(2) 倒置运算在单链表上按改变前驱后继关系策略的实现。

因为单链表中插入和删除操作不移动数据元素,因此,可以将单链表中的结点从头至尾依次取出,插入到一个新单链表中。操作时遵循以下规则:先取出原单链表的第一个数据元素a_1,将它插入到新单链表的头元素之后;然后取出原单链表中的第二个数据元素a_2,将它插入到新单链表的头元素和第一个元素之间,注意,此时a_2已成为了a_1的前驱;然后取出原单链表中的第三个数据元素 a_3，将它插入到新单链表的头元素和第一个元素之间，此时 a_3 已成为了 a_2 的前驱。照此规律继续进行取出和插入的操作，直到最后一个数据元素 a_n 插入新单链表中。具体实现算法如算法 2.36 所示。

算法 2.36　线性表的倒置运算在单链式存储结构上的实现算法

```
void  List_Reverse(ListPtr L){
    ListNodePtr q, p = (* L)->next;    /*p指向第一个数据结点 */
    (* L)->next =NULL;                  /*将原链表置为空表 */
    while (p){
        q =p;
        p =p ->next;
        q ->next = (* L)->next;         /*插到头结点的后面 */
        (* L)->next =q;
    }
}
```

该算法只需在链表中按顺序扫描一遍就完成了倒置运算，所以它的时间复杂度为 $O(n)$。然而，上述算法并不适合顺序表，因为顺序表中数据元素的插入和删除存在很大的时间开销。

上述对线性表中倒置运算的讲解，说明对同一个问题存在不同的解决方法，即不同的算法策略，而不同的算法策略在不同的存储结构上可能会得到不同的效率。

2. 按访问频度调整顺序

试设计一个在线性表中实现 Locate 运算的函数，使得线性表中所有结点按访问频度递减的顺序排列，以使频繁访问的结点总是靠近表头。

分析：这个问题需要的操作主要是查找、插入和删除。顺序表在按序号查找时其时间复杂度为 $O(1)$，按数据查找时其时间复杂度为 $O(n)$；链表按序号和按值查找的时间复杂度都是 $O(n)$，区别不大。虽然从算法实现方面考虑，顺序表比较容易，然而该问题还涉及大量插入和删除操作，因此采用链表作为存储结构比较合适。

那么，选用哪种链表形式比较合适呢？由于每次查找总是从前往后找，因此需要向后的指针；同时，查找时需要进行频度的调整，每次查找后频度增1，因此高频度结点可能向表头方向移动，涉及找前驱的工作。综合这两个方面的考虑，此处选择双向链表比较合适。

接下来考虑双向链表的具体实现。定义一个带头结点的双向链表 L，该双向链表中每个结点有 4 个数据成员：指向前驱结点的指针 prior、指向后继结点的指针 next、存放数据成员的 data 和访问频度 freq。所有结点的 freq 初始时都为 0。执行一次查找时先在链表中查找指定数据，如找到，将该结点的 freq 加 1，如果前面有结点，则向前查找，在其前面找一个 freq 大于它的结点，如找到，则将 freq 加 1 后的结点插入。具体实现算法如算法 2.37 所示。

算法 2.37　按访问频度调整顺序算法

```
typedef  struct node{
    ElemType data;
    int freq;
    struct node *prior,*next;
}*DuList, *pNode;//定义双向链表结构类型及指针
void Locate ( DuList L, ElemType x ) {
    pNode  p = L->next, q;
    while ( p  && p->data != x ) p =p ->next;  /*定位 */
```

```
if (p) {                        /*链表中存在 x */
        p->freq++;              /*该结点的访问频度加 1 */
        q=p;                    /*从链表中摘下这个结点 */
        if(p->prior) p->prior->next = p->next;
        if(p->next) p->next->prior = p->proir;
        p = q->prior;           /*寻找重新插入的位置 */
        while ( p != L && q->freq > p->freq )
            p =p->prior;
        q->next = p->next;      /*插入在 p 之后 */
        q->prior =p;
        if(p->next)p->next->prior = q;
        p->next =q;
    }
    else  Error(" Not found!/n");        /*没找到 */
}
```

3. 一元多项式的表示和相加

在数学上,一个一元多项式 $P_n(x)$ 可按升幂表示为

$$P_n(x) = p_0 + p_1 x + p_2 x^2 + \cdots + p_n x^n。$$

其中, $p_i(i = 0, 1, \cdots, n)$ 是 $n+1$ 个系数, x 是一个变量。我们首先需要确定在计算机里如何存储一元多项式。

(1) 一元多项式的数据结构设计。

多项式 $P_n(x)$ 由其 $n+1$ 个系数完全确定,因此可以将其系数用线性表来表示:

$$P = (p_0, p_1, p_2, \cdots, p_n)。$$

在这样的表示中,每一项的指数隐含在其系数的序号中,线性表的前驱与后继关系表示相邻项之间的关系。这样的表示方法对于多项式相加操作也是很方便的。设另一个多项式 Q 为

$$Q = (q_0, q_1, q_2, \cdots, q_m)。$$

不失一般性,可使 $m < n$,则两个多项式相加的结果 $R_n(x) = P_n(x) + Q_m(x)$ 可用线性表 R 表示为

$$R = (p_0 + q_0, p_1 + q_1, \cdots, p_m + q_m, p_{m+1}, \cdots, p_{n-1}, p_n)。$$

在实现时,需要选择恰当的存储结构。可以使用前述各种存储结构来实现,比如顺序表以及各种单链表。不难看出,顺序表是一个合适的存储方式,在这种方案中,多项式的系数 $p_i(i = 0, 1, \cdots, n)$ 依次存放在数组中,多项式的相加只需将对应位置的系数相加即可。

然而,这样的存放方法有时候空间利用率很低。例如,对幂很高,而且系数为零的项很多的多项式存储空间浪费就很大。例如,多项式 $1 + 3x^{100} + 2x^{20\,000}$,虽然其非零项只有 3 项,但由于其最高指数是 20 000,因此需要 20 001 个存储单元。

为了解决这个问题,我们将考虑只存储多项式的非零项的相关信息,以节省存储空间。由于每一项只需要系数和指数就可以唯一确定,因此,我们将每一项的系数和指数视为一个整体将其当作数据元素,同时,为方便起见,按照指数递增的顺序将其组织为线性表。这样,多项式 $P_n(x)$ 就可以表示为

$$P = (a_1, a_2, \cdots, a_n)。$$

其中, $a_i = (p_i, e_i)$ 存储非零项的系数 p_i 和相应的指数 e_i。例如,多项式 $1 + 3x^{100} + 2x^{20\,000}$ 将表示为 $((1,0), (3,100), \cdots, (2, 20\,000))$。

这样的表示方法节省了存储空间,然而在多项式相加时却可能存在一定的不方便。比

如,当两个多项式指数不同时,将存在数据元素插入问题;当两个多项式相同,而指数项的系数相反时,相加后该项将不再存在,需要对数据元素进行删除,从而导致数据的移动操作较多。

因为可能涉及大量的数据元素的插入与删除操作,我们考虑采用链式存储结构来实现多项式的存储和相加操作。用单链表表示一元多项式时,每个结点有三个域:系数域 coef,指数域 expn,指针域 next。例如,一元多项式 $A(x) = 7 + 3x + 9x^8 + 5x^{17}$ 和一元多项式 $B(x) = 8x + 22x^7 - 9x^8$ 可以使用单链表表示(如图 2.45 所示)。

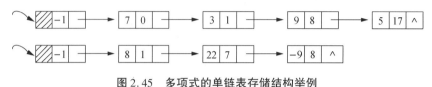

图 2.45　多项式的单链表存储结构举例

(2) 一元多项式的加法算法设计。

在单链表上实现多项式加法,假设 qa 指针指向第一个多项式链表,qb 指针指向第二个多项式链表,先让第一个多项式链表的头结点作为加法结果链表的头结点,然后执行算法操作步骤如下:

① 若指针 qa 所指向结点的指数值小于指针 qb 所指向结点的指数值,则 qa 指针所指结点先插入到新链表中去。

② 若指针 qa 所指向结点的指数值大于指针 qb 所指向结点的指数值,则 qb 指针所指结点先插入到新链表中去。

③ 若两指针指向结点的指数数值相等,应先将两者系数求和,表示为 $sum(a + b)$,当 $sum(a + b)$ 不为 0 时,修改 qa 所指结点的系数值为 $sum(a + b)$,然后将其插入新多项链表中去,释放 qb 所指结点;如果 $sum(a + b)$ 等于 0,则 qa,qb 指针所指结点都释放,然后将 qa,qb 指针移向下一个结点。具体算法代码如算法 2.38 所示。

算法 2.38　一元多项式的加法算法

```
typedef struct { //项的表示,多项式的项作为 LinkList 的数据元素
    float  coef;    /*系数*/
    int    expn;    /*指数*/
}term, ElemType; /*定义结构体*/
/*AddPolyn 函数计算多项式相加*/
void AddPolyn( polynomial *pa,polynomial *pb) {
    /*多项式加法:pa = pa + pb,利用两个多项式的结点构成"和多项式".*/
    ha = GetHead(pa); hb = GetHead(pb);/*ha 和 hb 分别指向 pa 和 pb 的头结点*/
    qa = NextPos(pa,ha); qb = NextPos(pb,hb);/*qa 和 qb 分别指向 pa 和 pb 当前结点*/
    while (qa && qb){ /* qa 和 qb 均非空*/
        a = GetCurElem(qa); b = GetCurElem(qb); /*a 和 b 为两表中当前比较元素*/
        switch(cmp(a,b)){
            case -1: /*多项式 pa 中当前结点指数值小*/
                    ha - >next = qa;ha =qa; qa = NextPos(pa,qa); break;
            case 0:  /*两者的值相等*/
        sum = a.coef + b.coef;
        if(sum>abs(1e-6)){/*修改多项式 pa 中当前结点的系数值*/
```

```
            SetCurElem(qa,sum); ha - >next = qa; ha = qa;}
        else{/* 删除多项式 pa 中当前结点 */
            DelFirst(ha,qa); FreeNode(qa); }
        DelFirst(hb,qb); FreeNode(qb); qb = NextPos(pb,hb);
        qa = NextPos(pa,ha); break;
    case 1: /* 多项式 pb 中当前结点指数值小 */
        qc = NextPos(hb,qb); DelFirst(hb,qb);  InsFirst(ha,qb);
        qb = NextPos(pc,hb); break;
    }/* switch */
    }/* while */
    if(!ListEmpty(pb)) Append(pa,qb);/* 链接 pb 中剩余结点 */
    FreeNode(hb); /* 释放 pb 的头结点 */
}
```

按上述步骤将一元多项式 $A(x) = 7 + 3x + 9x^8 + 5x^{17}$ 和一元多项式 $B(x) = 8x + 22x^7 - 9x^8$ 相加的过程如图 2.46 所示。

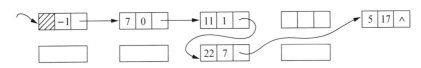

图 2.46　一元多项式的加法

2.4.2　栈的简单应用

视频讲解

1. 将从键盘输入的字符序列逆序输出

逆序输出即输出序列是输入序列的倒序,比如,从键盘上输入"12345678",然后回车,算法执行后将输出"87654321"。数据元素满足"先进后出"特性,因此可以考虑用栈来存储输入的所有数据,再将所有数据出栈,就可以得到与输入数据顺序相反的结果。

由于输入的是字符,因此定义 typedef char StackEntry;具体算法描述如算法 2.39 所示。

算法 2.39　将输入的字符序列逆序输出的算法

```
void ReverseRead(void){
    StackEntry  item;
    Stack s;
    StackPtr ps = &s;
    Stack_Init(ps);            /* 初始化并令其为空 */
    while (!Stack_Full(ps) && (item = getchar()) != '/n')
        Stack_Push(ps,item);        /* 将输入字符依次入栈  */
    while (!Stack_Empty(ps)) {
        Stack_Pop(ps,&item);        /* 将栈中元素依次出栈  */
        putchar(item);
    }
    Stack_Destory(ps);       /* 释放 */
}
```

2. 检验表达式中的括号是否匹配

假设在一个算术表达式中可以包含三种括号:圆括号"("和")",中括号"["和"]"和花括号"{"和"}",并且这三种括号可以按任意的次序嵌套使用。现在需要设计一个算法,用来检验输入的算术表达式中所使用括号的合法性。

算术表达式中各种括号的使用规则为:出现左括号,必有相应的右括号与之匹配,并且每对括号之间可以嵌套,但不能出现交叉情况。

可以利用一个栈结构保存遇到的每个左括号,当遇到右括号时,从栈中弹出左括号,检验匹配情况。在检验过程中,若遇到以下几种情况之一,就可以得出括号不匹配的结论。

(1)当遇到某一个右括号时,栈已空,说明到目前为止,右括号多于左括号;

(2)从栈中弹出的左括号与当前检验的右括号类型不同,说明出现了括号交叉情况;

(3)算术表达式输入完毕,但栈中还有没有匹配的左括号,说明左括号多于右括号。

解决这个问题的完整算法描述如算法 2.40 所示。

算法 2.40　检验表达式中括号是否匹配算法

```
bool BracketMatching(void){
    Stack  openings;
    StackPtr ps = &openings;
    StackEntry  item;
    bool   isMatched = true;

    Stack_Init(ps);
    while (isMatched && (item = getchar())! ='/n') {
        if( item =='('||item == '['||item == '{') /*左括号入栈*/
             Stack_Push(ps,item);
        if( item = =')'||item == ']'||item == '}'){ /*右括号检查*/
             if( Stack_Empty(ps) ){
                     isMatched = false; /*未匹配*/
             }
             else{                       /*进一步检查*/
                 StackEntry  match;
                 Stack_Pop(ps,&match);
                 isMatched = ((item == ')' && match == '(' )
                     || (item == '}' && match == '{' )
                     || (item == ']' && match == '[' );
                 if(!isMatched)
                     printf("Not match %c != %c",item,match);
             }
         }
    }
    if(!Stack_Empty(ps))
        printf("Unmatched");
    Stack_Destory(ps);
    return isMatched;
}
```

3. 数制转换问题

将十进制数 N 转换为 r 进制的数,其转换过程利用辗转相除法。例如,$N = 3467$,$r = 8$,其转换过程如下:

N	$N / 8$(整除)	$N \% 8$(求余)	
3467	433	3	低
433	54	1	
54	6	6	
6	0	6	高

所以：$(3467)_{10} = (6613)_8$

我们看到，所转换的 8 进制数是按低位到高位的顺序产生的，而通常的输出是从高位到低位，恰好与计算过程相反，因此，此处可以用栈来暂存所有余数，然后再全部出栈，得到低位在前的逆序结果。具体的实现算法如算法 2.41 所示。

算法 2.41　十进制数转换为八进制数的算法

```
typedef  int StackEntry;
void Decimal2Other(int n, int r){
    Stack   s, *ps = &s;
    StackEntry   item;
    Stack_Init(ps);
    while(n > 0){
        item = n % r;
        n = n/r;
        Stack_Push(ps, item);
    }
    while(!Stack_Empty(ps)){
        Stack_Pop(ps, &item);
        printf(" %d ",item);
    }
    Stack_Destory(ps);
}
```

4. 表达式求值：计算器

表达式是由运算对象、运算符、括号组成的有意义的式子。从运算对象的个数上分，运算符可分为单目运算符、双目运算符和多目运算符；从运算类型上分，运算符可分为算术运算运算符、关系运算运算符、逻辑运算运算符。这里仅讨论只含双目运算符的算术表达式，对其他情况，有兴趣的读者可自行思考。

常用的表达式有中缀表达式和后缀表达式两种，中缀表达式需要考虑运算符之间的优先关系，计算相对比较麻烦，运算符优先分析法是中缀表达式最常用的求值方法。例如，在对表达式"3 + 2 * (4 + 1 * 3)"求值时，自左向右扫描表达式，当扫描到"3 + 2"时不能马上计算，因为后面可能还有更高优先级的运算。

运算符优先分析方法首先计算所有运算符之间的优先关系，一种优先关系表如表 2.7 所示。表中当 $\theta_1 = \theta_2 =$ " + "时，表示对形如"2 + 3 + 5"这类表达式，应先算第一个加法，再算第二个加法，即相同的运算符，左优先。表中空格处为错误的表达式，如"…)3("…"就是表达式出错的情况。运算符优先分析方法使用 2 个栈进行计算：运算符栈 OPTR 存放有效运算符；操作数栈 OPND 存放有效操作数和运算结果。为方便处理，我们在表达式的前后分别设立一个开始和结束标志"#"，开始标志也作为算符处理，但其优先级最低。

表 2.7　运算符优先关系表

θ_2 / θ_1	+	−	*	/	(	)	#
+	>	>	<	<	<	>	>
−	>	>	<	<	<	>	>

续表

θ_1 \ θ_2	+	−	*	/	(	)	#
*	>	>	>	>	<	>	>
/	>	>	>	>	<	>	>
(	<	<	<	<	<	=	
)	>	>	>	>		>	>
#	<	<	<	<	<		=

表达式求值的算法基本思想如下：

(1)初始化,OPND 置为空栈,将#放入 OPTR 栈底；

(2)依次读入表达式中的每个字符,若是操作数,则直接入 OPND 栈；若是运算符,则和 OPTR 栈顶运算符进行优先级比较。

① 若栈顶运算符优先,则执行相应运算,结果存入 OPND 栈。

② 若与栈顶运算符相等,则作( )或##处理。

③ 若栈顶运算符低,该算符入 OPTR 栈。

(3)重复(2),直到表达式正常扫描完毕为止(读入的是#,且 OPTR 栈顶元素也为#)。

例如,$3 \times (7-2)$的求值过程如下：

步骤	OPTR 栈	OPND 栈输入	字符	主要操作
1	#		$3 * (7-2)$#	PUSH(OPND,'3')
2	#	3	$* (7-2)$#	PUSH(OPTR,'*')
3	# *	3	$(7-2)$#	PUSH(OPTR,'(')
4	# * (	3	$7-2)$#	PUSH(OPND,'7')
5	# * (	3 7	$-2)$#	PUSH(OPTR,'−')
6	# * (−	3 7	2)#	PUSH(OPND,'2')
7	# * (−	3 7 2	)#	operate('7','−','2')
8	# * (	3 5	)#	POP(OPTR)
9	# *	3 5	#	operate('3','*','5')
10	#	15	#	RETURN(GETTOP(OPND))

这里我们以参与计算的数是不超过 10 的数为例,给出计算器求值算法,如算法 2.42 所示。

算法 2.42　操作数不超过 10 的计算器求值算法

```
Status Culculate(char * str){
    Status status = success;
    Stack    sOpnd,sOptr, * psnd = & sOpnd, * pstr = & sOptr;
    char c ;
    Stack_Init(psnd);   Stack_Init(pstr); Stack_Push(pstr, str[0]);
    //str[0] = '#',表达式起始地址入栈
    int i =1;//
    while(i < length(str)&&str[i]){
            if(str[i] > = '0' && str[i] < = '9')//数字入数据栈
                Stack_Push(psnd, str[i] - '0');
        if(str[i] = = '(') Stack_Push(pstr, str[i]);//左括号入栈
        if(str[i] = = ')' || str[i] = = '#') //进行配对
```

```
    {
            if(Stack_Empty(pstr)){printf("括号或者#不配对/n");status = fail;
            return status;}
            ch = Stack_Pop(pstr);
             if(str[i] = = ')' && ch! = '('){printf("括号不配对/n"); status =
            fail; return status;}
            if(str[i] = = '#' && ch = = '#') { return status; }//结束计算
            else { printf("#不配对/n"); status = fail; return status; }
    }
    if(IsOptr(str[i]))//IsOptr 是一个函数,判断字符 str[i]是否为 +,-,*,/等
                     //符号
    {
            ch = Stack_Top(pstr);
            if(PreceOptr(str[i],ch) > 0)//str[i]比栈顶优先级高
            {
                    Stack_Push(pstr,str[i]);
            }
            else //str[i]比栈顶优先级低或者相等
            {
                    ch1 = Stack_Pop(psnd); ch2 = Stack_Pop(psnd);//数据出栈
                    op = Stack_Pop(pstr);//符号出栈
                    switch(op)
                    {
                            case '+':ch = ch2 + ch1;break;
                            case '-':ch = ch2 - ch1;break;
                            case '*':ch = ch2 * ch1;break;
                            case '/':if(ch1 > abs(1e - 6) ch = ch2 / ch1;
                            else{printf("0 is divided/n");
                            status = fail;return status;};break;
                            default: status = fail; return status;
                    }
                    Stack_Push(psnd,ch); //计算结果入栈
            }
            + +i;
    }
    }
    Stack_Destory(pstr); Stack_Destory(psnd);
}
```

通常为了处理方便,可把中缀表达式首先转换成等价的后缀表达式,后缀表达式的运算符在运算对象之后。在后缀表达式中,没有括号,所有的计算按运算符出现的顺序,严格从左向右进行,而不用再考虑运算规则和级别。计算过程是每遇到一个运算符,就将该运算符与相邻的两个运算数计算。例如,中缀表达式"$3 + 2 \times (4 + 1 \times 3)$"的等价后缀表达式为:"$32413 \times + \times +$"。"$32413 \times + \times +$"的计算过程为:① $1 \times 3 = 3$;② $4 + 3 = 7$;③ $7 \times 2 = 14$;④ $14 + 3 = 17$。

因为后缀表达式中既无括号的约束,又无优先级的约束,所以,计算后缀表达式比计算中缀表达式简单得多。具体做法:只使用一个操作数栈,当从左向右扫描表达式时,每遇到一个操作数就送入栈中保存,每遇到一个运算符就从栈中取出两个操作数进行当前的计算,然后把结果再入栈,直到整个表达式结束,这时栈顶的值就是结果。具体实现算法大家可自己思考写出。

▶▶▶ 本章小结

1. 线性表

线性表的数据元素间的逻辑关系是 1：1 的，即除了第一个数据元素之外，每一个数据元素都有唯一的直接前驱，除了最后一个数据元素外，每一个数据元素都有唯一的直接后继。

顺序存储结构的特点：逻辑上相邻的数据元素，其物理位置也相邻；可随机存取表中任一数据元素；必须按最大可能长度预先分配存储空间，存储空间利用率低，表的容量难以扩充，是一种静态存储结构；插入、删除数据元素时，需移动大量数据元素，平均移动数据元素个数为 $n/2$。

链式存储结构的特点：逻辑上相邻的数据元素，其物理位置不一定相邻；数据元素之间的邻接关系由指针域指示；是非随机存取存储结构；对链表的存取必须从头指针开始；是一种动态存储结构；插入、删除运算非常方便，只需修改相应指针值。

2. 栈与队列

栈是操作受限的线性表，允许插入、删除的一端称为栈顶，另外一个固定端称为栈底。栈是先进后出的线性结构。

一串数据元素依次通过一个栈，并不能保证出栈的数据元素次序都是倒置，可以产生多种出栈序列。一串数据元素通过一个栈后的次序由每个数据元素之间的进栈和出栈操作顺序决定，只有当所有数据元素都是全部入栈再全部出栈，才能够使数据元素倒置。实际上，如果每个数据元素都入栈之后马上出栈，则可以使数据元素通过栈后保持原来的顺序不变。

队列也是操作受限的线性表，允许插入的一端称为队尾，允许删除的一端称为队头。队列是先进先出的线性结构。用队列存储数据元素时，数据元素的出队顺序和入队顺序保持一致。

3. 查找与排序

顺序查找的定位，采用顺序表效率最高，时间复杂度为 $O(1)$；查找元素，顺序表和链表都需要查找平均约 $n/2$ 的元素，最坏时间复杂度是 $O(n)$，但顺序表编程简单，不容易出错，在效率相当的情况下，应优先选择顺序存储结构。

索引查找适合数据量大的查找，可以先建立索引，快速定位到数据块，再在块内进行查找。

哈希查找通过哈希函数在关键字和存储地址之间建立映射关系，选择好的哈希函数，可以使得平均查找长变为 0。但因为关键字范围远大于存储空间，冲突不可避免。常用的解决冲突的方法有开放地址法、再哈希法、链地址法、公共溢出区法。采用不同的解决冲突的方法的平均查找长度和哈希表的装填因子有关。所以，不管元素个数 n 多大，总可以选择一个合适的装填因子将平均查找长度限定在一定范围内。

各种简单排序算法的时间复杂度为 $O(n^2)$，希尔排序的时间复杂度较为复杂，随步长 d_i 不同，时间复杂度也不同。它们的空间复杂度都是 $O(1)$。

当序列有序或者基本有序时，简单的直接插入排序和冒泡排序的时间复杂度为 $O(n)$。

简单选择排序的时间复杂度不随数据序列的关键字分布的变化而变化。

希尔排序不稳定，其他排序算法稳定。

 习题

一、单项选择题

1. 若长度为 n 的线性表采用顺序存储结构,在其第 i 个位置插入一个新元素的算法时间复杂度为(   )($1 \leqslant i \leqslant n+1$)。

  A. $O(0)$ B. $O(1)$ C. $O(n)$ D. $O(n^2)$

2. 双向链表中有两个指针域,prior 和 next,分别指向前驱及后继,设 p 指向链表中的一个结点,q 指向一待插入结点,现要求在 p 前插入 q,则正确的插入为(   )。

  A. $p \to \text{prior} = q$; $q \to \text{next} = p$; $p \to \text{prior} \to \text{next} = q$; $q \to \text{prior} = p \to \text{prior}$。

  B. $q \to \text{prior} = p \to \text{prior}$; $p \to \text{prior} \to \text{next} = q$; $q \to \text{next} = p$; $p \to \text{prior} = q \to \text{next}$;

  C. $q \to \text{next} = p$; $p \to \text{next} = q$; $p \to \text{prior} \to \text{next} = q$; $q \to \text{next} = p$;

  D. $p \to \text{prior} \to \text{next} = q$; $q \to \text{next} = p$; $q \to \text{prior} = p \to \text{prior}$; $p \to \text{prior} = q$;

3. 若长度为 n 的非空线性表采用顺序存储结构,删除表的第 i 个数据元素,i 的合法值应该是(   )。

  A. $i > 0$ B. $i \leqslant n$ C. $1 \leqslant i < n$ D. $1 \leqslant i < n+1$

4. 在一个具有 n 个结点的线性链表中,以单链表为存储结构,查找某一个结点,若查找成功,需要平均比较(   )个结点。

  A. n B. $n/2$ C. $(n+1)/2$ D. $(n-1)/2$

5. 当按以行为主序的方式存储整数数组 $A[9][8]$ 时,假设第一个元素的字节地址是100,每个整数占 4 个字节,则元素 a_{31} 的存储地址是(   )。

  A. 167   B. 168   C. 170   D. 169

6. 设有一个 5×5 的下三角矩阵 A,将其以行为主序存储于一维数组 B 中,且矩阵 A 的非零常数存储在 B 的第一个存储单元 $B[0]$ 中,则 $A[3][2]$ 在 B 中对应的位置是(   )。

  A. 5   B. 6   C. 8   D. 7

7. 队列的特点是(   )。

  A. 先进先出   B. 后进先出   C. 先进后出   D. 不进不出

8. 循环队列中存放队列元素的数组 data 最多容纳 n 个元素,当队列满时,数组 data 中存放队列元素个数为(   )。

  A. n B. $n-1$ C. $n-2$ D. 0

9. 一个栈的入栈序列是 a,b,c,d,e,则栈不可能的输出序列是(   )。

  A. edcba   B. decba   C. dceab   D. abcde

10. 判断一个栈 ST(元素最多个数为 m)为空的条件是(   )。

  A. $ST \to \text{top} \,! = 0$ B. $ST \to \text{top} == 0$ C. $ST \to \text{top} \,! = m$ D. $ST \to \text{top} == m$

11. 当采用索引表有序查找时,数据的组织方式为(   )。

  A. 数据分成若块,每块内数据有序

  B. 数据分成若干块,每块内数据不必有序,但块间必须有序,每块内最大(或最小)的数据组成索引块

C. 数据分成若干块,每块内数据有序,每块内最大(或最小)的数据组成索引块

D. 数据分成若干块,每块(除最后一块外)中数据个数须相同

12. 当在一个有序的顺序存储表上查找一个数据时,即可用折半查找,也可用顺序查找,但前者比后者的查找速度( )。

    A. 必定快   B. 必定慢

    C. 在大部分情况下要快   D. 取决于表递增还是递减

13. 哈希法(也称散列法)的主要问题在于( )。

    A. 哈希函数难以计算   B. 哈希表的存取速度慢

    C. 会发生冲突   D. 哈希表占很多内存

14. 对于一个大小为 m 含有 n 项的哈希表,它的装填因子为( )。

    A. $m-n$ B. $n+m$ C. m/n D. n/m

15. 顺序查找方法适合于存储结构为( )的线性表。

    A. 顺序存储结构或链式存储结构   B. 散列存储结构

    C. 索引存储结构   D. 压缩存储结构

16. 若每个记录的查找概率相等,则在有 n 个数据的序列中采用顺序查找方法的平均查找长度 ASL = ( )。

    A. n B. $n/2$ C. $(n-1)/2$ D. $(n+1)/2$

17. 哈希查找时,解决冲突的方法有( )。

    A. 除留余数法   B. 数字分析法   C. 直接定址法   D. 链地址法

18. 在初始为空的哈希表中依次插入关键字序列(MON,TUE,WED,THU,FRI,SAT,SUN),哈希函数为 $H(k)=i \bmod 7$,其中,i 为关键字 k 的第一个字母在英文字母表中的序号,地址值域为 $[0:6]$,采用线性探测再散列法处理冲突。插入后的哈希表应该如( )所示。

    A.

0	1	2	3	4	5	6
THU	TUE	WED	FRI	SUN	SAT	MON

    B.

0	1	2	3	4	5	6
TUE	THU	WED	FRI	SUN	SAT	MON

    C.

0	1	2	3	4	5	6
TUE	THU	WED	FRI	SAT	SUN	MON

    D.

0	1	2	3	4	5	6
TUE	THU	WED	SUN	SAT	FRI	MON

19. 下列排序算法中,稳定的排序算法是( )。

    A. 快速排序   B. 选择排序   C. 希尔排序   D. 直接插入排序

20. 排序趟数与序列的原始状态有关的排序方法是( )排序法。

    A. 直接插入   B. 冒泡   C. 简单选择   D. 希尔排序

21. 数据序列 {8,9,10,4,5,6,20,1,2} 只能是下列排序算法中的( )的两趟排序后的结果。

    A. 简单选择排序   B. 冒泡排序

    C. 直接插入排序   D. 希尔排序

22. 对一组数据序列{84,47,25,15,21}排序,数据的排列次序在排序的过程中的变化为:
84 47 25 15 21,15 47 25 84 21,15 21 25 84 47,15 21 25 47 84 则采用的排序算法是( )。

    A. 简单选择排序   B. 冒泡排序   C. 希尔排序   D. 直接插入排序

23. 下列排序算法中( )排序在一趟结束后不一定能选出一个元素放在其最终位置上。

    A. 简单选择排序   B. 直接插入排序   C. 冒泡排序   D. 希尔排序

24. 在待排序的元素序列基本有序的前提下,效率最高的排序方法是( )。

    A. 直接插入排序   B. 简单选择排序   C. 希尔排序   D. 冒泡排序

25. 若用冒泡排序方法对序列{10,14,26,29,41,52}从大到小排序,需进行( )次比较。

    A. 3   B. 10   C. 15   D. 25

26. 对序列{15,9,7,8,20,−1,4,}用希尔排序方法排序,经一趟后序列变为{15,−1,4,8,20,9,7},则该次采用的增量是( )。

    A. 1   B. 4   C. 3   D. 2

二、填空题

1. 在等概率情况下,顺序表中插入一个结点需平均移动_____个结点,删除一个结点需平均移动_____个结点。

2. 当对一个线性表经常进行存取而很少进行插入和删除操作时,采用_____存储结构最节省时间;相反,当经常进行插入和删除操作时,则采用_____存储结构最节省空间。

3. 删除由 list 所指的非空线性链表的第一个结点的操作是_____。

4. 线性表的链式存储结构主要包括_____、_____和_____三种形式,其中最基本的形式是_____。

5. 设有三对角矩阵 $A_{6 \times 6}$,将其三对角线上的元素存于一维数组 $B[18]$ 中,以行为主序,则 a_{35} 在 B 中对应的位置为_____。

6. 按列优先存储整数数组 $A[9][8][5]$ 时,第一个元素的字节地址是25,每个整数占2个字节,那么元素 a_{824} 的存储地址为_____。

7. 判定一个循环队列 QU(元素最多个数为 m)为空的条件是_____。

8. 在具有 n 个单元的循环队列中,队满时共有_____个元素。

9. 线性表的_____与_____总是一致的。

10. 栈顶指针为 HS 的链栈中,判断栈空的条件是_____。

11. 在长度为 100 的顺序表 $R[0,\cdots,100]$ 中,$R[0]$ 作为岗哨,那么查找失败时,需进行_____次关键字比较。

12. 假定一个线性表为(12,23,74,55,63,40,82,36),若按 key % 3 条件进行划分,使得同一余数的元素成为一个子表,则得到的三个子表分别为_____、_____和_____。

13. 在索引表中,每个索引项至少包含有_____域和_____域这两项。

14. 已知一个线性表(38,25,74,63,52,48),采用的散列函数为 $H(\text{Key}) = \text{Key mod } 7$,将元素散列到表长为 7 的哈希表中存储。若采用线性探测的开放定址法解决冲突,则在该哈希表上进行等概率成功查找的平均查找长度为_____。

15. 在 14 题中,若利用链地址法解决冲突,则在该哈希表上进行等概率成功查找的平均查找长度为_____。

16. 对于长度为 n 的线性表,若采用顺序查找法进行查找,则其时间复杂度为____。

17. 长度为 100 和 1000 的哈希表中分别存放有 50 和 500 个数据,采用链地址法解决冲突,那么哈希查找的平均查找长度分别近似为_____,_____。

18. 在散列函数 $H(key) = key \% p$ 中,p 应取_____。

19. 对于线性表(73,34,55,23,65,41,18,100)进行哈希存储时,若选用 $H(K) = K \% 11$ 作为哈希函数,则哈希地址为 1 的元素有_____个,哈希地址为 7 的元素有个_____。

20. 若不考虑基数排序,则在排序过程中,主要进行的两种基本操作是关键字的_____和数据的_____。

21. 下面的排序算法的思想是:第一趟比较将最小的元素放在 $r[1]$ 中,最大的元素放在 $r[n]$ 中,第二趟比较将次小的放在 $r[2]$ 中,将次大的放在 $r[n-1]$ 中,依次下去,直到待排序列为递增序列(注:"$< - - >$"代表两个变量的数据交换)。请在空缺位置填上正确的内容。

```
void  sort(SqList &r,int n) {
     i = 1;
     while(_____(1)_____)  {
     min = max = 1;
     for (j = i + 1; _____(2)_____ ; + + j)
        {if(_____(3)_____) min = j; else if(r[j].key > r[max].key)  max = j; }
     if(_____(4)_____) r[min] < - - >r[j];
     if(max! = n - i +1){if (_(5)_) r[min] < - - > r[n - i +1]; else (_(6)_ ; }
     i + +;
     }
}//sort
```

22. 对关键字序列{ Q,H,C,Y,Q,A,M,S,R,D,F,X},要按照关键字值递增的次序进行排序,若采用初始步长为 4 的希尔排序法,则扫描一趟的结果是_____;若采用以第一个元素为分界元素的快速排序法,则扫描一趟的结果是_____。

23. 对关键字序列{ Q,H,C,Y,Q,A,M,S,R,D,F,X}按直接插入排序升序排列,第五趟的排序结果是_____。

24. 采用基数排序法对序列{203,798,135,078,347,416,564,972,624}升序排列,对个位数分配—收集后的结果是_____。

25. 下列算法为奇偶交换排序,思路如下:第一趟对所有奇数的 i,将 $a[i]$ 和 $a[i+1]$ 进行比较,第二趟对所有偶数的 i,将 $a[i]$ 和 $a[i+1]$ 进行比较,每次比较时若 $a[i] > a[i+1]$,将二者交换,以后重复上述两趟过程,直至整个数组有序。请在空缺位置填上正确的内容。

```
void oesort (int a[n]){
     do {
     flag = 0;
     for(i = 1;i < n;i ++ ,i ++ )
        if(a[i] > a[i +1])
           {flag = _(1)_ ; t = a[i +1]; a[i +1] = a[i]; _____(2)_____ ;}
     for _____(3)_____
        if (a[i] > a[i +1])
        {flag = _____(4)_____ ;t = a[i +1]; a[i +1] = a[i]; a[i] = t;}
```

```
    }while _____(5)_____ ;
}
```

26. 采用冒泡排序法对序列{203,798,135,078,347,416,564,972,624}进行升序排列,第一趟冒泡的结果为_____。

27. 设用希尔排序对数组{98,36,-9,0,47,23,1,8,10,7}进行排序,给出的步长(也称增量序列)依次是 4,2,1,则排序需_____趟,第一趟结束后,数组中数据的排列次序为_____。

三、简答题

1. 试描述头指针、头结点、开始结点的区别,并说明头指针和头结点的作用。

2. 若频繁地对线性表进行插入和删除操作,该线性表应使用何种存储结构?为什么?

3. 循环队列的优点是什么?如何判别它的空和满?

4. 设有一个栈,元素进栈的次序为 A,B,C,D,E,写出下列出栈序列的操作序列:(1)C,B,A,D,E;(2)A,C,B,E,D;其中"I"为进栈操作,"O"为出栈操作。

5. 有 n 个元素的有序顺序表和无序顺序表进行顺序搜索,试就下列三种情况分别讨论两者在等搜索概率时的平均搜索长度是否相同?

(1)搜索失败;

(2)搜索成功,且表中只有一个关键码等于给定值 k 的对象;

(3)搜索成功,且表中有若干个关键码等于给定值 k 的对象,要求一次搜索找出所有对象。

6. 根据哈希表的定义,试总结哈希表的特点。

7. 为什么说当装填因子非常接近 1 时,线性探测类似于顺序查找?为什么说当装填因子比较小(比如 $\alpha = 0.7$ 左右)时,哈希查找的平均查找时间为 $O(1)$?

8. 设要求从大到小排序,问在什么情况下冒泡排序算法关键字交换的次数为最大。

9. 有一随机数组(25,84,21,46,13,27,68,35,20),现采用某种方法对它们进行排序,其每趟排序结果如下,则采用的排序方法是什么?说明理由。

初始:25,84,21,46,13,27,68,35,20　　第一趟:20,13,21,25,46,27,68,35,84

第二趟:13,20,21,25,35,27,46,68,84　　第三趟:13,20,21,25,27,35,46,68,84

10. 双向冒泡排序算法的思想为:对于长度为 n 的序列,第一趟从 1 到 n 进行冒泡,冒出最大值,再从 $n-1$ 向 1 冒泡,冒出最小值;第二趟从 2 到 $n-1$ 冒泡,冒出次大值,再从 $n-2$ 到 2 冒泡,冒出次小值。如此反复,直到某次冒泡没有发生交换为止,此时,整个序列变得有序。请根据这种思想,将序列{25,84,21,46,13,27,68,35,20,65,31,76,18}按升序排序,写出排序过程。

四、算法设计题

1. 设顺序表 L 是一个递增有序表,试写一算法,将元素 x 插入 L 中,并使 L 仍是一个有序表。

2. 假设循环队列中只设 rear 和 quelen 来分别指示队尾元素的位置和队中元素的个数,

试给出判别此循环队列的队满条件,并写出相应的入队和出队算法,要求出队时须返回队头元素。

3. 编写一个任意整数表达式求值的程序(栈的应用)。

4. 已知顺序表中有 m 个记录,表中记录不依关键字有序排列,编写算法为该顺序表建立一个有序的索引表,索引表中的每一项包含记录的关键字和该记录在顺序表中的序号,要求该算法的时间复杂度在最好的情况下能达到 $O(m)$。

5. 已知一个哈希表,请写出从该哈希表中查找关键字为 K 的一个记录的算法,并返回其指针。(注:建立哈希表的方法任选)

6. 已知某链式存储的数据序列的第一个数据的地址为 FIR,结点的结构为{key,data,next},请编写一个算法,在该数据序列中确定关键字值为 def 的数据是否存在,若存在,返回数据所在结点的地址;否则,返回 null。

7. 假设散列函数为 $H(k) = k \% 11$,采用链地址法处理冲突,设计算法:

(1) 输入一组关键字(09,31,26,19,01,13,02,11,27,16,05,21)构造散列表;

(2) 查找值为 x 的元素。若查找成功,返回其所在结点的指针,否则返回 null。

8. 设有一个数组中存放了一个无序的关键序列 $K_1, K_2, \cdots, K_n$。现要求将 K_n 放在将元素排序后的正确位置上,试编写实现该功能的算法,要求比较关键字的次数不超过 n。

9. 有一种简单的排序算法叫作计数排序(Count Sorting)。用这种排序算法对一个待排序的表(用数组表示)进行排序,并将排序结果存放到另一个新表中。必须注意的是,表中所有待排序的关键码互不相同,计数排序算法,针对表中的每个记录,扫描待排序的表一趟,统计表中有多少个记录的关键码比该记录的关键码小。假设针对某一个记录,统计出的计数值为 c,那么,这个记录在新的有序表中的合适的存放位置即为 c。

(1) 给出适用于计数排序的数据表定义;

(2) 编写实现计数排序的算法。

10. 请以单链表为存储结构实现简单选择排序算法。

11. 根据双向冒泡排序的思想,写出双向冒泡升序排序算法。

12. 完成本章项目 3 中的迷宫寻路函数,与该项目中的其他函数一起运行编译、链接,观察程序运行结果。

13. 完成本章项目 4 电话号码本的快速查找,对建立的哈希表实现查找与删除操作,完善程序后编译、链接,运行程序,与项目的电话号码本的顺序查找算法执行情况比较运行效率。

第 3 章
递归与分治

3.1　项目指引

我们在现实中处理和解决一类问题时,常常会发现可以将该问题分解成与这个问题相似的若干子问题,如果子问题都能够得到解决,原问题也就迎刃而解了。这其实是本章将要学习的一种重要算法策略——递归与分治,下面我们先来看几个递归与分治的具体项目实例。

项目 1　查找和排序问题

查找及排序是我们在现实生活中经常会遇到的问题。例如,快递员会根据收货地址准确地找到买家;同学们经常会利用对数表查某个数的对数;看书时,人们会根据目录的索引快速准确地找到想看的内容;图书管理员将藏书摆放在书架上之前,有时需要按出版时间排序等。查找往往是许多问题中最消耗时间的一部分,在很多现实问题中人们能够快速、准确地查找到目标信息其实是基于顺序表实现的,而二分查找是顺序表实现快速查找的最经典算法。实现数据的快速有序排序的方法有哪些呢? 常见的经典排序算法有冒泡排序、直接插入排序、快速排序、归并排序等。本章中,我们将重点介绍快速排序和归并排序,因为这两个排序算法不仅是经典高效的排序算法,而且与二分查找算法类似,都运用了递归和分治的思想。接下来,我们就来看看这些算法是如何通过递归和分治的思想来解决实际问题的。

1. 二分查找问题

我们先来看一个在学校流传已久的段子。一个学生去图书馆"借书",当他背着满满的书包通过门口的检测装置时,警报响了,图书馆的管理员便上前检查,要求那个学生检查一下是哪本书没有借阅成功。当学生准备一本一本地拿起书通过检测装置时,管理员不耐烦地说:"你这样太麻烦了。"于是她上前将书包中的书分成了两摞,然后选择了其中一摞书通过检测装置进行检测,果然装置的警报响了,于是管理员得意地跟那个学生说:"看,就是这摞书有问题。"接着,她将这摞书又分成了两摞,选择了其中一摞进行检测,依次进行这样的折半检测,直到剩最后两本书,她又选择其中一本书进行检查,警报又响了,管理员拿着这本书跟学生说:"好了,就是这本书有问题。"那个学生暗自发笑并从容地将其余所有书(实际上这些书也是没有完成借阅的)收拾起来大摇大摆地走出了图书馆。显然,段子中的管理员是想运用二分查找的思想实现快速查找,当然,她最后还是聪明反被聪明误了。这说明,虽然二分查找的思想简单高效,但是其仍有适用条件的限制。

虽然二分查找有其适用的条件,但是该查找思想在我们现实生活中仍有很常见的应用,对于解决一些实际问题有很好的效果。比如,我们在查字典的时候,往往是先直接翻到中间页或与目标页码大致相近的页码,然后与目标页码对比,如果翻到的页码小于(大于)目标页码,则直接抛弃掉前(后)半部分,继续在后(前)半部分做如此的查找,直到找到目标页码为止。这种二分查找的思想,能够帮助我们快速、高效地找到目标页码,尤其是当待查找的目标页码较大时,如果我们还是从第一页开始挨个页码查找的话,查找效率是很低的。因此,尽管二分查找有一定的适用条件限制,但是其简单高效的查找思想对于我们解决一些实际问题具有很重要的意义。

2. 快速排序问题

快速排序是美国计算机科学家霍尔(Hoare)于 1962 年提出的一种划分交换排序。它速度快、效率高,是实际中最常用的一种排序算法。就像它的名字一样,快速排序是非常优秀的一种排序算法,它基于分治的基本思想,是对冒泡排序的一种改进。

20 世纪 60 年代,英国国家物理实验室(National Physical Laboratory)开始了一项新的计划:将俄文自动翻译成英文。霍尔有过翻译经历,他与俄国的机器翻译专家相识,并且在机器翻译方面发表过论文,于是他在那里得到了一份工作。在那个年代,俄文到英文的词汇列表是以字母顺序存储在一条长长的磁带上的。因此,当有一段俄文句子需要翻译时,第一步是把这个句子的词按照同样的顺序排列。这样机器在磁带上只走一遍就可以找到所有的翻译。霍尔意识到,他必须找出一种能在计算机上实现的快速的排序算法,以提高翻译效率。他想到的第一个算法是被后人称作"冒泡排序"的算法。但是他很快放弃了这个算法,因为这种算法的速度比较慢。用时间复杂度理论来说,它平均需要 $O(n^2)$ 次运算。快速排序是霍尔想到的第二个算法,这个算法的时间复杂度是 $O(n\log_2 n)$。当 n 特别大的时候,该算法的计算步骤比第一种算法的计算步骤要少很多。快速算法的提出不仅大大提高了自动翻译的效率,而且在其他实际问题中也得到了很好的应用,霍尔本人则被称为影响算法世界的十位大师之一。

快速排序算法是将一个大数据段的排序问题,分解为两个或一个含较少数据的小数据段的排序问题,小数据段排序问题又继续分解为更小的数据段排序问题,最终,经过多次划分,可以得到只含有一个数据或为空的数据段,而这些数据段是自然有序的,然后再将这些数据段按序排列起来即为原始数据的正确排序结果。快速排序对规模比较大的排序问题非常有效,因此被誉为 20 世纪最好的 10 个算法之一。

3. 归并排序问题

什么是归并排序?对于初学者来说可能比较陌生,但其实归并排序的思想在我们生活中的很多问题中都有涉及,只是我们通常都没有意识到。

麻将是一种博弈游戏,在我国四川地区尤为盛行,闲暇之余和朋友喝喝茶、打打麻将是四川人特有的一种生活休闲方式,但是大家是否意识到其实每一局麻将玩家都会运用一种排序思想——归并排序呢?每一局的开始四个人要轮流抓牌,每次抓四张牌,共抓三次,最后跳牌时除庄家抓两张牌以外,其余三人每人抓一张牌,抓好 13 或者 14 张牌后,玩家通常都会对不同的花色以及同一花色的不同牌做一个排序,以方便他们随后更清晰地打牌。但是，一般玩家都不会等所有牌都抓完以后才对手中的牌进行排序，因为这样会浪费更多时间，他们往往是在抓到第一组牌后就对这四张牌进行一个排序，当抓到第二组牌后就在原来已排好序的牌的基础上对两组牌再进行一次排序，然后对抓到的第三、第四组牌做同样的排序。最后，当所有人都抓完牌时，每个人的牌面也都是有序的了。其实这种将规模较小的有序序列不断归并成一个大的有序序列的过程就是对归并排序思想的应用。

归并排序算法与快速排序算法一样，都是分治思想的典型应用。**归并排序**是借助于归并操作将两个有序序列或多个有序序列合并成一个有序序列的过程。归并排序通常分为**二路归并**和**多路归并**；将两个有序序列合并为一个有序序列的操作称为二路归并；将 k（$k > 2$）个有序序列合并为一个有序序列的操作称为 k 路归并。本章主要介绍二路归并排序。

项目 2　汉诺塔问题

汉诺塔问题也是递归思想的一个典型应用，它来源于印度的一个古老传说。相传，大梵天创造世界的时候做了三根金刚石柱子，在其中一根柱子上按照从下往上的顺序从大到小地摞着 64 片黄金圆盘。大梵天命令婆罗门把这些黄金圆盘从下面开始按大小顺序重新摆放在另一根柱子上。并且规定，在小圆盘上不能放大圆盘，在三根柱子之间一次只能移动一个圆盘。当圆盘个数很少的时候，任务是很容易完成的，当圆盘个数超过 5 个时，情况就变得很复杂，任务就很难完成了，图 3.1 为圆盘个数为 7 时的汉诺塔问题模型。因此僧侣们预言，当所有的 64 片圆盘都从原来那根柱子上移到另外一根柱子上时，世界就将在一声霹雳中消灭，而梵塔、庙宇和众生也都将同归于尽。

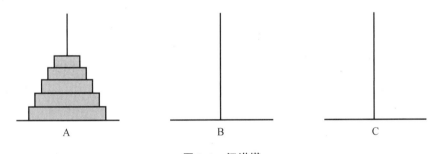

图 3.1　汉诺塔

那么，我们就来看看将 64 片黄金圆盘按照上面所述规则全部完成移动，总共需要移动多少次。这里需要利用递归的思想。假设有 n 片圆盘，移动次数表示为 $f(n)$。显然，$f(1) = 1$，$f(2) = 3$，$f(3) = 7$，且 $f(k+1) = 2 \times f(k) + 1$。通过展开，容易证明 $f(n) = 2^n - 1$。因此，当 $n = 64$ 时，总的移动次数为 $2^{64} - 1 = 18\ 446\ 744\ 073\ 709\ 551\ 615$。

假如每秒钟移动一次，则总的移动时间是 $18\ 446\ 744\ 073\ 709\ 551\ 615$ 秒，而平均每年只有 $31\ 556\ 952$ 秒，这意味着移完 64 个黄金圆盘需要 5845.54 亿年以上，而地球存在至今也不过 45 亿年，太阳系的预期寿命据说也就是数百亿年。从时间上来看，或许僧侣们的这个预言真的会发生吧。

项目3　大整数乘法问题

当数据较小时,计算机硬件可以很快实现两个数的乘法。但是在精确度要求很高的领域(如航空航天、导弹制造)或者是计算数据很大的领域(如密码学,一般密码长度超过128位),常常会涉及大量的大数乘法运算。这些应用已经无法通过计算机硬件在可以表示的整数范围里直接处理,也无法依靠浮点数计算得到结果。因为在计算机中,长整型(long int)变量的范围是 −2 147 483 648 至 2 147 483 647,若用长整型变量做乘法运算,乘积最多不能超过 10 位数;用双精度型变量也仅能保证 16 位有效数字的精度。要实现真正意义上的大整数乘法运算,必须用间接的方法来解决。下面介绍一下具体的整数乘法问题。

设 X 和 Y 是两个 n 位的二进制数,求 X 和 Y 的乘积。

以每位乘 1 次作为一次基本运算,很容易想到按照普通的竖式乘法来求解该乘法问题。具体的,X 的每一位都要和 Y 的 n 个位相乘,需要乘 n 次。由于 X 有 n 位,总共需要这样的位乘计算 n^2 次,然后利用加法将中间结果累加,最终得到结果,故而普通乘法的时间复杂度为 $O(n^2)$。那么,会不会有效率更高的算法呢?

通过对该问题的研究,苏联科学家 Karatsuba 于 1960 年提出了一种快速相乘算法。该算法主要用于两个大数相乘,极大地提高了运算效率,相较于普通乘法降低了复杂度,并在其中运用了递归的思想。该算法的基本原理和做法是将位数很多的两个大数 X 和 Y 分成位数较少的数,位数较少的数的位都分别是原来 X 和 Y 位数的一半。这样处理之后,原乘法运算简化为做三次乘法,并附带少量的加法操作和移位操作。该算法将两个 n 位数字相乘所需的一位数乘法次数减少到了至多 $O(3^{\log_2 n}) = O(n^{1.585})$。这是第一个比普通乘法运算速度快的乘法算法。之后人们对该算法进行泛化,得到了运算速度更快的 Toom – Cook 算法。随后人们又发现了基于快速傅里叶变换(FFT)的渐进算法——Schönhage – Strassen 算法,使得大数乘法问题可以在 $O(n \cdot \log_2 n \cdot \log_2(\log_2 n))$ 的时间内解决,该算法在 n 特别大的时候效率才优于 Toom – Cook 算法。在后续的项目实战中,我们讲解的是 Karatsuba 发现的比普通乘法计算更快速的算法。

项目4　分形问题

分形(Fractal),又称碎形,通常被定义为:一个粗糙或零碎的几何形状,可以分成数个部分,它的每个部分都以某种方式与整体相似或者相同,即具有自相似的性质。分形几何学被誉为"大自然的几何学",在自然界中有着广泛分布。例如,一块磁铁中的每一部分都像整体一样具有南北两极,不断分割下去,每一部分都具有和整体磁铁相同的磁场。这种自相似的层次结构适当地放大或缩小几何尺寸,整个结构不变。具有自相似性的事物还有很多,例如,连绵的山川、飘浮的云朵、岩石的断裂口、粒子的布朗运动、树冠、花菜、大脑皮层等。当只观察这些事物的一部分时,得到的形状和特征往往与其整体形状和特征相似。如图 3.2 所示,这种花椰菜的变种形式是一种极限分形,它的图案是斐波那契(Fibonacci)黄金螺旋的自然呈现形式。在这个对数螺旋线中,每一个直角转弯与起始点的距离都被 Φ 值所约束,Φ 值即黄金分割率。而蕨类植物通过重复利用巴恩斯利蕨类公式所产生的随机数可以形成一个蕨类形状的独特物体(如图 3.3 所示)。

图 3.2　花椰菜的分形结构

图 3.3　蕨类植物的分形结构

1967 年,法国数学家本华·曼德博开始研究自相似,完成一篇论文《英国的海岸线有多长?统计自相似和分数维度》。在文章中他探讨了海岸线长度测量的问题,发现海岸线的长度与维度有关。如果以厘米计算海岸线的长度,沙滩上的每一个弯曲都会被测量到,这样会导致海岸线的长度趋向于无限大;如果以千米作为测量单位,从几米到几十米的一些曲折会被忽略。无论测量单位是多大,得到的海岸线长度都不相同,甚至差异巨大。由此,曼德博得出海岸线的定量特征不是长度,而是分维的结论。瑞典数学家寇赫从一个正方形的"岛"

出发,始终保持该岛的面积不变,把它的"海岸线"变成无限曲线,其长度也不断增加,并趋向于无穷大。由此可以看到,分维才是"寇赫岛"海岸线的确切特征量,即海岸线的分维均介于1 到 2 之间。最终,曼德博在 1975 年提出了"分形"一词,创立了分形几何学。经典的分形模型有 Koch 雪花(如图 3.4 所示)、康托尔集(如图 3.5 所示)、谢尔宾斯基三角形和谢尔宾斯基地毯(如图 3.6 所示)、曼德博集合(如图 3.7 所示)。

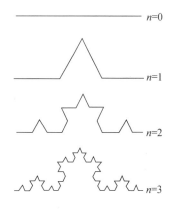

图 3.4　Koch 雪花

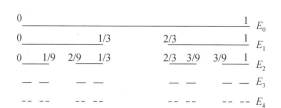

图 3.5　康托尔集

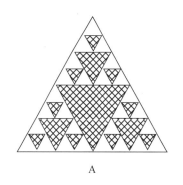

A

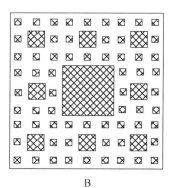

B

图 3.6　谢尔宾斯基三角和谢尔宾斯基地毯

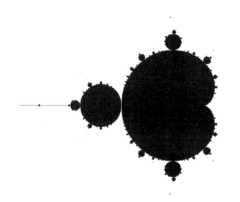

图 3.7　曼德博集合

分形作为一种新的概念和方法,正在许多领域开展应用探索。美国物理学大师约翰·惠勒说过:今后谁不熟悉分形,谁就不能被称为科学上的文化人。由此可见分形的重要性。中国著名学者周海中教授认为,分形几何不仅展示了数学之美,也揭示了世界的本质,还改变了人们理解自然奥秘的方式,可以说,分形几何是真正描述大自然的几何学,对它的研究也极大地拓展了人类的认知领域。分形几何学作为当今世界十分风靡和活跃的新理论、新学科,它的出现,使人们开始重新审视这个世界:世界是非线性的,分形无处不在。分形几何学不仅让人们感悟到科学与艺术的融合、数学与艺术审美的统一,而且还有其深刻的科学方法论意义。

自相似原则和递归生成原则是分形理论的重要原则。它表征分形在通常的几何变换下具有不变性,即标度无关性。由于自相似性是从不同尺度的对称出发,也就意味着递归。分形形体中的自相似性可以是完全相同,也可以是统计意义上的相似。在本章后面的实战中,我们将讲到 Koch 曲线和曼德博集合的构造方法。

3.2 基础知识

3.2.1 递归的概念

视频讲解

视频讲解

假如有一次你在电影院排队买爆米花,你想要知道自己现在排在第几个。但是排队的人确实比较多,你懒得去数,于是你向前面的人问道:"你好,请问你知道你排第几个吗?"如果知道你前面那个人排第几个之后,只要再加上 1 就知道你排第几个了。没想到你前面的人也不清楚自己排在第几个,而且他和你一样懒,于是他问他前面的人:"请问你知道你排第几个吗?"然而下个人也如法炮制,直到你们这一串人问到了最前面的那个人,排第一的人很无语地告诉向他问问题的人:"我排第一个。"最后大家就都知道自己排第几了。而这就是递归。

递归是一种实用的程序设计方法,也是一个重要的数学概念。递归在计算机、数学、运筹等领域被广泛地应用,它是最强大的解决问题的方法之一。它用一种简便的方式解决其他方法解起来可能比较复杂的问题,即用递归解决问题,不仅非常简单,而且容易理解。

递归的定义:递归是直接或间接调用本身的一种方法。

递归的基本思想:递归就是有去(递推)有回(回归)。它将一个问题划分为一个或多个规模更小的子问题,然后用同样的方法解这些规模更小的问题,这些问题不断从大到小,从近及远的过程中,会有一个终点,一个临界点,一个到了那个点就不能再往更小、更远的地方走下去的点,这个点叫作**递归出口**。然后从那个点开始,原路返回到原点,就求得了最初想知道的值。

所以,递归分为以下两个步骤:

(1)递推:把复杂的问题的求解推到比原问题简单一些的问题的求解;

(2)回归:当获得最简单的情况的解后,逐步返回,依次得到复杂的解。

必须注意的是,那些规模更小的子问题应该与原问题保持一个类型,这样才能用同样的方法求解。例如,在上面的例子中,你只能问前面的人排在第几个,而不能问其他问题(如电话号码等)。

【例 3.1】求解 2 的 n 次幂,即计算 $f(n) = 2^n$。

分析:当 $n = 1$ 时,$f(1) = 2^1 = 2$ 很简单,可以做递归出口。当 $n > 1$ 时,可以把原问题 $f(n)$ 分解为 $f(n) = 2^n = 2 \times 2^{n-1} = 2 \times f(n-1)$。这样,我们就可以把原问题的求解分解为规模更小的 $f(n-1)$,同时,$f(n-1)$ 与 $f(n)$ 是同一类型的问题。我们可以用递归方程表示为

$$f(n) = \begin{cases} 2, & n = 1; \\ 2 \times f(n-1), & n > 1 \end{cases}。$$

根据这个方程,我们可以设计出如下递归算法:

```
int compute2n(int n)
    {
        if(n =1)
            {
                return 2;
            }
        if(n >1)
            {
                return 2 * compute2n(n -1);
            }
    }
```

3.2.2 递归与迭代的区别

(1) **递归**。程序调用自身的编程技巧称为递归,是函数自己调用自己。虽然递归是一种非常优美的编程技术,但是,它需要更多的存储空间和时间。而且,由于递归会引起一系列的函数调用,同时还有可能会有一系列的重复计算,因此,递归算法的执行效率相对较低。

(2) **迭代**。利用变量的原值推算出变量的一个新值称为迭代。如果递归是自己调用自己的话,迭代就是函数 A 不停地调用函数 B。每一次对过程的重复称为一次"迭代",而每一次迭代得到的结果会作为下一次迭代的初始值。

【例 3.2】将例 1 中的函数用迭代来写[即计算 $f(n) = 2^n$]

用迭代求解 $f(n) = 2^n$ 的算法如下:

```
int compute2n(int n)
    {
        int total =1;
        for(i =1;i < n +1;i + +)
        {
            total =total *2;
        }
    }
```

从上面这两个例子可以看出,递归算法的计算过程是从复杂到简单,再从简单到复杂,而迭代算法的计算过程是从简单到复杂,所以,两者相比,迭代算法的效率通常更高,在实际求解的过程中更加常用。

3.2.3　递归与栈的关系

栈是一种执行"先进后出"或者"后进先出"算法的数据结构。它是计算机中最常用的一种线性数据结构,比如函数的调用在计算机中就是用系统栈实现的。

系统栈是在内存中开辟一个存储区域,数据一个一个地按顺序存入这个区域之中。最开始放入的数据单元存在最下面,叫作**栈底**。数据一个一个地存入,这个过程叫作**压栈**。在压栈的过程中,每当有一个数据压入栈,就放在和前一个单元相连的后面一个单元中,栈指示器中的地址自动加1。读取这些数据时,栈指示器中的地址数自动减1。这个过程叫作**"弹出"**。

递归函数的执行过程具有如下三个特点:

(1) 函数名相同;

(2) 不断地自调用;

(3) 最后被调用的函数要最先被返回。

递归函数的执行过程与栈的执行规则有相似的"先进后出"的特点,所以,系统用于保存递归函数调用信息的栈叫作**"运行时栈"**,每一层递归调用所须保存的信息构成运行时栈的一个记录。在递归函数执行时,最外层的调用被保存在栈底,规模越小的问题,越是处于运行时栈的上层,递归函数的递归出口就在运行时栈的最上面。然后,从递归出口开始,不断地将函数调用从运行时栈中取出并执行,最终执行最初的函数调用,从而得到最终解。递归与栈的关系如图3.8所示。

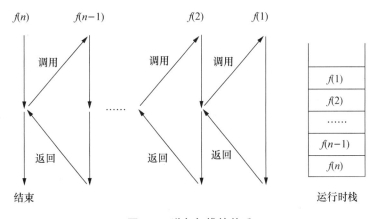

图3.8　递归与栈的关系

3.2.4　分治的原理

分治,顾名思义,"分而治之",就是把一个复杂的问题分成两个或更多的相同或相似的子问题,再把子问题分成更小的子问题······直到最后子问题可以简单地直接求解,原问题的解即子问题的解的合并。这个技巧是很多高效算法的基础,如排序算法(快速排序,归并排序)、傅立叶变换(快速傅立叶变换)等。

视频讲解

简单地说,**分治算法**就是具有递归结构的算法,递归与分治互不相离,经常同时用于算法设计当中。

【例3.3】 下面,让我们来看一个利用分治思想设计的算法,即计算 a^n。它的分治算法实现代码如下:

```
Float ComputeAn (a,n)
{
    if (n==0)
        return 1;
    else
        if (n==1)
            return a;
else{
if(n % 2 ==0) //n为偶数
{
return ComputeAn(a,n/2)* ComputeAn(a,n/2)
}
if(n % 2 ==1) //n为奇数
{
return ComputeAn(a,(n-1)/2)* ComputeAn(a,(n-1)/2 +1)
}
    }
}
```

视频讲解

1. 分治的条件

能够采用分治解决的问题通常都具备以下条件:

(1) 当问题的规模缩小到一定的程度时,可以较容易地解决;

(2) 问题可以分解为许多小规模、类型相同的子问题,即该问题具有最优子结构性质;

(3) 能够通过将子问题的解合并得到原问题的解;

(4) 原问题所分解出的各个子问题之间是彼此独立的,即子问题之间不存在公共的子问题。

2. 分治算法的一般过程

分治在每一层递归上都有三个步骤:

(1) 分解:将原问题分解为若干个规模较小、相互独立、与原问题形式相同的子问题;

(2) 解决:若子问题规模较小而且容易被解决,则直接解;否则,递归地求解各个子问题;

(3) 合并:将各个子问题的解合并为原问题的解。

分治算法可以用一般的程序过程描述如下:

```
SolutionType DandC(ProblemType P)
{
    ProblemType P₁,P₂,P₃,…,Pₖ;
    if(Small(P))
    {
        return S(P);                          //如果子问题足够小,用S(P)直接求解
    }
    else
    {
        Divide(P,P₁,P₂,…,Pₖ);               //将问题P分解成子问题P₁,P₂,…,Pₖ
```

```
Return Combine(DandC(P₁),DandC(P₂),…,DandC(Pₖ)); //使用递归求解,合并子
                                                  //问题的解
    }
  }
```

3. 分治算法的时间复杂度计算

分治算法的三个步骤直接决定了它的运行效率。在以下介绍的复杂度计算中,均假设求解一个规模为 n 的问题所需要的时间为 $T(n)$。

（1）迭代法 – 直接展开。

根据前文给出的分治算法的一般步骤,分治算法可以将规模为 n 的问题分成 k 个规模为 n/m 的子问题来求解, n/m 可能是 $\lfloor n/m \rfloor$ 或者 $\lceil n/m \rceil$。设分解阈值 $n_0 = 1$,且 $S(P)$ 解规模为 1 的问题耗费 1 个单位时间。再设将原问题分解为 k 个子问题以及用 Combine 将 k 个子问题的解合并为原问题的解需用 $f(n)$ 个单位时间。用 $T(n)$ 表示该分治算法解规模为 $|P| = n$ 的问题所需的计算时间,则有

$$T(n) = \begin{cases} 1, & n = 1; \\ kT\left(\dfrac{n}{m}\right) + f(n), & n > 1。\end{cases}$$

通过不断展开代入可求出

$$T(n) = n^{\log_m k} + \sum_{j=0}^{\log_m n - 1} k^j f(n/m^j)。$$

注意,这里递归方程及其解只给出 n 等于 m 的方幂时 $T(n)$ 的值,但是如果认为 $T(n)$ 足够平滑,那么由 n 等于 m 的方幂时, $T(n)$ 的值可以估计 $T(n)$ 的增长速度。通常假定 $T(n)$ 是单调上升的,从而当 $m^i \leqslant n < m^{i+1}$ 时, $T(m^i) \leqslant T(n) < T(m^{i+1})$。

（2）迭代法 – 递归树法。

在引入递归树之前我们先来看一下这个式子: $T(n) = 2T(n/2) + n^2$。将该式递归两次可得: $T(n) = n^2 + 2(2T(n/4) + (n/2)^2)$。还可以继续递归,将其完全展开可得: $T(n) = n^2 + 2((n/2)^2 + 2((n/2^2)^2 + 2((n/2^3)^2 + 2((n/2^4)^2 + \cdots + 2((n/2^i)^2 + 2T(n/2^{i+1})))\cdots))))$。而当 $n/2^{i+1} = 1$ 时,迭代结束。

将上式小括号展开,可得: $T(n) = n^2 + 2(n/2)^2 + 2^2(n/2^2)^2 + \cdots + 2^i(n/2^i)^2 + 2^{i+1}T(n/2^{i+1})$。

这恰好是一个树形结构,由此可引出迭代法-递归树法。图 3.9 中的(a)(b)(c)(d)分别是递归树生成的第 1 步、第 2 步、第 3 步、第 n 步。每一结点中都将当前的自由项 n^2 留在其中,而将两个递归项 $T(n/2) + T(n/2)$ 分别摊给了它的两个子结点,如此循环。

图 3.9 中所有结点之和为 $[1 + 1/2 + (1/2)^2 + (1/2)^3 + \cdots + (1/2)^i] n^2 \approx 2n^2$,可知其时间复杂度为 $O(n^2)$。

由此,可以总结出递归树的规则为:

① 每层的结点为 $T(n) = kT(n/m) + f(n)$ 中的 $f(n)$ 在当前的 n/m 下的值;

② 每个结点的分支数为 k;

③ 图 3.9 中(d)的每层的右侧标出当前层中所有结点的和。

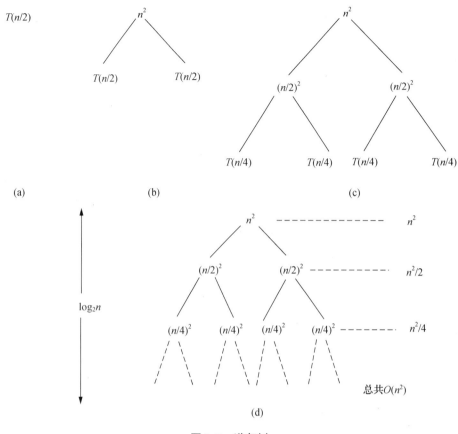

图 3.9 递归树

视频讲解

（3）主方法。

使用主方法可以很快速地计算出分治算法的时间复杂度。主方法包含以下三条主定理。

对于一个递归实现的分治算法，其时间复杂度表示为 $T(n) = aT(n/b) + h(n)$。其中，$a \geqslant 1; b > 1; h(n)$ 是一个渐进正的函数：

① 若 $h(n) = O(n^{\log_b a - \varepsilon}), \varepsilon > 0$，则 $T(n) = \Theta(n^{\log_b a})$；

② 若 $h(n) = \Theta(n^{\log_b a})$，那么 $T(n) = \Theta(n^{\log_b a} \lg n)$；

③ 若 $h(n) = \Omega(n^{\log_b a + \varepsilon}), \varepsilon > 0$，并且对于某个常数 c 和所有充分大的 n，有 $a \cdot h(n/b) \leqslant c \cdot h(n)$，则 $T(n) = \Theta(h(n))$。

主定理的正确性可以通过数学推导加以证明。但由于证明部分内容不是本教材重点，这里不再赘述。感兴趣的读者可以参考《算法导论》(潘金贵等译,机械工业出版社 2006) 这本教材上的详细介绍。

3.3 项目实战(任务解答)

递归和分治的思想对于解决一些复杂的问题具有非常好的效果,递归即通过函数或过程调用自身,将问题转化为与原问题相同但规模较小的子问题。递归具有易于描述和理解、证明简单等优点,它在诸多算法中都有着极为广泛的应用,是许多复杂算法的基础。递归中所使用的"分而治之"的策略也称分治策略。接下来我们看看这些思想在一些实际问题中的应用。

项目 1　查找和排序问题

1. 二分查找问题

(1) 二分查找的基本思想。

视频讲解

二分查找又称折半查找,优点是比较次数少、查找速度快、平均性能好。二分查找的适用条件是各个记录按关键字有序排列,就像字典中所有的单词按字母表序升序排列一样,所以,二分查找只适用于不经常变动而且查找频繁的有序表。

在查找过程中,与顺序查找不同的是,二分查找首先从有序表(假设为升序)的中间位置开始查找,将目标元素与中间位置元素进行比较,如果相等,查找成功,如果不等,则说明目标元素可能会出现在前半部分或后半部分,如果目标元素大于(小于)中间位置元素,根据有序表有序排列的特征,则目标元素一定不会出现在前(后)半部分。此时,前(后)半部分数据可以直接抛弃掉,只在后(前)半部分查找就可以了。因此,每经过一次比较,查找的数据量就会在现有基础上减少一半,这样一直反复进行下去,不断缩小查找区间,直到找到目标元素为止;否则,说明目标元素不在查找表中,查找失败。

【例 3.4】给定有序表{2,7,10,12,16,20,26,32,44,56,62},使用二分查找方法查找记录 key = 32。

设有序表保存在一维数组中,为了便于界定每次比较后剩余元素在数组中的位置,设置两个指针 low 和 high 来分别指示待查数据所在范围的下界和上界,使用指针 mid 指示查找区间的中间位置,mid = ⌈(low + high)/2⌉。初始时,查找区间为包含全部数据的数组区间,low = 0,high = n − 1。

查找过程中,首先判断 mid 指针指示的记录是否是待查找记录,如果是,则返回其在有序表中的位置(即 mid 值);否则,要根据比较结果修改查找区间的上界或下界。如果目标记录在后半部分,则修改 low = mid + 1;反之,如果目标记录在前半部分,则修改 high = mid − 1。反复递归执行这个过程,直到找到目标记录为止。本例查找过程如图 3.10 所示。

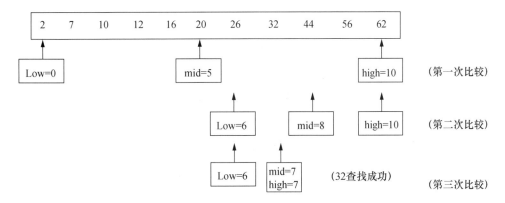

图 3.10　记录 32 的查找过程

记录 32 的具体查找过程为:① 计算初始查找区间的中间位置 mid = 5,发现指针 mid 指向的记录为 20,小于目标记录 32,由此判断目标记录在后半区间;② 改变查找区间的下界 low = mid + 1 = 6,上界指针 high 的值不变,即在区间[6,10]内继续查找,根据新的查找区间,修改中间位置指针 mid = (6 + 10)/2 = 8,发现 mid 所指记录为 44,大于目标记录 32,由此判断目标记录在前半区间;③ 保持下界指针 low = 6 不变,修改查找区间的上界 high = mid - 1 = 7,即在区间[6,7]内继续查找,修改中间位置指针 mid = (6 + 7)/2 = 7(向上取整),恰好这个位置的记录是 32,查找成功。

(2) 二分查找的递归算法实现。

二分查找的具体算法实现如算法 3.1 所示。

算法 3.1 二分查找算法

```
int BinSearch(SeqList L, int high, int low, ElemType key)
//在有序表 L 中查找关键字为 key 的元素
//若存在,则查找成功,返回其在有序表中的位置,否则,查找失败,返回 -1
{ int mid;
  if (low <= high)
  {
    mid = (low + high)/2;              //取中间位置
    if(L.elem[mid] == key)
        return mid;                    //查找成功则返回所在位置
    else if(L.elem[mid] > key)
        return BinSearch(L,low,mid - 1,key);   //在前半部分继续查找
    else if(L.elem[mid] < key)
        return BinSearch(L,mid + 1,high,key);   //在后半部分继续查找
  }
  else
    return -1;
}
```

(3) 二分查找性能分析。

例 3.1 的查找过程可用图 3.11 所示的二叉判定树来描述。树中每一个结点表示一个记录,结点中的值为该记录的关键字值。在二分查找过程中,查找成功时需要比较的关键字个数至多为 $\lceil \log_2(n+1) \rceil$,查找不成功时需要比较的关键字个数也至多为 $\lceil \log_2(n+1) \rceil$。

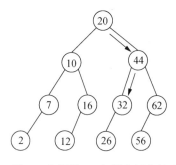

图 3.11 例 3.4 中记录 32 在判定树上的查找过程

为讨论方便,设有序表长度 $n = 2^h - 1$,则描述二分查找过程的二叉判定树为满二叉树,树高 $h = \log_2(n+1)$。假设每个记录的查找概率相等,即 $p_i = 1/n$,由于满二叉树第 i 层有 2^{i-1} 个结点,则二分查找在查找成功时的平均查找长度为

$$\text{ASL} = \sum_{i=1}^{n} P_i C_i = \frac{1}{n}(1 \times 2^0 + 2 \times 2^1 + \cdots + h \times 2^{h-1}) = \frac{n+1}{n}\log_2(n+1) - 1 \approx \log_2(n+1) - 1 \text{。}$$

所以,二分查找的时间复杂度为 $O(\log_2 n)$。二分查找的平均性能和最坏性能相当接近,平均情况下,二分查找的效率比顺序查找的效率高。适合二分查找的存储结构必须具有随机存取的特性。因此,二分查找只适合用线性表的顺序存储结构,不适合用链式存储结构,且二分查找要求元素按关键字有序排列。

2. 快速排序问题

(1) 快速排序的基本思想。

视频讲解

快速排序是在待排序的数据表中,任意选取一个元素作为比较的基准元素(或划分元),经过一趟排序将整个序列划分为独立的两部分,使得左侧部分保存的元素均小于等于基准元素,而右侧部分的元素均大于等于基准元素,则基准元素的位置就是在最终有序序列中的正确位置。划分后的左右两部分序列是相互独立的,两个子序列可以分别独立进行排序,从两部分中各自选取一个元素作为基准元素,将两个子序列划分成更小的子序列,这样一直进行下去,最终可将整个序列排成有序序列。为简单起见,一般选取当前序列的第一个元素作为划分元即可。

一次划分的具体过程为:① 设置 pivot 变量保存序列的第一个元素并将其作为基准元素,再定义两个指针 low 和 high,用来记录数组下标,初始时 low 和 high 分别指示序列的两端;② 指针 high 从最右端开始向左扫描,直到某个位置的元素比基准元素小,停在相应位置;③ 将指针 high 所指位置的元素保存到指针 low 所指位置,从指针 low 的下一个位置开始,指针 low 依次向右扫描,直到查找到大于基准元素的元素,将此位置的元素保存到指针 high 所指位置;④ 指针 high 再向左移动。如此反复,直到 low 等于 high。这时,凡是小于基准元素的元素均保存到了左边部分,凡是大于基准元素的元素均保存到了右边部分。最后,将保存在 pivot 中的基准元素存入 low(high)所指位置单元,一次划分结束。

【**例 3.5**】利用快速排序方法对序列{25,12,28,16,33,42,5,10,57}做一次划分。

用快速排序法对该例序列的具体划分过程如图 3.12 所示。

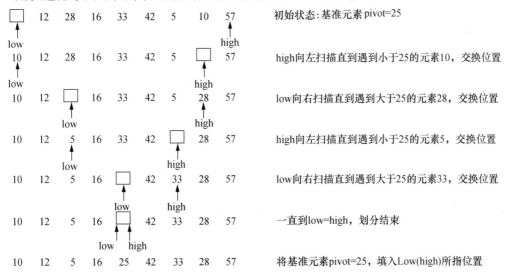

图 3.12 例 3.5 中序列的快速排序的一次划分过程

（2）快速排序算法实现。

快速排序的具体实现算法如算法 3.2 所示。

算法 3.2　快速排序算法

```
int Partition(ElemType Array[],int low,int high){    //快速排序依次划分算法
    ElemType pivot = Array[low];                      //将序列第一个元素设为基准元素
    while(low<high){                                  //当 low=high 时,跳出循环
        while(low<high&&Array[high]>=pivot){
            --high;                                   //high 向左扫描
        }
        Array[low]=Array[high];                       //将比基准元素小的元素交换到左边
        while(low<high&&Array[low]<=pivot){
            ++low;                                    //low 向右扫描
        }
        Array[high]=Array[low];                       //将比基准元素大的元素交换到右边
    }
    Array[low]=pivot;                                 //将基准元素存放到最终正确位置
    return low;                                       //返回基准元素最终位置
}
void QuickSort(ElemType Array [],int low,int high){
    if(low<high){                                     //递归跳出条件
        int Pivot_Position = Partition(Array,low,high);//调用划分过程,做一次划分
        QuickSort(Array,low,Pivot_Position-1);        //递归调用快速排序过程
        QuickSort(Array,Pivot_Position+1,high);       //递归调用快速排序过程
    }
}
```

（3）快速排序算法性能分析。

① 空间复杂度。由于快速排序算法是一种递归算法,递归调用的层数与 n 个结点的二叉树的深度相同。因此,在快速排序算法中,空间复杂度在最好情况下为 $O(\log_2 n)$,在最坏情况下为 $O(n)$。

② 时间复杂度。排序需要 n 次关键字的比较和数据移动,因此,每趟排序需要 $O(n)$ 次比较和移动。快速排序的执行时间与每次的划分序列是否对称有关。在最好的情况下,每次划分都得到两个长度不大于原序列长度一半的子序列,此时,需要 $\log_2 n$ 趟排序,时间复杂度为 $O(n\log_2 n)$。在最坏情况下,划分后的子序列分别包含 $n-1$ 个元素和 0 个元素,若发生在每一层的递归调用,就得到最坏情况下的时间复杂度为 $O(n^2)$。因此,快速排序的性能与基准元素选择的优劣有直接关系。

③ 稳定性。在同数量级 $O(n\log_2 n)$ 的排序算法中,快速排序的平均性能是最好的,但如果序列本身有序或基本有序,快速排序算法就退化为冒泡排序,时间复杂度为 $O(n^2)$。快速排序算法是一种不稳定的排序算法,在划分算法中若在一侧区间存在两个相同的元素,它们的相对位置会发生变化。例如,利用快速排序算法对序列{3,3,2}按升序排序,最终得到{2,3,3},显然,3 与3 的相对位置发生了变化。

3. 二路归并排序问题

（1）二路归并排序的基本思想。

二路归并排序是假定待排序列中有 n 个元素,初始时,先将待排序列均分成两个子序列,然后对每个子序列继续递归地调用分解过程,直到每个子序列中只含有 1 个元素,即将

初始待排序列分解成了 n 个有序的子序列,然后对每个子序列进行两两归并,得到 $\lceil n/2 \rceil$ 个长度为 2 或 1 的有序序列,如此往复,直到合并成一个长度为 n 的有序序列为止。该过程可分为两个部分:一是分解,即逐层均分每一个子序列;二是合并,即将两个有序序列合并为一个有序序列。合并是整个归并排序过程的关键。

【例 3.6】将给定序列 $\{4,7,2,9,5,3\}$ 用二路归并排序方法进行排序。

该例的具体排序过程如图 3.13 所示。其中,实线箭头为分解过程,虚线箭头为合并过程。

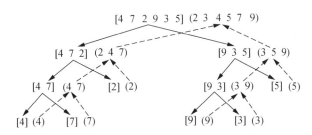

图 3.13　例 3.6 中序列的二路归并排序过程

将两个有序序列合并的过程是先设两个有序序列 $R[s,\cdots,m]$ 和 $R[m+1,\cdots,t]$ 存放在同一顺序表中相邻的位置上,将它们复制到临时数组 R_1 中,然后进行如下操作:

第 1 步,$i=s,j=m+1,k=s$。

第 2 步,若 $R_1[i]<=R_1[j]$,则 $R[k]=R_1[i],k++,i++$,转到第 3 步;否则 $R[k]=R_1[j],k++,j++$,转到第 4 步。

第 3 步,如果 $i=m+1$,则将 $R_1[j,\cdots,t]$ 复制到 R 中,转到第 5 步;否则转回第 2 步。

第 4 步,如果 $j=t+1$,则将 $R_1[i,\cdots,m]$ 复制到 R 中,转到第 5 步;否则转回第 2 步。

第 5 步,归并结束。

归并过程中,当两个有序序列中有一个为空时,则直接将另一个有序序列中剩余的全部元素按序复制到序列 R 中,即第 3 步、第 4 步的操作。

(2) 二路归并排序的算法实现。

二路归并排序的具体实现算法如算法 3.3 所示。

算法 3.3　二路归并排序算法

```
void Merge(ElemType R[],ElemType R1[],int s,int mid,int t){
    for(int k=s;k<=t;k++)
        R1[k]=R[k];           //将 R 中所有元素复制到 R1 中
    for(int i=s,j=mid+1,k=i;i<mid&&j<=t;k++){
        if(R1[i]<=R1[j])      //比较 R1 中左右两子序列中的元素
            R[k]=R1[i++];     //将较小值复制到 R 中
        else
            R[k]=R1[j++];
    }
    while(i<=mid) R[k++]=R1[i++];    //若右侧子序列已检测完,则将左侧子序列剩余
                                     //元素复制到 R
    while(j<=t) R[k++]=R1[j++];      //若左侧子序列已检测完,则将右侧子序列剩余
                                     //元素复制到 R
}
void MergeSort(ElemType R[],int s,int t){
    ElemType R1[];
```

```
    if(s<t){
        int mid=(s+t)/2;                    //从中间划分两个子序列
        MergeSort(R,s,mid);                 //对左侧子序列进行递归排序
        MergeSort(R,mid+1,t);               //对右侧子序列进行递归排序
        Merge(R,R1,s,mid,t);                //将两个有序子序列合并为一个有序序列
    }
}
```

（3）二路归并排序算法性能分析。

① 空间复杂度。二路归并排序过程中需要一个与表等长的存储单元数组空间，因此，空间复杂度为 $O(n)$。

② 时间复杂度。由于每一趟归并的时间复杂度为 $O(n)$，共需要归并 $\log_2 n$ 趟，因此，总的时间复杂度为 $O(n\log_2 n)$。

③ 稳定性。由于归并操作中不会改变相同元素的相对次序，所以二路归并排序算法是一种稳定的排序算法。

【例3.7】老师对于学生成绩的管理通常是根据学生信息随机录入的、散乱排列的信息，并不直观，也不利于老师对于教学成果的分析。请简单设计程序实现对学生成绩的快速排序，并且能够快速查询获得某个分数的学生信息。

```cpp
class Student{        //定义学生信息类
public:
    void SetInfo(string name, string sex, int age, long long studentId, double score);
    friend ostream& operator << (ostream& out, Student& in);
    string Name;
    string Sex;
    int Age;
    long long StudentId;
    double Score;
};
void Student::SetInfo(string name, string sex, int age, long long studentId, double score){
    Name=name;
    Sex=sex;
    Age=age;
    StudentId=studentId;
    Score=score;
}
ostream& operator << (ostream& out, Student& in){    //重载输出符号
    cout << in.Name << " ";
    cout << in.Age << " ";
    cout << in.Sex << " ";
    cout << in.StudentId << " ";
    cout << in.Score << " ";
    return out;
}
class BinarySearch{        //定义查找类
private:
    Student Array[MAX];
    double Key;
    int Length;
    int Position;
```

```
public:
    BinarySearch(Student array[],int low, int high, double key, int length);
    Student ReturnPosition();
};
BinarySearch::BinarySearch(Student array[], int low, int high,double key, int
length){   //二分查找算法
{   int mid;
    if (low <= high)
    {
        mid = (low + high)/2;                  //取中间位置
        if(array [mid].score == key)
          return mid;                          //查找成功则返回所在位置
            else if(array [mid] .score > key)
                    return BinSearch(array,low,mid - 1,key);   //在前半部分继续查找
            else if(array [mid].score < key)
                    return BinSearch(array,mid + 1,high,key); //在后半部分继续查找
        }
        else
          return -1;
    }
    Student BinarySearch::ReturnPosition(){
        return Array[Position];
    }
    class Sequence{       //定义排序类
    private:
        int low;
        int high;
        int mid;
    public:
        int Partition(Student A[], int low, int high);
        void QuickSort(Student A[], int low, int high);
        void Merge(Student A[], int low, int mid, int high);
        void MergeSort(Student A[], int low, int high);
    };
    int Sequence::Partition(Student A[], int low, int high){    //快速排序一次划分算法
        Student pivot = A[low];
        while(low < high){
                while (low < high&&A[high].Score >= pivot.Score){
                        --high;
                }
                A[low] = A[high];
                while (low < high&&A[low].Score <= pivot.Score){
                        ++low;
                }
                A[high] = A[low];
        }
        A[low] = pivot;
        return low;
    }
    void Sequence::QuickSort(Student A[], int low, int high){//快速排序算法递归调用
        if (low < high){
                int Pivot_Position = Partition(A, low, high);
                QuickSort(A, low, Pivot_Position - 1);        //递归调用快速排序过程
                QuickSort(A, Pivot_Position + 1, high);       //递归调用快速排序过程
        }
```

```
}
void Sequence::Merge(Student A[], int low, int mid, int high){//两个有序表合并算法
    Student A1[MAX];
    int i = low, j = mid + 1, k = i;
    for (int k = low; k <= high; k ++)
        A1[k] = A[k];
    for (i, j, k; i <= mid&&j <= high; k ++){
        if (A1[i].Score <= A1[j].Score)
                A[k] = A1[i ++];
        else
                A[k] = A1[j ++];
    }
    while (i <= mid)A[k ++] = A1[i ++];
    while (j <= high)A[k ++] = A1[j ++];
}

void Sequence::MergeSort(Student A[], int low, int high){//归并排序递归调用
    if (low < high){
            int mid = (low + high)/2;
            MergeSort(A, low, mid);            //对左侧子序列进行递归排序
            MergeSort(A, mid + 1, high);       //对右侧子序列进行递归排序
            Merge(A, low, mid, high);          //将两个有序子序列合并为一个有序序列
    }
}
void main() {      //测试
    double key;
    int num;
    Student student1, student2, student3, student4, student5;
    student1.SetInfo("张三", "男", 21, 2011060110001, 84);
    student2.SetInfo("李四", "男", 21, 2011060110002, 87);
    student3.SetInfo("李丽", "女", 20, 2011060110003, 91);
    student4.SetInfo("王五", "男", 21, 2011060110004, 79);
    student5.SetInfo("孙晓", "女", 21, 2011060110005, 73);
    Student array[5] = { student1, student2, student3, student4, student5 };
    Sequence sequence;
    cout << "请选择一种排序算法:1.快速排序,2.归并排序,输入相应序号" << endl;
    cin >> num;
    if (num == 1)
            sequence.QuickSort(array, 0, 4);
    else
            sequence.MergeSort(array, 0, 4);
    for (int i = 0; i < 5; i ++)
    cout << array[i] << endl;
    cout << "请输入查找数据:" << endl;
    cin >> key;
    BinarySearch binarySearch(array, 0, 4, key, 5);
    Student pos = binarySearch.ReturnPosition();
    cout << pos << endl;
    system("pause");
}
```

项目 2　汉诺塔问题

1. 问题分析

我们先来看看当只有三个圆盘时汉诺塔问题是如何解决的。设有 A、B、C 三根柱子,其

中 A 柱子上有三个从下往上按从大到小的顺序叠放的三个圆盘。现要求按照汉诺塔问题的规则将三个圆盘移动到 C 柱子上,且叠放顺序不变。

该问题具体解决步骤为:① 将 A 柱子上的第一个圆盘移动到 C 柱子上;② 将 A 柱子上的第二个圆盘移动到 B 柱子上;③ 将移动到 C 柱子上的第一个小圆盘叠放到 B 柱子上的圆盘上;④ 再将 A 柱子上最大的圆盘移动到 C 柱子上;⑤ 将 B 柱子上的最小圆盘放到 A 柱子上;⑥ 将 B 柱子上的圆盘叠放到 C 柱子上;⑦ 将 A 柱子上最小的圆盘叠放到 C 柱子上,此时,移动完毕。具体过程如图 3.14 所示。

现在,我们来分析汉诺塔问题的特点:若有 n 个圆盘,先把 A 柱子上的 $n-1$ 个圆盘移动到 B 柱子上,再把 A 柱子上剩下的最后一个最大圆盘移动到 C 柱子上,由于该圆盘是最大的,所以在以后的搬动过程中,它保持不动,然后再将 B 柱子上的 $n-1$ 个圆盘借助 A 柱子移动到 C 柱子上。这样,移动 n 个圆盘的问题就可以对应为移动 $n-1$ 个圆盘的问题,且 $\text{move}(n) = 2\text{move}(n-1) + 1$,显然这是一个递归公式,因此,可以用递归算法来求解汉诺塔问题。

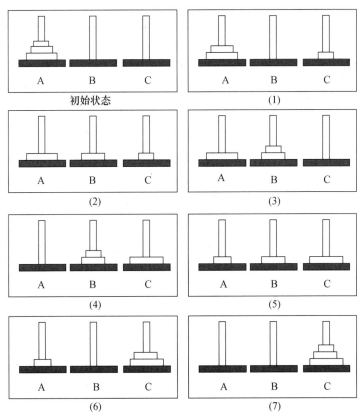

图 3.14　3 个盘子的汉诺塔问题移动过程

2. 算法实现

根据上述分析,可以写出汉诺塔问题的具体实现算法,如算法 3.4 所示。

算法 3.4　汉诺塔问题算法

```
void move(int n, char A, int C){          //移动圆盘操作
```

```
"将第 n 个圆盘从 A 柱子移动到 C 柱子上";
}
void Hanio(int n, char A, char B, char C)
{
if (n == 1)                              //如果 n = 1,则将圆盘从 A 柱子上直接移动到 C 柱子上
    move(n,A,C);
else
{
    Hanio(n-1,A,C,B);                    //递归调用汉诺塔算法
    move(n,A,C);                         //将第 n 个圆盘从 A 柱子上移动到 C 柱子上
    Hanio(n-1,B,A,C);
}
}
```

3. 应用实例

【例 3.8】设有 A、B、C 三根柱子,在 A 柱子上从下到上按从大到小的顺序叠放有若干个圆盘,要求与汉诺塔问题的移动规则一样,将这些圆盘移动到 C 柱子上,并保持叠放顺序不变,但不同的要求是,每次移动都不允许直接在 A 柱子和 C 柱子之间进行,求最少移动次数。

通过对问题的分析,本例算法代码实现如下:

```
int Hanoi(int n,char a,char b,char c)
{
    static int count = 0;                //定义最少移动次数
    if (n == 1)                          //当只有一个圆盘时
    {
        cout << a << "-->" << b << endl;   //先将圆盘从柱子 A 移动到 B
        cout << b << "-->" << c << endl;   //再将圆盘从柱子 B 移动到 C
        count += 2;                        //移动次数加 2
    }
    else
    {
        Hanoi(n-1, a, b, c);   //递归调用 Hanoi 算法,将 n-1 个圆盘借助 B 从 A 移动到 C
        cout << a << "-->" << b << endl;   //将第 n 个圆盘从 A 移动到 B
        count++;
        Hanoi(n-1,c,b,a);      //递归调用 Hanoi 算法,将 n-1 个圆盘借助 B 从 C 移动到 A
        cout << b << "-->" << c << endl;   //将第 n 个圆盘从 B 移动到 C
        count++;
        Hanoi(n-1, a, b, c);   //递归调用 Hanoi 算法,将 n-1 个圆盘借助 B 从 A 移动到 C
    }
    return count;
}
int main()                               //测试
{
    char a = 'A', b = 'B', c = 'C';
    int n;
    cout << "请输入圆盘个数" << endl;
    cin >> n;
    int count = Hanoi(n, a, b, c);
    cout << "移动次数为:" << count << endl;
    system("pause");
    return 0;
}
```

项目3 大整数乘法问题

分治算法实现大数乘法的基本思想是将两个 n 位的大整数 X 和 Y 分别分解成高位和低位两部分,每部分的位数都为 $n/2$,如图 3.15 所示。

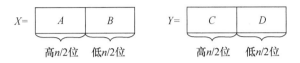

高$n/2$位 低$n/2$位 高$n/2$位 低$n/2$位

图 3.15 大整数 X 和 Y 的分段

不失一般性,这里我们用十进制整数进行问题说明。X 的高位部分记作 A,低位部分记作 B;同样地,将 Y 的高位部分记作 C,低位部分记作 D,那么有

$$X = A \times 10^{\frac{n}{2}} + B,$$
$$Y = C \times 10^{\frac{n}{2}} + D,$$
$$X \times Y = A \times C \times 10^{n} + (A \times D + B \times C) \times 10^{\frac{n}{2}} + B \times D。$$

根据上述公式,乘法将被分解成规模为 $n/2$ 的四个子问题 $A \times C, A \times D, B \times C, B \times D$ 和附加的相应操作进行求解。而乘以 2^n 相当于向高位移 n 位,附加的移位和加法操作的时间复杂度随着 n 的增加成线性增长,可以记为 $c \times n$,其中,c 是常数。于是得到计算两个 n 位大整数的乘法的时间复杂度的递推公式为

$$T(n) = \begin{cases} 4 \times T\left(\dfrac{n}{2}\right) + c \times n, & n > 1; \\ 1, & n = 1。 \end{cases}$$

根据递推公式,得到大整数乘法的算法复杂度 $T(n) = O(4^{\log_2 n}) = O(n^2)$。

该算法通过将大整数乘法递归地分解成 $n \times n$ 个一位数乘法、若干个加法和移位计算进行计算。在得到一位数乘法结果后,函数返回到上一级,进行加法计算,按照此方法,逐层返回,最终求得原来两个大整数的乘积。这个分治算法与常规乘法的时间复杂度一样,由于分治算法需要进行压栈处理,因此,将导致其空间复杂度高于常规算法。

Karatsuba 于 1960 年提出的快速相乘算法,根据代数知识,可以将常规分治算法中的四个乘法子问题转化成三个乘法子问题。转换方法有如下两种:

$$A \times D + B \times C = (A + B) \times (C + D) - A \times C - B \times D;$$
$$A \times D + B \times C = (A - B) \times (D - C) + A \times C + B \times D。$$

在此,将 $A \times D$ 和 $B \times C$ 表示成为新的乘法项与子问题 $A \times C$ 和 $B \times D$ 的差,最终 $X \times Y$ 对应的表示分别为

$$X \times Y = A \times C \times 10^{n} + \left[(A + B) \times (C + D) - A \times C - B \times D \right] \times 10^{\frac{n}{2}} + B \times D;$$
$$X \times Y = A \times C \times 10^{n} + \left[(A - B) \times (D - C) + A \times C + B \times D \right] \times 10^{\frac{n}{2}} + B \times D。$$

从而乘法子问题的数目减少一个,只多出了几个加减法,增加了 $O(n)$ 的时间。新的递推方程为

$$T(n) = \begin{cases} 3 \times T\left(\dfrac{n}{2}\right) + c \times n, & n > 1; \\ 1, & n = 1。 \end{cases}$$

解得大整数乘法的算法复杂度为 $T(n) = O(3^{\log_2 n}) = O(n^{1.585})$。

通过此方法,可将两个 n 位数字相乘所需的时间复杂度减少到了至多 $O(n^{1.585})$。因此它比常规算法要快。值得一提的是,该算法是第一个比常规算法速度快的算法。下面是该算法的实现思想。

考虑到第一种转换方法中 $A + B$, $C + D$ 可能得到 $n/2 + 1$ 位的结果,使问题的规模变大,故不选择第一种转换方法。第二种转换方法在分解过程中已经保证低位长度相等,因此,也保证了相乘过程中幂次是相等的。其基本流程的伪代码如下:

```
Long int karatsuba ( long int num1,long int num2){
    /* 当数字小于两位时,无须继续分解 * /
    if (num1 <10 | |num2 <10)
        return num1 * num2;
    /* 计算两个数字的位数并取最大值 * /
    m_size = max(size (num1), size (num2));
    /* 将每个数字在 m_size /2 处分解为高位数和低位数,即分解成子问题 * /
    long int high1,low1;
    long int high2,low2;
    high1 = split_at (num1,0,m_size/2);
    low1 = split_at (num1,m_size/2,m_size);
    high2 = split_at (num2,0,m_size/2);
    low2 = split_at (num2,m_size/2,m_size);
    /* 化解成三个规模大约为原问题一半的子问题 * /
    z0 = karatsuba (low1,low2);
    z1 = karatsuba ((high1 - low1),(high2 - low2));
    z2 = karatsuba (high1,high2);
    /* 按照给出公式返回计算值 * /
    return(z2 *10^(m_size/2)) + ((z1 + z2 + z0) *10^(m_size/2)) + (z0);
}
```

考虑到机器本身可以处理的乘法子问题大小如(如 C ++ 中只要积小于等于 10 位数,就可以直接相乘,并保证不会溢出),所以在实际编程中,子问题规模可以不减小到一位数,这样的编写方式可以提升程序的效率。由于所计算的结果已经无法用硬件自带的数字表示,所以在中间的计算过程中,加减法计算和移位计算也需要做相应调整。加法需要实现按位加法,进位数据保存在和中,按位更新和。加法部分的伪代码如下:

```
char * bigAdd(char num1 [], char num2 []) {
    /* 对于长度不一样的数字,以 0 补齐较短数字的高位,使其位数与最长的位数相同 * /
    int length_num1 = strlen(num1);
    int length_num2 = strlen(num2);
    int maxsize = max(length_num1, length_num2);
    if (length_num1 != length_num2)
        find_short_fill_in_0(num1, num2);
    char * result = new char[maxsize +1];
    int c = 0, a =0;
    /* 按位进行加法 * /
    while(maxsize >0){
        maxsize -- ;
        a = int (num1 [maxsize]) + int (num2 [maxsize]) +c;
        c = a/10;        /*c 保存进位信息 * /
        result [maxsize] ='a%10';
    }
    if (c! =0)
```

```
        result[0] ='1';
    return result;
}
```

由于分解时 A × D + B × C 项一定为正数,因此算法中的减法运算不会出现负数,因此不需要考虑不够减的情况,大整数减法的算法思路如下:

```
char * bigMinus(char num1[], char num2[]){
    int length_num1 = strlen(num1);
    int length_num2 = strlen(num2);
    int maxsize = max(length_num1, length_num2);
        if (length_num1 != length_num1)
        find_short_fill_in_0(num1, num2);
    char *result = new char[maxsize];
    int c = 0;
    for(int i = maxsize -1;i >= 0;i --){
        c = int(num1[i]) - int(num2[2]) - c;
        if(c < 0){
            result[i] ='c +10');
             c = 1;
        }
        else{
            result[i] ='c');
            c = 0;
         }
    }
    return result;
}
```

最后,大整数乘法的算法如下:

```
char * karatsuba2(char num1[], char num2[]){
int length_num1 = strlen(num1);
int length_num2 = strlen(num2);
    if (length_num1 + length_num2 < 10)
return to_string (long(num1) * long(num2));
    int splitPosition = max(length_num1, length_num2)/2;
    /* 将每个数字在 splitPosition 处分解为高位数和低位数,即分解成子问题 */
    char * high1 = split_num1(0, m_size/2);
    char * low1 = split_num1(m_size/2, m_size);
    char * high2 = split_num2(0, m_size/2);
    char * low2 = split_num2(m_size/2, m_size);
    z0 = karatsuba2(low1, low2);
    z1 = karatsuba2(bigMinus (high1,low1), bigMinus (high2,low2));
    z2 = karatsuba2(high1, high2);
    s1 = bigAdd(shift(z2, 2 * splitPosition) , z0); //shift()移位
    s2 = bigAdd(z1,z2);
    s2 = shift(bigAdd(s2,z0) , splitPosition);
    s = bigAdd(s1, s2);
    return s;
}
```

项目 4 分形问题

1. Koch 曲线的递归算法

在一单位长度的线段上对其三等分,将中间段直线换成一个去掉底边的等边三角形,再在每条直线上重复以上操作,如此进行下去,直到符合分形维度结束条件为止,就得到相应维度的 Koch 曲线。具体计算步骤如下。

(1) 给定初始直线端点坐标 (a_x, a_y) 和 (b_x, b_y),按 Koch 曲线的构成原理计算出各关键点坐标如下。

$c_x = a_x + (b_x - a_x)/3$; $c_y = a_y + (b_y - a_y)/3$;

$e_x = b_x - (b_x - a_x)/3$; $e_y = b_y - (b_y - a_y)/3$ (分别为新三角形底边上两个顶点的坐标);

$l = \mathrm{sqrt}((e_x - c_x)^2 + (e_y - c_y)^2)$ (新三角形的边长);

$\mathrm{alpha} = \mathrm{atan}((e_y - c_y)/(e_x - c_x))$ (新三角形底边的倾斜角度);

$d_y = c_y + \sin(\alpha + \pi/3) \times l$; $d_x = c_x + \cos(\alpha + \pi/3) \times l$ (顶点坐标)。

(2) 利用递归算法,将计算出来的新点分别对应于 (a_x, a_y) 和 (b_x, b_y),然后利用上一步中的计算公式计算出下一级新点对应的 (c_x, c_y),(d_x, d_y),(e_x, e_y),并压入堆栈。

(3) 给定一个小量 c,当 $l < c$ 时,被压入堆栈中的值依次释放完毕,同时绘制直线段 (a_x, a_y) - (b_x, b_y),算法结束。

下面给出该分形算法的具体实现算法。

```
void Koch(double ax,double ay,double bx,double by,double c){
    /* 当线段长度小于阈值时,开始画线,否则迭代计算下一级的 koch 曲线 */
    if ((bx - ax)^2 + (by - ay)^2 < c){
        double x[] = {ax,bx};
        double y[] = {ay,by};
     drawline(x,y);//画线函数
    }else{
        double cx = ax + (bx - ax)/3;
    double cy = ay + (by - ay)/3;
        double ex = bx - (bx - ax)/3;
    double ey = by - (by - ay)/3;
        double l = sqrt(pow(ex - cx,2) + pow(ey - cy,2));
        double alpha = atan((ey - cy)/(ex - cx));
        if ((alpha >= 0 and (ex - cx) < 0) || (alpha <= 0 and (ex - cx) < 0))
            alpha = alpha + pi;
        double dy = cy + sin(alpha + pi/3) * l;
        double dx = cx + cos(alpha + pi/3) * l;
        Koch(ax,ay,cx,cy,c);
        Koch(ex,ey,bx,by,c);
        Koch(cx,cy,dx,dy,c);
        Koch(dx,dy,ex,ey,c);
    }
}
```

参数为 $(0,0,100,0,10)$ 的 Koch 曲线实例如图 3.16 所示。

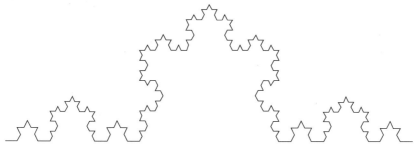

图 3.16　Koch 曲线的效果举例

2. 曼德博集合

曼德博集合(Mandelbrot Set)是在复平面上组成分形的点的集合。曼德博集合可以用复二次多项式 $f(z)=z^2+c$ 来定义。其中 c 是一个复参数。对于每一个 c,从 $z=0$ 开始对 $f(z)$ 进行迭代序列 $(0,f(0),f(f(0)),f(f(f(0))),\cdots)$ 的值或者延伸到无限大,或者只停留在有限半径的圆盘内。曼德博集合就是使以上序列不延伸至无限大的所有 c 点的集合。从数学上来讲,曼德博集合是一个复数的集合。一个给定的复数 c,或者属于曼德博集合 M,或者不是。对于属于曼德博集合的点,在经过 n 次迭代之后,$|z_n|\leqslant 2$。利用这个性质可以得到如下的算法步骤及其代码实现。

(1)设定参数 a,b,以及一个最大的迭代步数 N。

(2)设定限界值 $R=2$。

(3)对于参数平面上的每一个点 $c(a,b)$,使用以 R 为半径的圆盘内的每一点进行迭代,如果对于所有的 $n\leqslant \mathbf{N}$,都有 $|x\times x+y\times y|\leqslant R\times R$,那么,在屏幕上绘制出相应的起始点 $c(a,b)$,否则不绘制。

下面给出算法的基本实现过程。

```
void Mandelbrot(N){
    int r =4;/* 限界值 */
    for (int i =-1000;i <=1000;i ++) { /*参数 a,b 取到一个范围 */
            double a =0.002 * i;
            for (int j =-1000;j <=1000;j ++){
                    double b =0.002 * j;
                int flag =f(0,0,N,a,b);
                if(flag =1)     /* 如果返回值为 1,则属于该集合 */
    drawpoint(a,b); //画点函数
        }
    }
}
int f(double a,double b,int N, double a0,double b0){
    if (N >0){
        x =a * a -b * b +a0;
        y =2 * a * b +b0;
        return f(x,y,N -1,a0,b0);
    }
    else if ((a * a +b * b) <4)
        return 1;
    else
        return 0;
}
```

 本章小结

递归与分治是很多算法在设计与实现时常常用到的方法。两者的关系是：递归是分治的基础，分治是递归的重要应用与发展。本章主要介绍了递归与分治的概念，原理以及相关应用。通过丰富的项目实战案例（包括二分查找、快速排序、二路归并排序、汉诺塔问题，大整数乘法问题，以及 Koch 曲线和曼德博集合对应的分形问题），充分展示了递归和分治在解决相应问题时的算法设计思想和编程技巧。

▶▶▶ 习 题

一、单项选择题

1. 在序列$\{11,12,15,17,21,35,43,70,82\}$中查找数据元素 15，需要进行（　　）次递归运算。

    A. 1　　　　　　　B. 2　　　　　　　C. 3　　　　　　　D. 4

2. 如果汉诺塔问题初始有 5 个盘子，要完成（　　）次移动，才能将这 5 个盘子移动到最后一个柱子上。

    A. 30　　　　　　　B. 31　　　　　　　C. 32　　　　　　　D. 33

3. 如果序列本身有序，快速排序算法的时间复杂度为（　　）。

    A. $O(n)$　　　　　B. $O(n^2)$　　　　C. $O(\log_2 n)$　　　D. $O(n\log_2 n)$

4. 分形是基于自然界图形的（　　）特点。

    A. 最优子结构　　　B. 自相似　　　　　C. 对称　　　　　　D. 透视

5. 以下（　　）结构不是分形结构。

    A. Koch 曲线　　　B. 康托尔集　　　　C. 曼德博集合　　　D. 哈希表

二、填空题

1. 递归算法的计算过程是从＿＿＿＿＿，而迭代算法的计算过程是从＿＿＿＿＿。

2. 系统用于保存递归函数调用信息的堆栈叫＿＿＿＿＿。

3. 针对分治问题的复杂度计算方法有＿＿＿＿＿，＿＿＿＿＿，＿＿＿＿＿。

4. 序列$\{13,5,8,11,19,12,7\}$完成一趟归并排序的结果是＿＿＿＿＿。

5. 二分查找要求元素按关键字有序排列，因此，只适用于线性表的＿＿＿＿＿结构，不适合线性表的＿＿＿＿＿结构。

三、简答题

1. 什么情况下可以使用分治的算法策略？

2. 如果将两个长度为 n 的大整数均分成 3 段，试给出大整数乘法的分治递归公式和算

法复杂度。

3. 用主方法求解以下递归式的渐近增长率。

（1）$T(n) = 4T(n/3) + n^2$；

（2）$T(n) = 4T(n/3) + n$；

（3）$T(n) = 9T(n/3) + n^2$。

四、算法设计题

1. 如果汉诺塔有 4 根柱子，要将堆放在第一根柱子上从小到大排列的 n 个盘子移动到最后一根柱子上，试实现相应的递归算法。

2. 角谷定理：输入一个自然数，若为偶数，则把它除以 2，若为奇数，则把它乘以 3 加 1。经过如此有限次运算后，总可以得到自然数 1。求经过多少次运算可得到自然数 1。

3. 硬币找零问题：给定一个正整数 N，和一个正整数集合 S，集合中的每个元素都有无限个，如何选定集合中的元素组合使其和为 N。

第4章
树

4.1 项目指引

项目1 查找与排序问题

张老师最近对数据分析与处理的研究非常感兴趣,并申请了一个数据分析相关的项目。在张老师的研究项目中,需要经常查找特定值的数据。张老师为了解决这个问题,他先将数据用快速排序方法进行排序,然后用二分查找方法在有序的顺序表上查找需要的数据,这个问题似乎完美地解决了。但随着项目的开展,需求方提出了一些新的需求,他们需要经常增加数据以满足业务的需要。这时张老师需要对数据重新排序,张老师发现随着数据的增加,排序的速度越来越慢,要利用连续的存储单元进行快速排序也显得极为困难。为解决数据量不断增加时的排序与查找问题,张老师广发英雄帖,寻求帮助。这时,一个19岁的大一本科生想到了一个方法,和张老师交流后,张老师对他提出的方法甚是满意。这位本科生提出的是什么方法呢?你能想到吗?

项目2 压缩编码问题

两个研究单位之间经常有重要的文件和数据需要传递。在传递过程中,双方一方面需要对数据进行压缩以节省传输带宽,另一方面需要保证数据的安全。为了满足这两个要求,这两个单位之间约定了一种只有双方知道的0/1编码和解码模式,这样即便拦截者获得了传输的编码,也无法恢复传输的数据,保证了数据传输的安全性。同时,他们的编码模式还能对数据进行很好的压缩。在传输数据时,他们只需依次向对方传输0/1比特串,就能达到安全高效的信息传输效果。请问,这两个单位之间是如何设计这种神秘的编码和解码方案的呢?

项目3 频繁模式挖掘问题

现实世界中有很多稀奇古怪的问题和很多稀奇古怪的现象,我们该怎样去回答这些问题,解释这些现象呢?比如,高校学生在食堂吃饭的习惯、在教室周边打开水的频率、进出宿舍的门禁刷卡记录和其未来事业的发展有没有联系?如果有,是什么样的联系?超市为什么喜欢把啤酒和尿布摆放在一起?小明自驾车在城市出行时,他目前所在位置到目的地的路线当前明明畅通无阻,他却选择了一条当前不那么畅通的另一条路线,这是为什么? 如何判断两个电话号码是同一个人拥有(假设两个电话号码都经常使用)的? 在大数据时代,要回答或解决这些问题将变得可行,你能想到什么好的解决方案吗?

4.2　基础知识

4.2.1　二叉树、树及森林的基本概念

视频讲解

1. 二叉树的定义

二叉树(Binary Tree)是 $n(n \geq 0)$ 个具有相同类型的数据元素的有限集合。当 $n = 0$ 时,称这棵二叉树为**空二叉树**;当 $n > 0$ 时,数据元素分为:一个称为**根**的数据元素(Root)和两个分别称为**左子树**和**右子树**的数据元素的集合,左、右子树互不相交,并且它们也都是二叉树。

在该定义中引出了四个术语:空二叉树、根、左子树和右子树。需要注意的是,二叉树的定义是一个递归定义,即在定义二叉树时用了左、右子树,而左、右子树又是二叉树。

在二叉树中,一个数据元素也称作一个**结点**。

二叉树的子树是有序的,若将其左、右子树颠倒,就成为另一棵不同的二叉树。即使只有一棵子树,也要明确指出它是左子树还是右子树。由于左、右子树的有序性,二叉树具有五种基本形态,即空二叉树、仅有根结点的二叉树、右子树为空的二叉树、左子树为空的二叉树和左右子树均非空的二叉树,如图 4.1 所示。

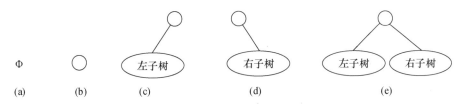

图 4.1　二叉树的五种基本形态

2. 二叉树的相关概念

(1) 结点的度。

结点所拥有的子树的数量称为该**结点的度**。例如,在图 4.2 中,结点 A、B 的度均为 2,结点 C 的度为 1,结点 E、H 的度均为 0。在二叉树中,结点的度最大为 2。

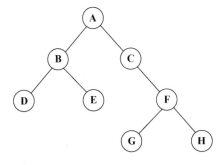

图 4.2　二叉树

（2）叶子。

度为 0 的结点称为**叶子**。例如，在图 4.2 中，结点 D、E、G、H 都是叶子。

（3）孩子。

结点子树的根称为该结点的**孩子**。二叉树中，孩子有左右之分，分别称为**左孩子和右孩子**。例如，在图 4.2 中，结点 A 的左孩子为结点 B，右孩子为结点 C；结点 C 的右孩子为结点 F，结点 C 没有左孩子。

（4）双亲。

孩子结点的上层结点称为该孩子结点的**双亲**。例如，在图 4.2 中，结点 G 的双亲为结点 F，结点 B 的双亲为结点 A。

（5）子孙。

以某结点为根的子树中的任一结点都称为该根结点的**子孙**。例如，在图 4.2 中，结点 F、G、H 都是结点 C 的子孙，结点 B～H 都是结点 A 的子孙。

（6）祖先。

结点的**祖先**是从根结点到该结点所经分支上的所有结点。例如，在图 4.2 中，结点 A，C，F 都是结点 G 的祖先。

（7）结点的层次。

从根结点起，根为第一层，它的孩子为第二层，孩子的孩子为第三层，依次类推，即设某个结点的层次是 L，则它的孩子的层次就为 $L+1$。例如，在图 4.2 中，结点 A 为第一层，结点 B 为第二层，结点 H 为第四层等。

（8）兄弟。

同一双亲的孩子互为**兄弟**。例如，在图 4.2 中，结点 B 和结点 C 是兄弟，结点 G 和结点 H 也是兄弟，结点 E 和结点 F 不是兄弟，因为它们具有不同的双亲。

（9）堂兄弟。

其双亲在同一层的结点互为**堂兄弟**。例如，在图 4.2 中，结点 F 与结点 D 或结点 E 互为堂兄弟。

（10）二叉树的度。

二叉树中最大的结点度数称为**二叉树的度**。例如，在图 4.2 中，该二叉树的度为 2，空二叉树和只有根结点的二叉树的度为 0。

（11）二叉树的深度。

二叉树中结点的最大层次数定义为**二叉树的深度**。例如，在图 4.2 中，该二叉树的深度为 4。

（12）满二叉树。

在一棵二叉树中，如果所有分支结点都存在左子树和右子树，并且所有叶子结点都在同一层上，这样的二叉树称为**满二叉树**。例如，图 4.3(a)所示的二叉树为满二叉树，而图 4.3(b)所示的二叉树不是一棵满二叉树，原因在于叶子结点 D 和 H 不在同一层上。

（13）完全二叉树。

对深度为 k 的满二叉树中的结点按照从上至下、从左至右的顺序从 1 开始连续编号。对一棵具有 n 个结点，深度为 k 的二叉树，采用同样办法对树中结点按照从上至下、从左至右的顺序从 1 开始连续编号,如果编号为 $i(i<=n)$ 的结点都与满二叉树中编号为 i 的结点在同一位置,则称此二叉树为一棵**完全二叉树**。对于一棵完全二叉树,叶子结点只可能出现在最下层和倒数第二层,而且最下层的叶子集中在树的最左部。例如,图 4.4(a)所示的二叉树为一棵完全二叉树,它的任一结点的编号和图 4.3(a)所示的满二叉树对应结点的编号、位置一致。图 4.4(b)所示的二叉树不是完全二叉树。**一棵满二叉树一定是一棵完全二叉树**,例如,图 4.3(a)所示的满二叉树就是一棵完全二叉树,但一棵完全二叉树未必是一棵**满二叉树**。

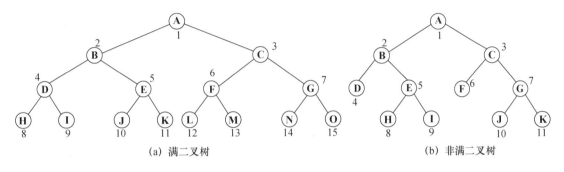

(a) 满二叉树   (b) 非满二叉树

图 4.3 满二叉树和非满二叉树

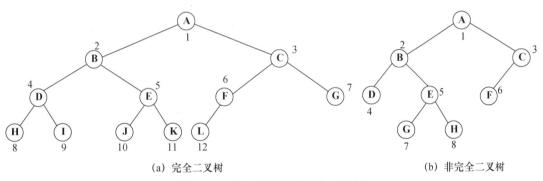

(a) 完全二叉树   (b) 非完全二叉树

图 4.4 完全二叉树和非完全二叉树

3. 树和森林的定义

(1) 树的定义。

树是 n 个数据元素的集合。当 $n=0$ 时,称这棵树为**空树**;当 $n>0$ 时,称这棵树为非空树,这时,有一个特殊的没有前驱的数据元素 r 称为树的**根结点**。如图 4.4(a)中的结点 A。

如果 $n>1$,除根结点 r 外,其他元素分成了 $m(m>0)$ 个互不相交的集合 T_1, T_2, $\cdots$, T_m,其中每一个集合 T_i 本身就是一棵树,树 T_1, T_2, $\cdots$, T_m 称为这个根结点的子树,而 r 称为这些子树根结点的双亲。

从这个定义可以看出,树和二叉树一样,也是采用递归的形式进行定义的。有些参考书认为树和二叉树是两种完全不同的数据结构。本书认为:**树是二叉树的一个扩展和延伸**,例如,在树中,结点的孩子不止两个,孩子间可以没有顺序等;反过来,**二叉树可以看成是对树加上若干限制条件而得到的一种结构**。

视频讲解

例如,图4.5(a)是一棵树,其根结点为A,它有三棵子树T_1,T_2和T_3,其中T_1又有4棵子树,如此继续分解成更小的子树,直到每棵子树都只有一个结点为止。

从树的定义和图4.5(a)可以看出,树具有如下特点:

① 树的根结点没有双亲,除根结点以外,其他每个结点都有且仅有一个双亲。

② 树中所有结点都有零个或多个孩子结点。

③ 树是一种一对多的层次结构。

图4.5(b)不是树结构,因为结点F有两个双亲——结点B和结点C。在本书第5章,大家会学到,它是一种多对多的图结构。

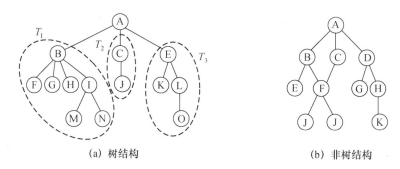

(a) 树结构　　　　　　　　　　　　(b) 非树结构

图4.5　树结构和非树结构

(2) 森林的定义。

零棵或有限棵互不相交的树的集合称为**森林**。与自然界中的树和森林的概念不一样,在数据结构中,树和森林的差异很小,一棵树是森林,任何一棵树删除根结点后剩下的部分也是森林。

4.2.2　二叉树的基本性质

性质1:一棵非空二叉树的第i层最多有2^{i-1}个结点。

证明:对非空二叉树,第1层只有一个根结点,所以结点最多为$2^{1-1}=1$,命题成立。

假设非空二叉树的第j层最多有2^{j-1}个结点,而第j层上的每一个结点,最多有两个孩子,因此,第$j+1$层最多有$2 \times 2^{j-1} = 2^{(j+1)-1}$个结点。命题得证。

性质1所表明的是二叉树每一层能拥有的最大结点数。

性质2:深度为k的二叉树至多有$2^k - 1$个结点($k \geqslant 1$)。

证明:由性质1,深度为k的二叉树最大结点数为

$$\sum_{i=1}^{k}(\text{第} i \text{层的最大结点数}) = \sum_{i=1}^{k} 2^{i-1} = 2^k - 1,$$

命题得证。

性质2所表明的是当二叉树的深度一定时二叉树能拥有的最大结点数。

性质3:对任何一棵二叉树T,如果叶子结点数为n_0,度为2的结点数为n_2,那么,$n_0 = n_2 + 1$。

证明:二叉树的结点是由度为0的结点(叶子)、度为1的结点和度为2的结点组成的,假设度为1的结点数为n_1,二叉树的总结点数为n,那么,

$$n = n_0 + n_1 + n_2。 \tag{4.1}$$

另一方面,二叉树中除根结点外,每一个结点都是其双亲结点的孩子结点,因此,二叉树的孩子结点数可表示为

$$孩子结点个数 = n - 1。 \tag{4.2}$$

频讲解

而我们又知道,二叉树中的孩子结点是由度为 2 的结点和度为 1 的结点所产生的,一个度为 2 的结点产生 2 个孩子结点,一个度为 1 的结点产生 1 个孩子结点,所以,二叉树的孩子结点数又可表示为

$$孩子结点个数 = n_1 + 2n_2。 \tag{4.3}$$

由式(4.2)和式(4.3)可得

$$n - 1 = n_1 + 2n_2 \tag{4.4}$$

由公式(4.1)-(4.4)并化简可得

$$n_0 = n_2 + 1,$$

命题得证。

性质 3 所表明的是叶子结点数 n_0 与度为 2 的结点数 n_2 之间的关系,即 n_0 比 n_2 多一个,而度为 1 的结点数与叶子结点数 n_0 和度为 2 的结点数 n_2 无关。

性质 4:具有 n 个结点的完全二叉树的深度 $k = \lfloor \log_2 n \rfloor + 1$。

证明:深度为 k 的完全二叉树最少有 2^{k-1} 个结点,最多有 $2^k - 1$ 个结点,因此,结点数 n 满足 $2^{k-1} \leqslant n < 2^k$,两边取对数得 $k - 1 \leqslant \log_2 n < k$,即 $k \leqslant \log_2 n + 1 < k + 1$。由于深度为整数,所以 $k = \lfloor \log_2 n \rfloor + 1$,命题得证。

性质 4 表明结点个数确定的完全二叉树的深度也是确定的。对于一般二叉树,当给定结点个数 n 时,该二叉树的深度 k 是不能确定的。

由性质 4 可以推出:

① 当给定二叉树的结点个数 n 时,完全二叉树的深度 k 是最小的;

② 当给定二叉树的结点个数 n 时,二叉树的深度 k 的取值范围为 $\lfloor \log_2 n \rfloor + 1 \leqslant k \leqslant n$。

性质 5:对一棵具有 n 个结点的完全二叉树的结点按照从上到下、从左到右的顺序从 1 开始连续编号,那么对任一结点 i,有:

① 如果 $i = 1$,则结点 i 是二叉树的根,无双亲;如果 $i > 1$,则结点 i 的双亲是 $\lfloor i/2 \rfloor$;

② 如果 $2i > n$,则结点 i 无左孩子,为叶子结点;如果 $2i \leqslant n$,则结点 i 的左孩子是 $2i$;

③ 如果 $2i + 1 > n$,则结点 i 无右孩子;如果 $2i + 1 \leqslant n$,则结点 i 的右孩子是 $2i + 1$。

证明:假设结点 i 在第 k 层,其双亲 j 在第 $k-1$ 层的第 q 个结点,那么双亲的编号为

$$j = 2^{k-2} - 1 + q。 \tag{4.5}$$

如果 i 是 j 的左孩子,那么

$$i = 2^{k-1} - 1 + 2(q - 1) + 1 = 2^{k-1} + 2q - 2; \tag{4.6}$$

如果 i 是 j 的右孩子,那么

$$i = 2^{k-1} - 1 + 2(q - 1) + 2 = 2^{k-1} + 2q - 1。 \tag{4.7}$$

由式(4.5)-(4.7)可得结点 i 的双亲 $j = \lfloor i/2 \rfloor$。

若结点 j 有左孩子,即 $2j \leqslant n$,则其左孩子为 $2j$;

若结点 j 有右孩子,即 $2j + 1 \leqslant n$,则其右孩子为 $2j + 1$。命题得证。

性质 5 所表明的是如果对完全二叉树的结点按上面的规则顺序编号,则双亲结点与左、右孩子结点的关系可以由它们的编号得到。

4.2.3 二叉树、树及森林的存储结构

视频讲解

1. 二叉树的存储结构

要存储一棵二叉树,不仅需要存储二叉树结点数据,还需要存储它的结构信息,即双亲和孩子的关系信息。二叉树的存储可以采用顺序存储和链式存储两种方式。

(1) 二叉树的顺序存储结构。

① 完全二叉树的顺序存储结构。

计算机的连续存储单元只有前驱和后继这种线性关系,不能反映二叉树中的非线性关系,怎么办呢? 从4.2.2节的性质5我们知道,在完全二叉树中,结点i的左孩子结点为$2i$,右孩子为$2i+1$,其双亲为$\lfloor i/2 \rfloor$,因此,如果将完全二叉树中的结点按照从上到下、从左到右的顺序从1开始连续编号,把编号为i的结点存放在线性存储单元的第i个位置,那么,它的左孩子结点存放于第$2i$个位置,它的右孩子结点存放于第$2i+1$个位置。这样,双亲和孩子的关系就体现出来了。因此,我们可以把一棵具有n个结点的完全二叉树存放在从1到n的一串连续存储单元中。例如,图4.6为图4.4(a)所示的完全二叉树的顺序存储结构。这里,0号单元不用存放二叉树的数据,可以用于存放二叉树的结点总数等信息。

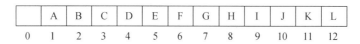

图4.6 图4.4(a)所示的完全二叉树的顺序存储结构

② 一般二叉树的顺序存储结构。

对于一般二叉树,如果把它的结点按照从上到下、从左到右的顺序存储在一维存储单元中,无法反映结点间的双亲孩子关系,即不能反映树的结构关系,怎么办呢? 我们可以把一棵一般二叉树先补全为一棵完全二叉树,然后就可以将它按照完全二叉树的顺序存储方式进行存储了,只是,新补上去的结点只占位置,不存放结点数据。例如,在图4.7中,(a)是一棵一般的二叉树,(b)是(a)经过补全后的完全二叉树,(c)是(a)所示一般二叉树的顺序存储结构示意图。从存储的1号单元开始存储,0号单元可用于存储二叉树的结点总数。

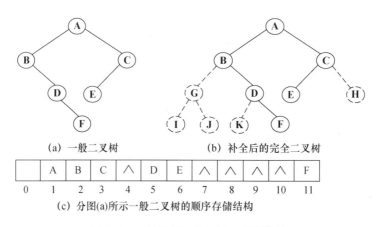

(a) 一般二叉树　　　　　　　(b) 补全后的完全二叉树

(c) 分图(a)所示一般二叉树的顺序存储结构

图4.7 一般二叉树及其顺序存储结构

从图4.7可以看出,对于一般的二叉树,需要增加一些结点才能存储其结点数据和结构关系,这可能会造成存储空间的浪费。例如,对图4.8(a)所示的深度为4的右偏斜二叉树,需要增加11个结点才能存储此二叉树[如图4.8(b)和图4.8(c)所示]。当这类二叉树的深度更深时,可能会需要更多的额外空间。例如,深度为100的右偏斜二叉树,需要 $2^{100} - 101$ 个额外空间,为了采用顺序存储方式存储此二叉树,把全世界所有计算机的存储空间加起来也不够! 因此,极有必要采用其他形式的存储结构存储一般二叉树。

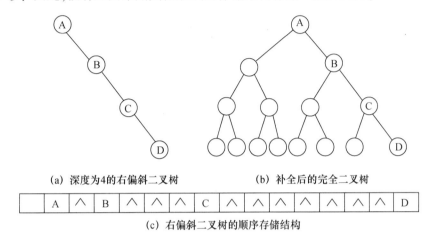

(a) 深度为4的右偏斜二叉树　　　　(b) 补全后的完全二叉树

A	∧	B	∧	∧	∧	C	∧	∧	∧	∧	∧	∧	∧	D

(c) 右偏斜二叉树的顺序存储结构

图4.8　深度为4的右偏斜二叉树及其顺序存储结构

（2）二叉树的链式存储结构。

链表可以用来表示一维的线性结构,也可以用来表示非线性的二叉树结构。二叉树的链式存储通常包括二叉链表存储和三叉链表存储两种。

① 二叉链表存储结构。

二叉链表中每个结点包括3个域:数据域、左孩子指针域和右孩子指针域。左、右孩子指针域分别指示左、右孩子结点的存储地址。每个结点的两个指针域分出了两个叉,因此该存储结构被形象地称为**二叉链表**。二叉链表结点的存储结构为如图4.9所示,其代码描述如下。

lchild	data	rchild

图4.9　二叉链表结点的存储结构

```
typedef structBiTreeNode{
        Datatype data;
        struct BiTreeNode * lchild, * rchild;
}BiTreeNode, * BiTree;
```

当结点没有左(右)子树时,左(右)孩子指针域 lchild(rchild)的值为空,用"∧"或 NULL 表示。图4.4(b)所示二叉树的二叉链表存储结构如图4.10所示。

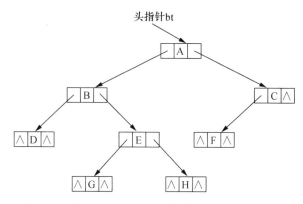

图 4.10　图 4.4(b)所示二叉树的二叉链表存储结构

在具有 n 个结点的二叉树的二叉链表存储结构中,共有 $n+1$ 个空指针域。这是因为度为 1 的结点有 1 个空指针域,叶子结点有两个空指标域,度为 2 的结点没有空指标域,所以,空指针域的个数 $= 2n_0 + n_1 = n_0 + n_2 + 1 + n_1 = n + 1$。

② 三叉链表存储结构。

在二叉链表存储结构中,从结点的左右指针域就可以找到该结点的左右孩子,很快也很方便。但是要找该结点的双亲结点就不是那么容易了。如果在结点中增加一个域,用于记录该结点的双亲结点的地址,那么,查找该结点的双亲结点也就非常容易了。这就是三叉链表存储结构,三叉链表结点的存储结构如图 4.11 所示,其代码描述如下。

lchild	data	parent	rchild

图 4.11　三叉链表结点的存储结构

```
typedef structBiTreeNode{
        Datatype data;
        struct BiTreeNode * lchild, * rchild, * parent;
}BiTreeNode, * BiTree;
```

图 4.4(b)所示二叉树的三叉链表存储结构如图 4.12 所示。在三叉链表中,除根结点的 parent 域为空外,其余结点的 parent 域都不为空,指向其双亲。因此,在三叉链表中,查找结点的孩子结点和双亲结点都是快速方便的,但是增加了一定的空间开销。

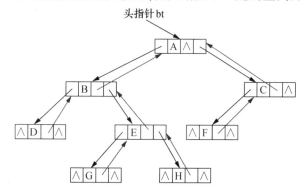

图 4.12　图 4.4(b)所示二叉树的三叉链表存储结构

2. 树的存储结构

和二叉树的存储一样,在计算机中,存储一棵树既可以采用顺序存储的方式,也可以采用链式存储的方式。但有一个共同的要求就是不仅需要存储结点本身的信息,还需要存储结点之间的逻辑关系。下面介绍几种常见的树的存储方式。

（1）树的双亲表示法。

由于树中除根结点外,其余每个结点都有唯一的双亲,根据这一特点,可考虑用一个一维数组来存储一棵树的各结点。数组的每个元素为一种结构体类型数据,包括结点本身的信息和结点双亲在数组中的位置。其存储结构代码描述如下:

```
#define MAX_TREE_SIZE 100
typedef struct PTNode{
        DataType data;
        int parent;
} PTNode;
typedef struct PTree{
        PTNode nodes[MAX_TREE_SIZE];
        int r, n;
} PTree;
```

图 4.13 展示了一棵树及其双亲表示法的存储结构。

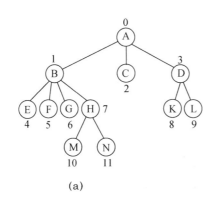

数组下标

0	A	−1
1	B	0
2	C	0
3	D	0
4	E	1
5	F	1
6	G	1
7	H	1
8	K	3
9	L	3
10	M	7
11	N	7

(a)

(b)

图 4.13 树及其双亲表示法存储结构

在树的双亲表示法存储结构中,要找一个结点的双亲结点非常容易,可以在 $O(1)$ 内完成;但是,要找一个结点的孩子结点时,需要遍历整个一维数组,效率低下。

（2）树的孩子表示法。

由于树中结点可能有多个孩子,我们可以将每个结点的孩子排列起来,看成一个线性表,用单链表存储其结构,一棵树有 n 个结点就用 n 个单链表来存储每个结点的孩子,然后将这 n 个单链表的头指针组成一个线性表,可采用顺序存储结构。此种存储结构的代码描述如下:

```
typedef struct CTNode{
        int child;
        struct CTNode *next;
}CTNode;
typedef struct CTBox{
```

```
        DataType data;
        CTNode * firstchild;
}CTBox;
typedef struct CTree{
        CTBox nodes[MAX_TREE_SIZE];
        int n,r;
} CTree;
```

在图4.14中,分图(b)是分图(a)所示树的孩子表示法存储结构。在孩子表示法中,需要找一个结点的孩子只需在相应的链表中进行,非常方便,但是,若要找某结点的双亲结点,就要遍历整个结构,效率也很低下。

(3) 树的双亲孩子表示法。

我们看到,树的双亲表示法查找双亲结点方便,查找孩子结点不方便;而树的孩子表示法和双亲表示法正好相反,查找孩子结点很方便,而查找双亲结点效率低下。为此,我们考虑将树的双亲表示法和孩子表示法结合起来,将二者的优点结合在一起,形成树的双亲孩子表示法。例如,在图4.14中,分图(c)是分图(a)所示树的孩子双亲表示法存储结构。这时,不论查找孩子结点还是双亲结点,都很快捷。

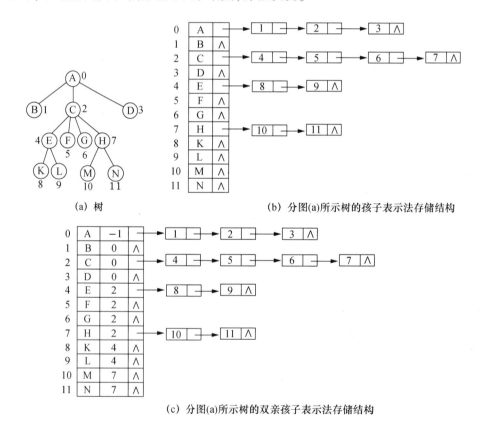

(a) 树

(b) 分图(a)所示树的孩子表示法存储结构

(c) 分图(a)所示树的双亲孩子表示法存储结构

图4.14　树及其孩子表示法和孩子双亲表示法的存储结构

(4) 树的孩子兄弟表示法。

此种存储表示法又称二叉树表示法或二叉链表表示法,即以二叉链表作为树的存储结构,链表中的两个链域 firstchild 和 nextsibling 分别指向此结点的第一个孩子结点和此结点的下一个兄弟结点。结点结构代码描述如下：

```
typedef struct CSNode{
        DataType data;
        struct CSNode * firstchild, * nextsibling;
} CSNode;
```

图 4.15 是图 4.14(a)所示树的孩子兄弟表示法的存储结构。这种结构便于实现各种操作,即可以快速找到某结点的孩子结点,当需要找某结点的第 i 个孩子结点时,只需从该结点的 firstchild 出发找到该结点的孩子结点,再沿着孩子结点的 nextsibling 域连续走 $i-1$ 步,即可找到要找的第 i 个孩子结点。如果在该结构的结点中增设一个 parent 域,那么在该结构中查找某结点的双亲结点也会变得很方便。

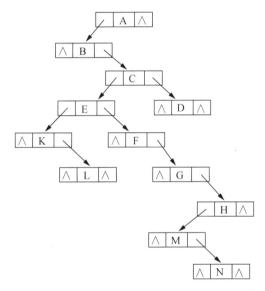

图 4.15　图 4.14(a)所示树的孩子兄弟表示法存储结构

3. 森林的存储结构

树的存储结构稍作修改即可作为森林的存储结构。

（1）森林的双亲表示法。

和树的双亲表示法一样,我们可以用一个一维数组 A 来存储森林。数组的每个元素包括两个域,分别用来存储结点的数据和其双亲结点在数组中的位置。只是这时在此一维数组中有多个元素的双亲域值为 -1,这些元素对应于森林中各棵树的根结点。在具体存储时,可用一个一维数组存储各棵树的树根在数组 A 中的位置。

（2）森林的孩子表示法。

将森林中每个结点的孩子结点用单链表连接起来,再用一大小为 n(森林结点个数)的一维数组 A 存储每个结点信息,包括结点本身的数据信息和指向第一个孩子的指针。孩子结点也包含两个域：数据域和指针域。数据域为此结点在一维数组中的位置,指针域为指向下一个兄弟结点(即该结点双亲结点的下一个孩子结点)的指针。具体存储时,也可以采用一个一维数组存储各棵树的树根在数组 A 中的位置。

（3）森林的孩子兄弟表示法。

以二叉链表作为树的存储结构,链表中的两个链域 firstchild 和 nextsibling 分别指向此结点的第一个孩子结点和此结点的下一个兄弟结点。这时,可将森林中各棵树的根结点看成是兄弟,因此,在存储时,将森林中第二棵树的树根作为第一棵树的树根的兄弟,即第一棵树的根结点的 nextsibling 指向第二棵树的根结点,第二棵树的根结点的 nextsibling 指向第三棵树的根结点,如此下去……

4.2.4 二叉树、树及森林的基本操作

1. 二叉树的遍历

视频讲解

二叉树的遍历是指按照某种方法顺着某一条搜索路径巡访二叉树中的结点,使得每个结点均被访问一次,而且仅被访问一次。"遍历"是任何数据结构类型均有的操作,对线性结构而言,因为每个结点(最后一个结点除外)均只有一个后继,因而只有一条搜索路径,无须另加讨论。而二叉树是非线性结构,结点有零个、一个或者两个后继,则存在如何遍历(即按什么样的搜索路径遍历)的问题。

1）二叉树的遍历算法

（1）二叉树的递归遍历算法。

一棵二叉树一般由根结点、根结点的左子树和根结点的右子树 3 部分组成,因而只要依次遍历这 3 部分,就能遍历整棵二叉树。如果用 D、L、R 分别表示访问二叉树的根、遍历根结点的左子树和遍历根结点的右子树,那么二叉树的遍历方式有 DLR,LDR,LRD,DRL,RDL,RLD 6 种。若限定访问子树的顺序为先左子树,再右子树,那么二叉树的遍历方式有 DLR(先序遍历)、LDR(中序遍历)和 LRD(后序遍历)3 种。下面给出这 3 种遍历方式的递归算法描述。

① DLR(先序遍历)。

若二叉树为空,遍历结束;否则;先访问根结点,然后先序遍历根结点的左子树,最后先序遍历根结点的右子树。具体实现算法如算法 4.1 所示。

算法 4.1 二叉树的先序遍历递归算法

```
void PreOrder(BiTree bt){
    if (bt!=NULL){ //如果 bt 为空,结束
        visit (bt->data);   //访问根结点
        PreOrder(bt->lchild);   //先序遍历左子树(递归调用)
        PreOrder (bt->rchild);   //先序遍历右子树(递归调用)
    }}
```

② LDR(中序遍历)。

若二叉树为空,遍历结束;否则,先中序遍历根结点的左子树,然后访问根结点,最后中序遍历根结点的右子树。具体实现算法如算法 4.2 所示。

算法 4.2 二叉树的中序遍历递归算法

```
voidInOrder(BiTree bt){
    if (bt!=NULL){ //如果 bt 为空,结束
        InOrder(bt->lchild);   //中序遍历左子树(递归调用)
        visit (bt->data);   //访问根结点
        InOrder(bt->rchild);   //中序遍历右子树(递归调用)
    }}
```

③ LRD(后序遍历)。

若二叉树为空,遍历结束;否则,先后序遍历根结点的左子树,然后后序遍历根结点的右子树,最后访问根结点。具体实现算法如算法 4.3 所示。

算法 4.3 二叉树的后序遍历递归算法

```
voidPostOrder(BiTree bt){
        if (bt!=NULL){ //如果 bt 为空,结束
          PostOrder(bt->lchild);   //后序遍历左子树(递归调用)
          PostOrder (bt->rchild);   //后序遍历右子树(递归调用)
          visit (bt->data);  //访问根结点
        }
}
```

(2) 二叉树的层次遍历算法。

二叉树的层次遍历是指从二叉树的根结点开始,从上到下逐层遍历,同一层中按从左到右的顺序依次访问二叉树的结点。在层次遍历中,对一层的结点访问完以后,再按照它们的访问次序依次访问各个结点的左孩子和右孩子,这样一层一层地进行,先遇到的结点先访问。这和队列的操作规则完全一致,因此,层次遍历二叉树时,可采用一个队列来进行操作。首先将根结点入队,然后从队头取一个元素,每取一个元素,执行如下 3 个动作:

视频讲解

① 访问该元素所指结点;

② 如果该元素所指结点有左孩子,则左孩子指针入队;

③ 如果该元素所指结点有右孩子,则右孩子指针入队。

此过程一直执行到队列空为止,此时二叉树遍历结束。具体实现算法如算法 4.4 所示。

算法 4.4 二叉树的层次遍历算法

```
void LevelOrder(BiTree bt){
        BiTreeNode Queue[MAXNODE];   //定义队列
        int front, rear;
        if (bt ==NULL) return; //空二叉树,遍历结束
        front = -1; rear =0;
        Queue[rear] =bt; //根结点入队列
        while(rear!=front){ //若队列不空,继续遍历,否则,遍历结束
         front ++;//出队
         visit(Queue[front]->data);   //访问刚出队的元素
         if (queue[front]->lchild!=NULL){ //如果有左孩子,左孩子入队
            rear ++;
            Queue[rear] =Queue[front]->lchild;
         }
         if (queue[front]->rchild!=NULL){   //如果有右孩子,右孩子入队
            rear ++;
            Queue[rear] =Queue[front]->rchild;
         }
        }
}
```

(3) 二叉树的非递归遍历算法。

对于图 4.16 所示的二叉树,其先序遍历、中序遍历和后序遍历的遍历路线都是从根结点 A 开始的同一条路线,只是各结点访问的时机不同而已。在图 4.16 中,从根结点左外侧

开始,到根结点右外侧结束的曲线为遍历路线。这一路线正是从根结点开始沿左子树深入下去,当深入到最左端,无法再深入下去时,返回,进入刚深入时遇到结点的右子树,再进行如此的深入和返回,直到最后从根结点的右子树返回到根结点为止。先序遍历是在深入时第一次遇到结点就访问,图 4.16 中沿着该路线按△标记的结点读得的序列为先序遍历序列 {A,B,D,G,C,E,F};中序遍历是从左子树返回时遇到结点就访问,即第二次遇到结点时访问,图 4.16 中沿路线按*标记结点读得的序列为中序遍历序列 {D,G,B,A,E,C,F};后序遍历是从右子树返回时遇到结点访问,即第三次遇到结点时访问,图 4.16 中沿路线按★标记结点读得的序列为后序遍历序列 {G,D,B,E,F,C,A}。

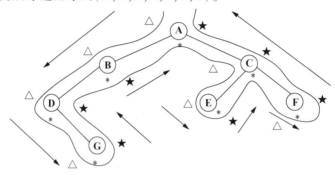

图 4.16　遍历过程中的路线图

在不断深入返回这一过程中,返回结点的顺序与深入结点的顺序正好相反,即后深入先返回,这正是栈的特征,因此,可以利用栈来实现二叉树的非递归遍历算法。此处以二叉树的中序遍历为例说明采用这种深入返回策略的遍历方法,对二叉树的先序遍历和后序遍历,请读者仿照中序遍历自行思考其遍历算法。

沿左子树深入时,深入一个结点就入栈一个结点,如果沿左子树无法继续深入时,就返回,即出栈,出栈的同时访问此结点,然后从此结点的右子树继续深入,这样一直下去,最后从根结点的右子树返回时结束。二叉树的中序遍历非递归算法如算法 4.5 所示。

算法 4.5　二叉树的中序遍历非递归算法

```
void NRInOrder(BiTree bt){
     BiTree S[MAXNODE], p = bt; //定义栈 S
     int top = -1;
     if (bt == NULL) return;   //空二叉树,遍历结束
     while(!(p == NULL && top == -1)){
       while(p! = NULL){
          if( top < MAXNODE - 1)S[++top] = p;   //当前指针 p 进栈
          else { printf("栈溢出 /n"); return;}
          p = p -> lchild; //指针指向 p 的左孩子结点
       }
       if(top == -1) return;    //栈空时结束
       else{
         p = S[top --];     //弹出栈顶元素
         visit(p -> data); //访问结点的数据域
         p = p -> rchild;    //指向 p 的右孩子结点
       }
     }
}
```

对于图 4.16 所示的二叉树,用算法 4.5 进行遍历时,栈 S 和指针 p 的变化情况以及二叉树中各结点的访问情况如表 4.1 所示。

表 4.1　图 4.16 所示二叉树的中序非递归遍历过程

步骤	指针 p	栈 S 的内容	访问结点值
初态	A	空	
1	B	A	
2	D	AB	
3	∧	ABD	
4	G	AB	D
5	∧	ABG	
6	∧	AB	G
7	∧	A	B
8	C	空	A
9	E	C	
10	∧	CE	
11	∧	C	E
12	F	空	C
13	∧	F	
14	∧	空	F

2) 二叉树遍历算法的应用

(1) 由先序遍历序列和中序遍历序列建立二叉树。

根据二叉树的遍历规则,二叉树的先序遍历序列、中序遍历序列、后序遍历序列和层次遍历序列都是唯一的。

反过来,如果知道二叉树的先序遍历序列,能否唯一确定一棵二叉树呢? 回答是否定的。比如,若已知二叉树的先序遍历序列为 A B C,则在图 4.17 中,(a)和(b)都是满足要求的二叉树。

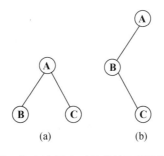

图 4.17　同一先序遍历序列构造的两棵不同的二叉树

如果同时知道先序遍历序列和中序遍历序列,情况又是怎样的呢? 我们知道,先序遍历序列的第一个结点一定是二叉树的根结点,而根据中序遍历规则,这个结点将同一棵二叉树的中序遍历序列分成了两部分,左边部分是二叉树左子树的中序遍历序列,右边部分是二叉树右子树的中序遍历序列。据此,在先序遍历序列中找到对应的子序列,左子序列的第一个结点为左子树的根结点,右子序列的第一个结点为右子树的根结点。对左右子序列,再反复利用这个办法,最终根据先序遍历序列和中序遍历序列可唯一确定出一棵二叉树。下面以一个具体的例子说明这一构造过程。

视频讲解

【例 4.1】 已知一棵二叉树的先序遍历序列和中序遍历序列分别为{A,B,C,D,E,F,G},{C,B,D,A,E,G,F},请建立此二叉树。

分析:首先,根据先序遍历序列得知,二叉树的根结点为 A,其次,根据结点 A 在中序遍历序列中的位置,将中序遍历序列分成两部分,结点 A 左边的结点 C B D 为该二叉树的左子树的结点,结点 A 右边的结点 E G F 为该二叉树的右子树的结点,如图 4.18(a)所示。对左子树,先序遍历序列为{B,C,D},由此可知,左子树的根结点为 B,再从对应的中序遍历序列可知,B 的左子树结点为 C,右子树结点为 D。对 A 的右子树采用同样的办法进行处理,从而可得到图 4.18 (b)所示的结构。对 E 的右子树用上述办法继续分解,最终可得到图 4.18 (c)所示的二叉树。

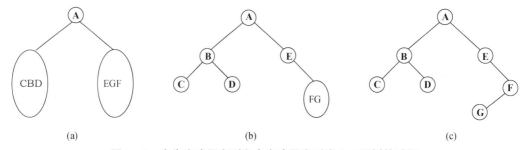

图 4.18 由先序遍历序列和中序遍历序列建立二叉树的过程

这种建立二叉树的过程是一个递归过程,其具体实现算法如算法 4.6 所示。

算法 4.6 由先序遍历序列和中序遍历序列建立二叉树的递归算法

```
void PreInOrd( char preord[],char inord[],int i,int j,int k,int h,BiTree){
        //先序遍历序列中从 i 到 j,中序遍历序列从 k 到 h,建立一棵二叉树放在 t 中
        int m;
        t = new BiNode;
        t ->data = preord[i];  //二叉树的根
        m = k;
        while (inord[m]! = preord[i]) m + +; //在中序遍历序列中定位树根
        //递归调用建立左子树
        if(m == k) t ->lchild = NULL;    //左子树空
        elsePreInOrd(preord, inord, i +1, i +m - k, k, m-1, t ->lchild));
        //递归调用建立右子树
        if(m == h) t ->rchild = NULL;    //右子树空
        elsePreInOrd( preord, inord, i +m - k +1, j, m +1, h, t ->lchild));
}
voidCreateBiTree(char preord[], char inord[], int n, BiTree root){
        //n 为二叉树结点的个数,建立的二叉树放在 root 中
        if(n <=0) root = NULL;
```

```
elsePreInOrd(preord, inord, 1, n,1, n, root);
}
```

请大家思考以下三个问题：① 若已知二叉树的中序遍历序列和后序遍历序列，能否唯一确定一棵二叉树？如能，请思考其建立过程并设计具体的算法。② 若已知二叉树的先序遍历序列和后序遍历序列，能否唯一确定一棵二叉树？若能，请写出具体实现算法，若不能，请举出反例。③ 若已知二叉树的层次遍历序列，请问还需要知道二叉树的哪一种或哪几种遍历序列，才能唯一确定一棵二叉树？

（2）二叉树的叶子结点数的统计。

对于一棵二叉树，如果它的左子树和右子树都为空，那么此二叉树只有一个结点，就是叶子结点，此时叶子结点数为 1。若二叉树为空树，可以约定此时叶子结点数为 0。对于其他情况，二叉树的叶子结点数为左子树叶子结点数与右子树叶子结点数的总和。而左右子树的叶子结点数的计算和上述过程相似，根据这种思想，可以得到求二叉树叶子结点数的递归算法，如算法 4.7 所示。

视频讲解

算法 4.7　统计二叉树的叶子结点数的算法

```
int BitreeLeaf ( BiTree bt){
        if (bt ==NULL) return 0;
        if(bt ->lchild ==NULL & bt ->rchild ==NULL) return 1;
        return (BitreeLeaf(bt ->lchild) +BitreeLeaf(bt ->rchild));
}
```

（3）二叉树的深度计算。

对于一棵二叉树，如果它的左子树和右子树都为空，那么此二叉树只有一个结点。根据二叉树的深度的定义，此时二叉树的深度为 1。若二叉树为空树，我们约定其深度为 0。对于其他情况，先求出二叉树左右子树的深度分别为 depthL 和 depthR，那么整棵二叉树的深度为 $1 + \max(\text{depthL}, \text{depthR})$。而左右子树的深度计算和上述过程相似，根据这种思想，可以得到求二叉树深度的递归算法，如算法 4.8 所示。

算法 4.8　求二叉树深度的算法

```
intBitreeDepth ( BiTree bt){
        if (bt ==NULL) return 0;
        if(bt ->lchild ==NULL & bt ->rchild ==NULL) return 1;
        depthL =BitreeDepth(bt ->lchild);
        depthR =BitreeDepth(bt ->rchild);
        return 1 +max(depthL, depthR);
}
```

2. 树、森林和二叉树的相互转换

由于二叉树和树都可以用二叉链表进行存储，因此，利用二叉链表作为媒介可导出树和二叉树的一个对应关系。也就是说，**对于一棵树，可以找到一棵二叉树与之对应**。从物理存储来看，两者的存储方式是完全一样的，只是解释不同而已。树和二叉树之间的对应关系和它们的存储结构及相应的解释如图 4.19 所示。

视频讲解

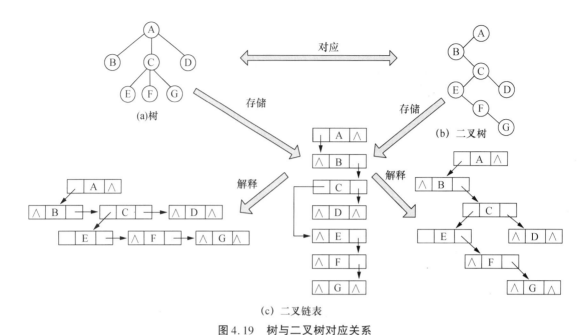

图 4.19　树与二叉树对应关系

（1）树与二叉树的相互转换。

要将一棵树转换为二叉树,只需进行如下三步操作[以图4.19(a)所示树的转换为例]。

① 加线:将兄弟结点用线相连,如图4.20(b)所示。

② 去线:保留双亲与最左边孩子结点的连线,去掉双亲和其他孩子结点的连线,如图4.20(c)所示。

③ 旋转:将经过加线和去线以后的结果,进行旋转处理得到转换后的二叉树,如图4.20(d)所示。

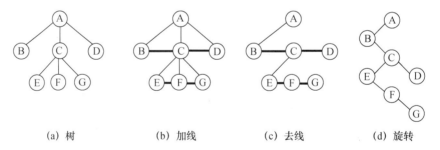

图 4.20　图 4.19(a)所示树转换为二叉树的过程

反过来,要将一棵二叉树转换为树,还是采用类似的三个步骤[以图4.19(b)所示二叉树的转换为例]。

① 加线:将结点和其左孩子结点的右孩子结点以及该右孩子结点的右孩子结点加线相连,如图4.21(b)所示。

② 去线:去掉结点和右孩子结点的连线,如图4.21(c)所示。

③ 旋转:将加线、去线后的结果进行旋转处理,就得到转换后的树,如图4.21(d)所示。

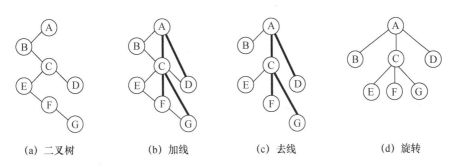

(a) 二叉树　　　　(b) 加线　　　　(c) 去线　　　　(d) 旋转

图 4.21　图 4.19(b)所示二叉树转换为树的过程

（2）森林与二叉树的相互转换。

从图 4.20 可以看出,一棵树转换为一棵二叉树后,其根结点的右子树为空。从图 4.21 可以看出,二叉树转换为树时,我们所取的二叉树的根结点的右子树也为空。

如果二叉树根结点的右子树不空,那么转换出来会是什么样子呢? 根据前面的转换可知,二叉树中结点的右孩子是结点的兄弟,那么对于根结点有右孩子的二叉树,根结点的右孩子以及右孩子的右孩子都是兄弟,这时,转换出来的结果就是森林;反过来,森林将转换成根结点有右子树的二叉树。

将森林与二叉树进行相互转换时,我们还是采用加线—去线—旋转的顺序进行操作,其转换过程和树与二叉树的转换过程类似。具体转换过程举例如图 4.22 和图 4.23 所示。

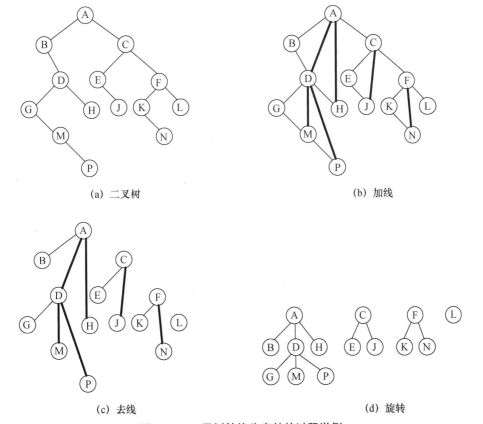

(a) 二叉树　　　　　　　　　　　　(b) 加线

(c) 去线　　　　　　　　　　　　(d) 旋转

图 4.22　二叉树转换为森林的过程举例

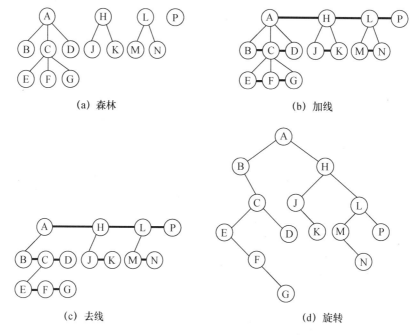

(a) 森林

(b) 加线

(c) 去线

(d) 旋转

图 4.23　森林转换为二叉树的过程举例

3. 树和森林的遍历

（1）树的遍历。

① 先序（根）遍历：先访问树的根结点，再依次先序遍历根的每棵子树（从左到右）。

② 后序（根）遍历：先依次遍历根的每棵子树（从左到右），最后再访问根结点。

③ 层次遍历：按照从上到下、从左至右的顺序访问树的每一个结点。

在图 4.20（a）所示的树中，先序遍历序列为{A,B,C,E,F,G,D}，后序遍历序列为{B, E,F,G,C,D,A}，层次遍历序列为{A,B,C,D,E,F,G}。

（2）森林的遍历。

根据森林的递归定义，可得到森林的两种遍历方法。

① 先序遍历。

若森林非空，按下述规则遍历：

A. 先访问森林中第一棵树的根结点；

B. 然后先序遍历第一棵树根结点的子树森林；

C. 最后先序遍历除去第一棵树后剩余树构成的森林。

② 中序遍历。

若森林非空，按下述规则遍历：

A. 先中序遍历森林中第一棵树根结点的子树森林；

B. 然后访问第一棵树的根结点；

C. 最后中序遍历除去第一棵树外剩余的树构成的森林。

例如，对图 4.23（a）所示的森林，其先序遍历序列为{A,B,C,E,F,G,D,H,J,K,L,M, N,P}，中序遍历序列为{B,E,F,G,C,D,A,J,K,H,M,N,L,P}。从森林的遍历序列可以看

视频讲解

出,森林的先序遍历其实就是从左到右先序遍历每一棵树得到的序列;森林的中序遍历就是从左到右后序遍历每一棵树得到的序列。

另外,由于森林转换成二叉树时,其第一棵树的子树森林转换成左子树,剩余树构成的森林转换成右子树。因此,森林的先序遍历序列和中序遍历序列即为其对应二叉树的先序遍历序列和中序遍历序列。如果先序遍历和中序遍历图 4.23(d)所示的二叉树,可得到和图 4.23(a)所示森林相应的遍历序列。由此可见,当以二叉链表作树或森林的存储结构时,树或森林的相关操作(如插入、删除、遍历、查找等)都可以借用二叉树的相关操作。

4.3　项目实战(任务解答)

以前面的基础知识为基础,这部分将重点介绍如何利用二叉树、树以及森林解决一些典型的应用问题,包括基于树形结构的查找和排序问题、压缩编码问题以及数据挖掘中的频繁模式挖掘问题。这三个项目实战除用到本章的二叉树、树、森林的一些基本概念和基本操作之外,还会用到线性表、栈和队列的相关知识,属于综合性较强的应用问题。

项目 1　查找与排序问题

在线性表部分,已分析过数据的查找和排序问题,这里主要介绍利用树形结构对数据进行排序,重点分析基于二叉树的排序,特殊化的二叉排序树——二叉平衡树和红黑树,二叉排序树的扩展——2－3 树和 B－树。堆排序作为一个快速的排序方法,和完全二叉树紧密相连,也将被作为这一节的一个典型项目实战问题进行介绍。

视频讲解

1. 二叉排序树

二叉排序树在数据的组织和查找应用中具有重要的地位,这一小节,我们将对二叉排序树的基本概念,结点的查找、插入和删除进行详细分析和介绍。

(1) 二叉排序树的定义。

二叉排序树或者是一棵空树,或者是具有下列性质的二叉树:

① 若左子树不空,则左子树上所有结点的值均小于根结点的值;若右子树不空,则右子树上所有结点的值均大于根结点的值。

② 左右子树本身也是一棵二叉排序树。

图 4.24 所示树就是一棵二叉排序树。这棵二叉排序树的中序遍历序列为:{23,37,45,54,65,78,82,85,87,94}。可以看出,这是一个按从小到大的顺序排列的有序序列。一般地,任何一个二叉排序树的中序遍历序列都是一个有序序列。

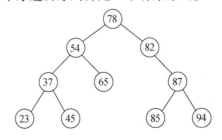

图 4.24　二叉排序树举例

（2）二叉排序树中结点的查找操作。

根据二叉排序树的特点，在二叉排序树中查找关键字值为 key 的结点的查找过程为：

① 若二叉排序树为空二叉树，查找失败；

② 若二叉排序树非空，比较 key 与根结点关键字值的大小，若相等，查找成功，否则：

A. 若 key 小于根结点的关键字值，在根结点的左子树上继续查找，转向①；

B. 若 key 大于根结点的关键字值，在根结点的右子树上继续查找，转向①。

根据上述思想，可写出二叉排序树的查找算法，如算法 4.9 所示。

算法 4.9　二叉排序树的查找算法

```
BiTree SearchBST(BiTree bt, KeyType key){
        if( bt ==NULL || key ==bt ->data.key) return bt; //查找结束
        if(key <bt ->data.key) return SearchBST(bt ->lchild, key); //在左子树查找
        elsereturn SearchBST(bt ->rchild, key); //在右子树查找
}
```

例如，在图 4.24 所示的二叉排序树中，查找关键字 key = 45 的结点的过程为：首先，将 key = 45 和根结点的关键字值进行比较，由于 key = 45 < 78，因此，要在根结点的左子树上继续进行查找；其次，观察发现，此时左子树不空，并且 key = 45 < 54，因此，要在结点 45 的左子树上继续查找；再次，由于左子树不空，并且 key = 45 > 37，因此，要在结点 37 的右子树上继续查找；最后，观察发现，此时 key 和子树根结点的关键字相等，查找成功，返回结点的指针值。

再如，在图 4.24 所示的二叉排序树中查找关键字 key = 81 的结点的过程为：首先，将 key = 81 和根结点的关键字进行比较，由于 key = 81 > 78，因此，要在根结点的右子树上继续进行查找；其次，观察发现，此时右子树不空，并且 key = 81 < 82，因此，要在结点 82 的左子树上继续查找；最后，观察发现，此时由于结点 82 的左子树为空，因此，查找失败，返回指针值为 NULL。

（3）二叉排序树中结点的插入操作。

二叉排序树的结构通常不是一次生成的，而是在查找过程中，当树中不存在关键字值等于给定值的结点时，通过将新结点陆续插入形成的。构造一棵二叉排序树的过程就是逐渐插入结点的过程。新插入的结点一定是一个新添加的叶子结点，并且是查找不成功时查找路径上访问的最后一个结点的左孩子结点或右孩子结点。为了记住查找失败时最后一个访问的结点，需将算法 4.9 进行改写，改写后的算法如算法 4.9（a）所示。二叉排序树中结点的插入算法如算法 4.10 所示。

算法 4.9（a）　改进后的二叉排序树的查找算法

```
int SearchBST(BiTree bt, int key, BiTree * p, BiTree * q){
        //在根指针 bt 所指二叉排序树中递归地查找关键字等于 key 的结点,若查找成功,指针
        //q 指向该结点,并返回1;否则,指针 q 指向查找路径上最后一个
        //访问结点并返回0,指针 p 指向 bt 的双亲,初始调用时值为 NULL.
        if(!bt) {* q = * p; return 0;}                      //查找失败
        else if (key ==bt ->data.key) {* q =bt; return 1;} //查找成功
        else if (key <bt ->data.key) return SearchBST(bt ->lchild, key, &bt, q);
                                                            //在左子树继续查找
        else return SearchBST(bt ->rchild, key, &bt, q); //在右子树继续查找
}
```

算法 4.10　向二叉排序树中插入结点的算法

```
int InseartBST( BiTree * bt, DataType e){
    BiTree s, q;
    if(SearchBST( * bt, e.key, NULL, &q) = = 0){    //待插结点不在二叉排序树中,执行插入
    s = (BiTree)malloc(sizeof(BiTreeNode));
    s - > data = e;                            //待插结点
    if(!q) * bt = s;                          //二叉树的根
    else if (e.key < q - > data.key)q - > lchild = s;    //作为左孩子结点插入
    elseq - > rchild = s;                      //作为右孩子结点插入
    return 1;
    }
    elsereturn0;
    }
```

【例 4.2】设一序列为{63,90,70,55,67,42,98,83,10,45,58},以该序列的数为结点构造一个二叉排序树。

分析:可以将该序列中的数作为新结点,通过将这些新结点逐次插入到二叉排序树中的方式来构造这棵二叉排序树。具体构造过程如图 4.25 所示。

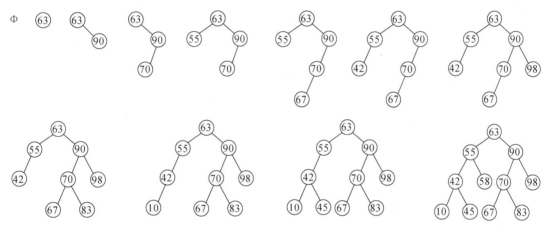

图 4.25　用给定序列构造二叉排序树的过程

(4) 二叉排序树中结点的删除操作。

从二叉排序树中删除一个结点,要使得删除结点后的二叉树仍然是一棵二叉排序树。设待删结点为 p(p 为指向待删结点的指针),其双亲结点为 f,我们分以下三种情况进行讨论。

① 若 p 为叶子结点,由于在二叉排序树中删除叶子结点不影响整棵二叉排序树的特性,所以只需将结点 f 相应指针域改为空指针即可,如图 4.26 所示。

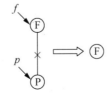

图 4.26　删除叶子结点

② 若 p 是单分支结点,即 p 结点只有右子树 P_R 或只有左子树 P_L,此时,只需将 f 结点的孩子结点替换成子树 P_R 或 P_L 的根结点即可,如图 4.27 所示。

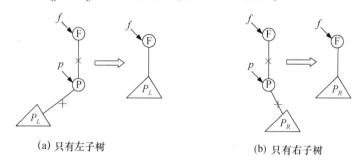

(a) 只有左子树   (b) 只有右子树

图 4.27　删除单分支结点

③ 若结点 p 既有左子树 P_L,又有右子树 P_R,可按中序遍历保持有序进行调整。设删除 p 结点前,中序遍历序列中 p 的直接前驱为 s,那么删除 p 的过程为:用 p 的前驱 s 代替 p,然后删除 s,此处 s 结点没有右子树,采用②描述的过程进行删除,如图 4.28 所示。

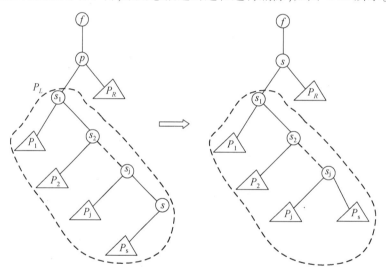

图 4.28　删除既有左子树又有右子树的结点

从二叉排序树中删除关键字值为 key 的结点的算法如算法 4.11 所示。

算法 4.11　从二叉排序树中删除结点的算法

```
int DeleteBiTreeNode (BiTree * t, int key){
        BiTree p, f, s, q;
        if (SearchBST (* t, key, &f, &p) ==0)return 0; //查找失败,直接返回
        if (!(p -> rchild) ){
          if(f -> lchild ==p) f -> lchild =p -> lchild;
          elseif -> rchild =p -> lchild;
        }
        else{
          if(!(p -> lchild)) {
            if(f -> lchild ==p) f -> lchild =p -> rchild;
            elseif -> rchild =p -> rchild;
          }
```

```
    else{
        q = p;
        s = p -> lchild;
        while(s -> rchild){q = s; s = s -> rchild;}//定位
        p -> data = s -> data;
        if(q! = p){q -> rchild = s -> lchild;}
        else q -> lchild = s -> lchild;
    }
}
return 1;
}
```

对给定序列建立二叉排序树,若左右子树均匀分布,这时建立的二叉树就比较均衡,也就是每个结点的左右分支的结点数量大致相当,此时要在此二叉排序树中查找给定关键字的结点也较快。但是如果给定的序列已经有序,这时建立的二叉排序树是一棵左偏树(序列降序排列)或右偏树(序列升序排列),这时,建立的二叉排序树就退化为单链表,查找的效率就非常低下。因此,在二叉排序树中插入或删除结点后,应做调整,应始终保持二叉排序树左右均衡。

思考:

① 在待删结点 p 既有左子树,又有右子树时,删除结点 p 时,如果不通过数据直接拷贝,而是通过修改指针,如何实现?

② 在删除结点 p 时,如果用结点 p 的直接后继代替 p,如何实现?

2. 平衡二叉树

平衡二叉树又称 AVL 树,AVL 树得名于它的发明者苏联科学家 G. M. Adelson – Velsky 和 E. M. Landis,他们在 1962 年发表了关于平衡二叉树的论文"An Algorithm for The Organization of Information"。这里我们将重点介绍平衡二叉树中结点插入和删除时的平衡旋转操作。

视频讲解

(1)平衡二叉树的定义。

平衡二叉树或者是一棵空树,或者是满足下列条件的二叉排序树:它的左右子树都是平衡二叉树,并且左右子树的深度之差不超过 1,即每个结点的左右子树深度之差不超过 1。

图 4.29 给出了两棵二叉排序树,这两棵二叉排序树每个结点旁边标的数字是以该结点为根的二叉排序树中左子树与右子树高度之差,这个数字称为结点的**平衡因子**。根据平衡二叉树的定义,平衡二叉树中任意一个结点的平衡因子只可能是 1,0, – 1 三者之一。故图 4.29(a)中的二叉排序树为平衡二叉树,图 4.29(b)中的二叉排序树为非平衡二叉树。

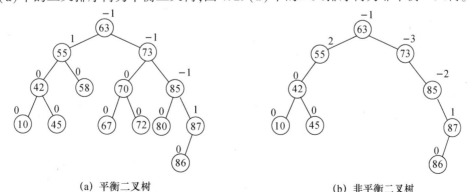

(a) 平衡二叉树　　　　　　　　(b) 非平衡二叉树

图 4.29　平衡二叉树和非平衡二叉树

（2）将二叉排序树调整为平衡二叉树。

若某棵二叉排序树中存在平衡因子的绝对值大于 1 的结点，那么该二叉排序树就不是平衡二叉树。例如，图 4.29(b) 所示二叉树就不是平衡二叉树。在平衡二叉树中插入或删除结点后，可能使平衡二叉树失去平衡。如果想使其恢复平衡，则需要对其进行相应调整。假设结点 a 是失去平衡的最小子树的根结点，对此子树的进行调整可分以下 4 种情况讨论：

① 左单旋转（RR 型）。

当二叉树的失衡是由于在结点的右孩子的右子树上插入结点所致时，使用左单旋转法进行调整。例如，在图 4.30(a) 所示的二叉排序树中，B，D，E 三棵子树的高度均为 h，并且这三棵子树本身是平衡二叉树，因此，结点 a 的平衡因子为 -1，结点 c 的平衡因子为 0，图 4.30(a) 所示的二叉树是一棵平衡二叉树。

在结点 a 的右孩子的右子树上插入一个结点 x 后，结点 c 的平衡因子由 0 变为 -1，结点 a 的平衡因子由 -1 变为 -2，此时，该二叉排序树的平衡被打破，如图 4.30(b) 所示。

若想使这棵失衡的二叉树恢复平衡，需要对其进行相应调整。调整策略为：以结点 c 为轴，作逆时针旋转，旋转以后结点 a 将作为结点 c 的左孩子，那么结点 c 原来的左子树 D 怎么办呢？可以把它作为结点 a 的右子树，根据中序遍历规则，这时二叉树仍然是二叉排序树，并且将原来不平衡的二叉排序树调整为了一棵平衡二叉树，如图 4.30(c) 所示。

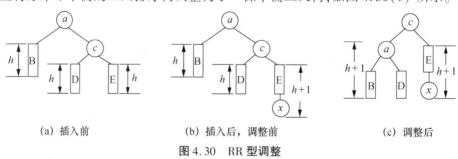

(a) 插入前　　　　　　　(b) 插入后，调整前　　　　　　(c) 调整后

图 4.30　RR 型调整

② 右单旋转（LL 型）。

当二叉树的失衡是由在结点的左孩子的左子树上插入结点所致时，使用右单旋转法进行调整。例如，图 4.31(a) 所示的二叉排序树是一棵平衡二叉树。当在结点 a 的左孩子的左子树上插入一个结点 x 后，该二叉排序树的平衡被打破，如图 4.31(b) 所示。若想使这棵失衡的二叉排序树恢复平衡，需要对其进行相应调整。调整策略为：以结点 c 为轴，作顺时针旋转，旋转以后将结点 a 作为结点 c 的右孩子，原结点 c 的右子树 D 作为结点 a 的左子树，根据中序遍历规则，这时该二叉树仍然是二叉排序树，并且调整后的二叉排序树是一棵平衡二叉树，如图 4.31(c) 所示。

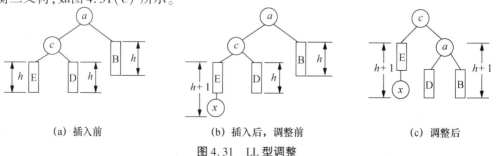

(a) 插入前　　　　　　　(b) 插入后，调整前　　　　　　(c) 调整后

图 4.31　LL 型调整

③ 先左后右双向旋转（LR 型）。

当二叉树的失衡是由在结点的左孩子的右子树上插入结点所致时,使用先左后右双向旋转法进行调整。例如,图 4.32(a) 所示的二叉排序树是一棵平衡二叉树,根结点 a 的左子树比右子树高 1。当将结点 x 插入到结点 b 的右子树后,结点 b 的右子树高度增加 1,从而使得结点 a 的平衡因子由 1 变为 2 此时,该二叉排序树失去平衡,如图 4.32(b)所示。

若想使这棵失衡的二叉排序数恢复平衡,需要对其进行两次调整。第一次,对以结点 b 为根结点的子树,以结点 c 为轴,向左逆时针旋转,将结点 c 的左子树 E 作为结点 b 的右子树,将结点 b 作为结点 c 的左子树,如图 4.32(c) 所示。调整后可认为 x 是插入在了结点 a 的左孩子的左子树上,这时,只需再进行一次右旋即可完成二叉排序树的调整。具体地,以 c 为轴,向右顺时针旋转,c 的右子树 F 作为 a 的左子树,如图 4.32(d) 所示。这时,二叉排序树已调整为一棵平衡二叉树。

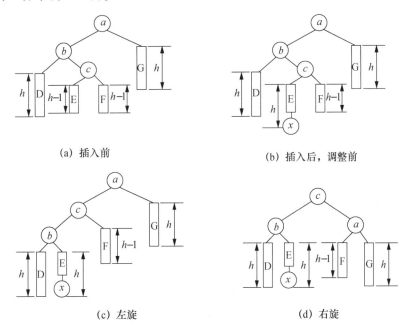

(a) 插入前　　　　　　　　　　　　　(b) 插入后，调整前

(c) 左旋　　　　　　　　　　　　　　(d) 右旋

图 4.32　LR 型调整

思考:如果在 c 的右子树上插入结点 x,原平衡二叉树失去平衡,这时,调整方法和在 c 的左子树上插入结点类似,请读者思考其调整方法。

④ 先右后左双向旋转（RL 型）。

当二叉树的失衡是由在结点的右孩子的左子树上插入结点所致时,使用先右后左双向旋转法进行调整。例如,图 4.33(a) 所示的二叉排序树是一棵平衡二叉树,根结点 a 的平衡因子为 -1。当在该二叉排序树中插入结点 x 后,该二叉排序树失去平衡,如图 4.33(b)所示。调整时,先以结点 c 为轴,向右顺时针旋转,如图 4.33(c) 所示;再以 c 为轴,向左逆时针旋转。经过两次旋转后,该二叉排序树恢复平衡,如图 4.33(d) 所示。

思考:在图 4.33(a) 所示的二叉树中,如果将结点 x 插入到结点 c 的左子树上,原平衡二叉树失去平衡。请思考如何调整,使该二叉排序树恢复平衡。

视频讲解

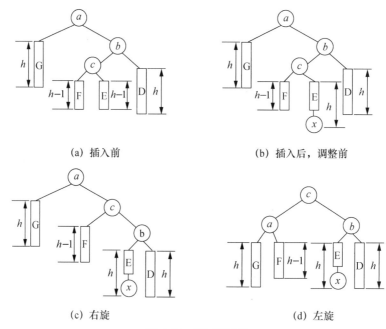

(a) 插入前　　　　　　　　　　　　　(b) 插入后，调整前

(c) 右旋　　　　　　　　　　　　　　(d) 左旋

图 4.33　RL 型调整

（3）平衡二叉排序树中结点的插入算法。

在平衡二叉排序树 BBST 中插入一个数据元素为 e 的结点的递归算法可描述为：

① 若 BBST 为空树，则插入一个数据元素为 e 的新结点作为 BBST 的根结点，树的深度增加1。

② 若 e 的关键字和 BBST 的根结点的关键字相等，不进行插入。

③ 若 e 的关键字小于 BBST 根结点的关键字，并且在 BBST 的左子树中不存在和 e 有相同关键字的结点，则将 e 插入到 BBST 的左子树上。当插入之后左子树的深度增加时，分别就下列情况进行处理：

A. BBST 根结点的平衡因子为 -1，则将根结点的平衡因子改为0，BBST 的深度不变。

B. BBST 根结点的平衡因子为0，则将根结点的平衡因子改为1，BBST 的深度增加1。

C. BBST 根结点的平衡因子为1，若 BBST 的左子树根结点的平衡因子为1，则需进行单向右旋平衡处理，右旋处理之后，将根结点和其右子树根结点的平衡因子改为0，树的深度不变；若 BBST 的左子树根结点的平衡因子为 -1，则需进行先向左、再向右的双向旋转平衡处理，旋转处理之后，更改根结点和其左右子树根结点的平衡因子，树的深度不变。

④ 若 e 的关键字大于 BBST 根结点的关键字，而且在 BBST 的右子树中不存在和 e 有相同关键字的结点，则将 e 插入到 BBST 的右子树上。插入之后，若右子树的深度增加，还需就不同情况进行旋转处理，其处理过程和③中的步骤类似，请大家思考其处理过程。

综合这4种情况，在平衡二叉树中插入结点的递归算法如算法4.12所示。

算法 4.12　在平衡二叉排序树中插入结点的递归算法

```
typedef struct AVLNode{
        DataType data;
        int bf;                 //平衡因子
        struct AVLNode *lchild, rchild;
} AVLNode, *AVLTree;
```

```
#define LH 1        //左高
#define EH 0        //等高
#define RH -1       //右高
void L_Rotate (AVLTree * p){
        //对以 * p 指向的结点为子树根结点,做左单旋处理,处理之后,
        //* p 指向的结点为子树的新的根结点
        AVLTree rp = (*p)->rchild;
        (*p)->rchild = rp->lrchild;   //rp 的左子树挂接在 * p 的右子树上
        rp->lchild = *p;
        *p = rp;                    //* p 指向新的根结点
}
    void R_Rotate (AVLTree * p){
        //对以 * p 指向的结点为子树根结点,做右单旋处理,处理之后,
        //* p 指向的结点为子树的新的根结点
        AVLTree lp = (*p)->lchild;
        (*p)->lchild = lp->rchild;   //lp 的右子树挂接在 * p 的左子树上
        lp->rchild = *p;
        *p = lp;                    //* p 指向新的根结点
}
void LeftBalance(AVLTree * p){
        //对以 * p 指向的结点为子树根结点,做左平衡旋转处理,处理之后,
        //* p 指向的结点为子树的新的根结点
        AVLTree lp = (*p)->lchild,rd;
        switch(lp->bf){
        case LH:     //新结点插入在 p 的左孩子的左子树上,单右旋处理
          (*p)->bf = lp->bf = EH;
          R_Rotate(p); break;
        case EH:
          (*p)->bf = LH; break;
        case RH:    //新结点插入在 * p 的左孩子的右子树上,先左后右双旋处理
          rd = lp->rchild;
          switch(rd->bf){
          case LH:
           (*p)->bf = RH;  lp->bf = EH;  break;
          case EH:
           (*p)->bf = lp->bf = EH; break;
          case RH:
           (*p)->bf = EH; lp->bf = LH; break;
          }
          rd->bf = EH;
          L_Rotate(&lp); //对 p 的左子树做左旋转处理
          R_Rotate(p);   //对 p 做右旋转处理
        }
}
void RightBalance(AVLTree * p){
        //对以 * p 指向的结点为子树根结点,做右平衡旋转处理,处理之后,
        //* p 指向的结点为子树的新的根结点
        AVLTree rp = (*p)->rchild,ld;
        switch(rp->bf){
        case RH:     //新结点插入在 * p 的右孩子的右子树上,单左旋处理
          (*p)->bf = rp->bf = EH;
          L_Rotate(p); break;
        case EH:
          (*p)->bf = RH; break;
```

```
            caseLH:    //新结点插入在*p的右孩子的左子树上,先右后左双旋处理
                ld = rp -> lchild;
                switch(ld -> bf){
                case LH:
            (*p) -> bf = EH; rp -> bf = LH; break;
                case EH:
            (*p) -> bf = rp -> bf = EH; break;
                case RH:
            (*p) -> bf = RH; rp -> bf = EH; break;
                }
                ld -> bf = EH;
                R_Rotate(&rp); //对 p 的右子树做右旋转处理
                L_Rotate(p);    //对 p 做左旋转处理
        }
}
int InsertAVL( AVLTree *t, DataType e, bool *taller){
            //若平衡二叉树中不存在和 e 有相同关键字的结点,则插入一个数据元素为 e
            //的结点,并返回 1;否则,返回 0,若插入结点后二叉排序树失去平衡,还需
            //进一步做平衡旋转处理
            if(!(*t)){
                *t = (AVLTree)malloc(sizeof(AVLNode));
                (*t) -> data = e;
                (*t) -> lchild = (*t) -> rchild = NULL;
                (*t) -> bf = EH;
            }
            else{
                if(e.key == (*t) -> data.key) return 0;  //不插入
                if(e.key < (*t) -> data.key){
                    if( InsertAVL(&((*t) -> lchild), e, taller) == 0) return 0; //未插入
                    if(*taller){
                    switch((*t) -> bf){
                    case LH:
                    LeftBalance (t); *taller = FALSE; break;
                    case EH:
                    (*t) -> bf = LH; *taller = TRUE; break;
                    case RH:
                    (*t) -> bf = EH; *taller = FALSE; break;
                    }//end if(*taller)
                }//end if(*taller)
} //if(e.key < (*t) -> data.key)
else{
    if(InsertAVL(&((*t) -> rchild),e,taller) == 0) return 0;  //未插入
    if(*taller){
    switch((*t) -> bf){
    case LH:
    (*t) -> bf = EH; *taller = FALSE; break;
    case EH:
    (*t) -> bf = RH; *taller = TRUE; break;
    case RH:
    RightBalance (t); *taller = FALSE; break;
    }
    } //end if(*taller)
} //end else
} //end if(!(*t))
return 1;
}
```

3．红黑树

红黑树(Red Black Tree)是一种自平衡二叉查找树,典型的用途是实现关联数组。它是在 1972 年由慕尼黑工业大学教授 Rudolf Bayer 发明的,当时被称为平衡二叉 B 树(Symmetric Binary B - trees)。后来,在 1978 年被美国科学家 Leo J. Guibas 和美国科学家 Robert Sedgewick 修改为如今的"红黑树"。红黑树和平衡二叉树类似,都是在进行插入和删除操作时通过特定操作保持二叉查找树的平衡,从而获得较高的查找性能。它虽然操作复杂,但它的最坏情况运行时间也是非常良好的,并且在实践中是高效的。它可以在 $O(\log n)$ 时间内做查找、插入和删除(这里的 n 是树中结点的数目)。

(1) 红黑树的定义。

满足下述条件的二叉排序树称为**红黑树**。

① 每个结点或者为黑色,或者为红色;

② 根结点为黑色;

③ 每个叶子结点(NULL 结点,空结点)都为黑色;

④ 如果一个结点是红色的,那么它的两个孩子结点都是黑色的(也就是说,不能有两个相邻的红色结点);

⑤ 对于每个结点,从该结点到其所有子孙叶子结点的路径中所包含的黑色结点数量必须相等。

从红黑树中任一结点 x 出发,到达一个叶子结点的任意一条路径上(不包含结点 x)的黑结点个数称为结点 x 的**黑高度**,记为 $bh(x)$,规定叶子结点的高度为 -1,黑高度为 0。红黑树的黑高度定义为根结点的黑高度。

图 4.34 所示的二叉排序树是一棵红黑树,结点旁边的数字是此结点的黑高度。为了方便起见,在红黑树中,我们用○表示黑结点,用○表示红结点,用◎表示可能是红结点也可能是黑结点的结点,用▢表示叶子结点。

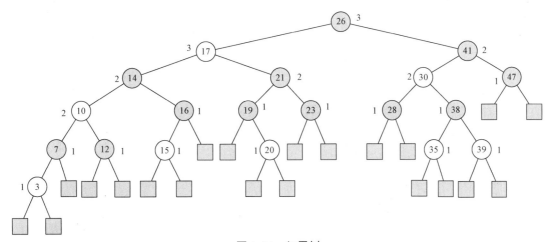

图 4.34　红黑树

与一般的二叉排序树相比,红黑树的结点中还需要增加一个颜色域 color,用于标识结点的颜色,因此,红黑树中结点结构可定义为:

```
typedef struct RBTreeNode{
        Datatype data;
```

```
        struct RBTreeNode *lchild, *rchild;
        struct RBTreeNode *parent;
        enum color;
}RBTreeNode, *RBTree;
```

（2）红黑树的基本性质。

根据红黑树的定义,可以得到红黑树具有以下的平衡树性质:

任意一棵有 n 个结点(不包括叶子结点)的红黑树的高度至多为 $2\log_2(n+1)$ 。

证明:首先证明在以红黑树中任一结点 x 为根结点的子树中,至少包含 $2^{bh(x)}-1$ 个结点。这里采用数学归纳法证明此结论。

归纳奠基:对于叶子结点,其高度为 -1 ,黑高度 $bh(x)=0$,此时子树中结点个数为 $2^0-1=0$,结论成立;

归纳假设:当结点 x 的高度为 0 时,其两个孩子结点均为叶子结点,故其黑高度 $bh(x)=1$,此时,以 x 为根结点的子树中恰好有 $2^1-1=1$ 个结点,结论成立;

归纳递推:当结点 x 的高度大于 0 时,它有两个孩子结点,当其孩子结点 y 为红结点时, $bh(y)=bh(x)$,否则 $bh(y)=bh(x)-1$,由于结点 y 的高度小于结点 x 的高度,由归纳假设,以 y 为根结点的子树中至少包含 $2^{bh(y)}-1 \geqslant 2^{bh(x)-1}-1$ 个结点,于是,以 x 为根结点的子树中至少包含 $(2^{bh(x)-1}-1)+(2^{bh(x)-1}-1)+1=2^{bh(x)}-1$ 个结点。

由数学归纳法可知上述结论成立。

设红黑树的高度为 h ,那么,在这个高度上(不包括根结点本身)至少有 $1/2h$ 个黑结点,根据黑高度的定义可得:红黑树根结点的黑高度至少是 $1/2h$ 。因此,可得出如下结论: $n \geqslant 2^{1/2h}-1$,简单整理计算即可得到 $h \leqslant 2\log_2(n+1)$,即红黑树的高度至多为 $2\log_2(n+1)$ 。

（3）红黑树基本操作。

① 红黑树的旋转操作。

红黑树的基本操作是插入结点和删除结点。在红黑树中插入结点或删除结点之后,红黑树就发生了变化,可能不再满足红黑树定义中的五个条件,也就不再是一棵红黑树了,而变成一棵普通的二叉排序树。通过旋转和颜色调整,可以将这棵树再调整为红黑树。简单地说,旋转的目的就是让红黑树在插入结点或删除对点之后仍然保持红黑树的特性。红黑树的旋转包括左旋和右旋两种情形。

对结点 x 左旋,就是将 x 结点变成一个左结点,如图 4.35 所示。

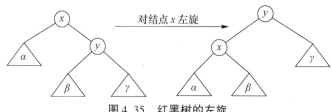

图 4.35　红黑树的左旋

左旋的伪代码实现如算法 4.13 所示。

算法 4.13　红黑树的左旋算法

```
voidLeftRotate(RBTree x){
```

```
          y = x -> rchild;              //这里假设 x 的右孩子为 y.
          x -> rchild = y -> lchild;    //将 y 的左孩子设为 x 的右孩子,即将 β 设为 x 的右孩子
          y -> lchild -> parent = x;    //将 x 设为 y 的左孩子的双亲,即将 β 的双亲设为 x
          y -> parent = x -> parent;    //将 x 的双亲设为 y 的双亲
          if (x -> parent == null)
            T = y;                      //情况 1:如果 x 的双亲是空结点,则将 y 设为根结点
          else if (x == x -> parent -> lchild)
            x -> parent -> lchild = y;  //情况 2:如果 x 是它双亲结点的左孩子,则将 y 设
                                        //为 x 的双亲结点的左孩子
          else
            x -> parent -> rchild = y;  //情况 3:如果 x 是它双亲结点的右孩子,则将 y 设
                                        //为 x 的双亲结点的右孩子
          y -> lchild = x;             //将 x 设为 y 的左孩子
          x -> parent = y;             //将 x 的双亲结点设为 y
        }
```

对结点 x 右旋,就是将 x 结点变成一个右结点,如图 4.36 所示,其伪代码实现和红黑树的左旋类似,请大家思考其伪代码的实现。

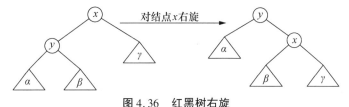

图 4.36　红黑树右旋

② 红黑树的结点插入操作。

向红黑树中插入结点的操作主要包括以下三个步骤。

A. 把红黑树当作一棵二叉排序树,将待插入结点插入。

红黑树本身就是一棵二叉排序树,将结点插入后,该树仍然是一棵二叉排序树。此外,无论是左旋还是右旋,若旋转之前这棵树是二叉排序树,旋转之后它一定还是二叉排序树。这也就意味着,任何的旋转和重新着色操作,都不会改变它仍然是一棵二叉排序树的事实。

接下来,就是对这棵二叉排序树进行旋转以及重新着色,使这棵二叉排序树重新成为红黑树,即满足红黑树定义中的五个条件。

B. 将插入的结点着色为"红色"。

为什么着色成红色,而不是黑色呢? 这是为了满足红黑树的定义中的第五个条件——"对每个结点,从该结点到其所有子孙叶子结点的路径中包含的黑色结点数量必须相等"。少违背一个条件,就意味着需要处理的情况越少。

C. 通过旋转和重新着色等操作,使之重新成为一棵红黑树。

第二步的操作,已使得二叉排序树满足红黑树定义中的第五个条件,再看其他四个条件。

对于第一个条件,显然满足,因为我们已经将它涂成红色了。

对于第二个条件,显然也不会违背。在第一步中,我们将红黑树当作二叉排序树,然后执行的插入操作。而根据二叉排序树的特点,插入操作不会改变根结点。所以,根结点仍然是黑色的。

对于第三个条件,显然满足。这里的叶子结点是指空叶子结点,插入非空结点并不会对它们造成影响。

对于第四个条件,有可能不满足,那么,接下来的任务就是想办法调整这棵二叉排序树,使之满足红黑树定义中的第四个条件。

根据被插入结点的双亲结点的情况,我们将红黑树的结点插入操作分为三种情况来处理。

A. 如果被插入的结点是根结点,则直接把此结点着为黑色,如图4.37所示。

图4.37　被插入的结点是根结点(插入结点26)

B. 如果被插入的结点的双亲结点是黑色,则什么也不需要做。结点被插入后,仍然是红黑树,如图4.38所示。

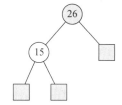

图4.38　被插入结点的双亲结点是黑结点(插入结点15)

C. 如果被插入的结点的双亲结点是红色,则该情况与红黑树的第四个条件相冲突。这种情况下,被插入结点一定存在非空祖父结点(双亲的双亲),也一定存在叔叔结点(双亲的兄弟结点,即使叔叔结点为空,我们也视之为存在,空结点本身就是黑色结点)。依据叔叔结点的情况,我们将这种情况进一步细分为三种情况,每一种情况及对应的处理策略如表4.2所示[以图4.39(a)所示红黑树为例]。在表4.2中,我们假定双亲结点为祖父结点的左孩子结点。当双亲结点为祖父结点的右孩子结点时,处理情况类似。

表4.2　在图4.39所示红黑树中插入结点33后红黑树的调整策略

	现象说明	处理策略
情况一	当前结点的双亲结点是红色,且当前结点的祖父结点的另一个子结点(叔叔结点)也是红色,如图4.39(a)所示	将当前结点的双亲结点设为黑色; 将当前结点的叔叔结点设为黑色; 将当前结点的祖父结点设为红色; 将当前结点的祖父结点设为新当前结点(红色结点);之后继续对当前结点进行操作,如图4.39(b)所示
情况二	当前结点的双亲结点是红色,叔叔结点是黑色,当前结点是其双亲结点的右孩子结点,如图4.39(b)所示	将当前结点的双亲结点作为新的当前结点; 以新的当前结点为支点进行左旋; 如图4.39(c)所示
情况三	当前结点的双亲结点是红色,叔叔结点是黑色,当前结点是其双亲结点的左孩子结点,如图4.39(c)所示	将当前结点的双亲结点设为黑色; 将当前结点的祖父结点设为红色; 以当前结点的祖父结点为支点进行右旋; 如图4.39(d)所示

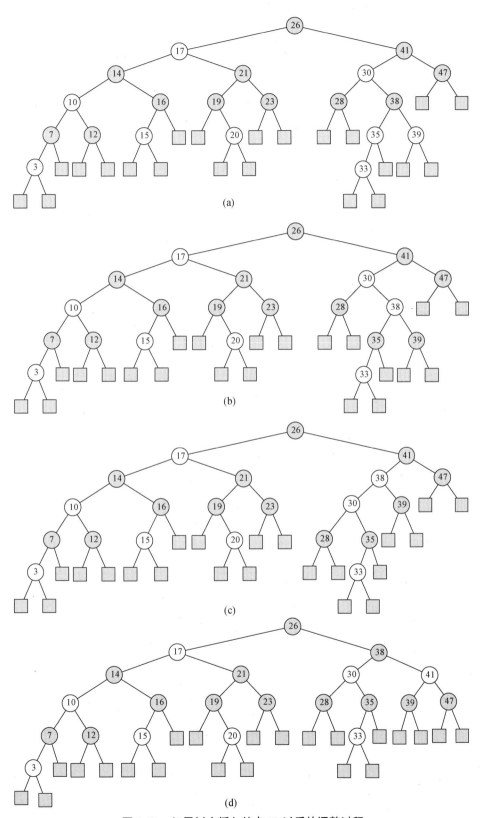

图 4.39 红黑树中插入结点 33 以后的调整过程

上面三种情况处理问题的核心思路都是将红色结点移到根结点;然后,将根结点设为黑色。这三种情况的颜色调整过程如算法 4.14 所示。

算法 4.14　红黑树中插入结点后结点颜色调整算法

```
void RBInsertFixup(RBTree root, RBTree p) {
    /* * * * * * * * * *
     *修复颜色,因为我们总是将插入的结点先涂成红色,所以,如果双亲结点为黑色,则不需要
       修复,如果双亲结点为红色,则需要修复
     * 修复颜色分三种情况:
     * ① 当前插入结点的双亲结点为红色,且其祖父结点的另一个结点也为红色
     * ② 当前插入结点的双亲结点为红色,其祖父结点的另一个结点为黑色,且本结点为双亲
         结点的右孩子结点
     * ③ 当前插入结点的双亲结点为红色,其祖父结点的另一个结点为黑色,且本结点为双亲
         结点的左孩子结点
     * * * * * * * * * * * * * * /
    while(p->parent->color == RED) {
        if (p->parent == p->parent->parent->lchild) { //p的双亲结点是祖父
                                                       //结点的左孩子结点
            RBTree q = p->parent->parent->rchild;
            if (q->color == RED) {             //case 1
                p->parent->color = BLACK;
                q->color = BLACK;
                p->parent->parent->color = RED;
                p = p->parent->parent;
            }
            else if (p == p->parent->rchild) { //case 2
                p = p->parent;
                LeftRotate(p);
            }
            else {    //case 3
                p->parent->color = BLACK;
                p->parent->parent->color = RED;
                RightRotate(p->parent->parent);
            }
        }
        else { //p的双亲结点是其祖父结点的右孩子的情况
            RBTree q = p->parent->parent->lchild;
            if (q->color == RED) {    //case 1
                p->parent->color = BLACK;
                q->color = BLACK;
                p->parent->parent->color = RED;
                p = p->parent->parent;
            }
            else if (p == p->parent->lchild) {  //case 2
                p = p->parent;
                RightRotate(p);
            }
            else {   //case 3
                p->parent->color = BLACK;
                p->parent->parent->color = RED;
                LeftRotate(p->parent->parent);
            }
        }
    }
    root->color = BLACK;
}
```

③ 红黑树的结点删除操作。

从红黑树中删除结点主要包括两个步骤:首先,将红黑树当作一棵二叉排序树,将待删除结点从二叉排序树中删除;然后,通过"旋转和重新着色"等一系列操作来修正该树,使之重新成为一棵红黑树。从红黑树中删除结点包括如下三种情形。

A. 待删除结点 v 的两个孩子结点都为叶子结点,删除结点 v 的操作为:首先,直接把结点 v 调整为叶子结点。然后,根据结点 v 的颜色进行相应操作;若结点 v 是红色,则可直接删除,不影响红黑树的性质,算法结束;若结点 v 是黑色,则删除后红黑树不平衡,此时要进行"双黑"操作。

双黑结点:该结点需要代表两个黑色结点,才能维持树的平衡。删除结点 v 后,从根结点到结点 v 的所有子孙叶子结点的路径将会比树中其他的从根结点到叶子结点的路径拥有更少的黑色结点,破坏了红黑树定义中的第四个条件。此时,用双黑结点来表示从根结点到这个"双黑"结点的所有子孙叶子结点的路径上都缺少一个黑色结点。

如图 4.40 所示,若要删除结点 47,则删除后从根结点到结点 47 的所有子树结点的路径上的黑色结点比从根结点到其他叶子结点的路径上的黑结点少。因而,删除结点 47 后,用子结点 NULL 代替 47 结点,并置为双黑结点。

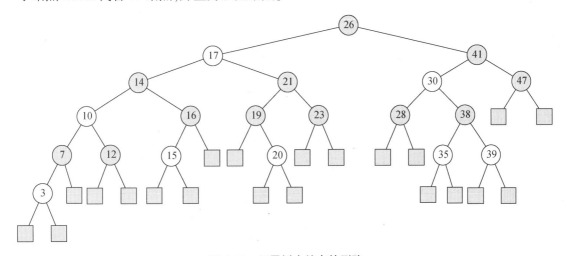

图 4.40　红黑树中结点的删除

B. 待删除结点 v 有一个孩子结点为叶子结点,删除结点 v 的操作为:

若结点 v 是黑色,其非空孩子结点为红色,则将其孩子结点提升到该结点位置,颜色变黑,例如,在图 4.40 中删除结点 19,需将结点 20 提升到结点 19 的位置,并将结点 20 置为黑色。

C. 待删除结点 v 的两个孩子结点都不是叶子结点,结点 v 的值用其后继 u 的值替代,然后删除 u,此时,删除 u 的情况要么是上述情况 A,要么是上述情况 B。

红黑树中删除结点的核心是如何处理双黑结点,下面我们详细说明如何调节双黑结点使得树重新变成一棵红黑树。这里假设双黑结点为左孩子结点(若双黑结点为右孩子结点,只需将左旋转换成右旋转,右旋转换成左旋转即可)具体地,分 a、b、c 三种情况。

a. 双黑结点的兄弟结点是黑色结点,且兄弟结点的孩子结点中有红色结点。这里又包含以下两种情况。

第一种情况:例如,在图4.41(a)中,双黑结点 X 的远侄子结点 D(双黑结点若为左孩子结点,则双黑结点的兄弟结点的右孩子结点为该双黑结点的远侄子结点;类似处理双黑结点为右孩子的情形)为红色。

处理方法:把兄弟结点 C 着为双黑结点的双亲结点 B 的颜色,把兄弟结点 C 的右孩子结点 D 着为黑色,再把双亲结点 B 着为黑色;然后针对双亲结点 B 进行一次左旋转,如图4.41(b)所示。

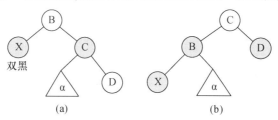

图4.41 双黑结点的远侄子结点为红色结点的调整

第二种情况:例如,在图4.42 中,双黑结点 X 的近侄子结点 D(双黑结点若为左孩子结点,则双黑结点的兄弟结点的左孩子结点为其近侄子结点;类似处理双黑结点为右孩子的情形)为红色。

处理方法:针对双黑结点 X 的兄弟结点 C 做一次右旋转,如图4.42(b)所示,结果使双黑结点的近侄子结点 D 成为双黑结点 X 的新兄弟结点;将结点 D 着为双黑结点的双亲结点的颜色,将原双亲结点 B 着为黑色,再针对结点 B 做一次左旋转,如图4.42(c)所示。

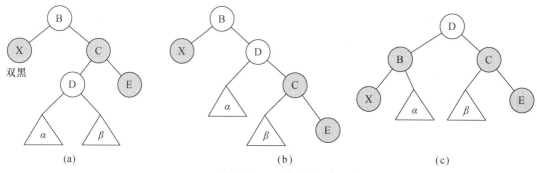

图4.42 双黑结点的近侄子结点为红色结点的调整

b. 双黑结点的兄弟结点是黑色结点,且兄弟结点的有两个黑色孩子结点。

例如,在图4.43(a)中,双黑结点 X 的兄弟结点 C 是黑色,且结点 C 有两个黑色孩子结点。

处理方法:把双黑结点 X 的兄弟结点 C 着为红色,双黑结点 X 的双亲结点 B 着为黑色;若双亲结点 B 原来为红色,则算法结束;若双亲结点 B 原来为黑色,则将双亲结点 B 作为双黑结点,继续调整,如图4.43(b)所示。

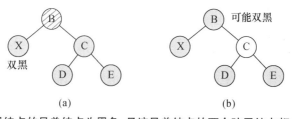

图4.43 双黑结点的兄弟结点为黑色,且该兄弟结点的两个孩子结点都为黑色的调整

c. 双黑结点的兄弟结点是红色结点。

例如,在图 4.44(a)中,双黑结点 X 的兄弟结点 C 是红色结点。

处理方法:改变双黑结点 X 的兄弟结点 C 和双亲结点 B 的颜色,对结点 X 的双亲结点 B 做一次左旋,从而转变为情况 a 或情况 b,如图 4.44(b)所示。

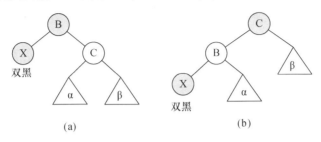

图 4.44　双黑结点的兄弟结点为红色的调整

从红黑树中删除结点后,可能导致双黑结点的出现,这时需要对相关结点的颜色进行调整,使该树成为一棵新的红黑树。算法 4.15 给出了双黑结点的颜色调整方法。

算法 4.15　红黑树删除结点后双黑结点的颜色调整算法

```
void RBDeleteFixUp(RBTree root, RBTree x)
{ //x 为双黑结点
    while(x!=root&&x->color==BLACK)
    {
        if(x==x->parent->lchild)///按 x 是其双亲结点的左/右孩子分情况讨论
        {//下面的过程要按其兄弟结点的颜色进行分类讨论
RBTree w=x->parent->rchild;  //其兄弟结点
            if(w->color==RED)//如果兄弟结点是红色,
            {//此时双亲结点一定是黑色;在保证黑高的情况下,
                //我们通过涂色和旋转转成下面兄弟结点为黑色的情况
                w->color=BLACK;
                x->parent->color=RED;
LeftRotate(x->parent);
                w=x->parent->rchild;
            }
            if(w->lchild->color==BLACK&&w->rchild->color==BLACK)
            {//通过涂色将 x 上移一层
                w->color=RED;
                x=x->parent; //将 x 在树中上移一层,
                //如果 x->parent 是根结点或 x->p 原来是红色,则结束循环;否则,转
                //成情况 a
            }
            else{
                if(w->rchild->color==BLACK)
                {
                    w->color=RED;
                    w->lchild->color=BLACK;
RightRotate (w);
                    w=x->parent->rchild;
                    w->color=w->parent->color;
                    w->parent->color=BLACK;
                    w->rchild->color=BLACK; //需要将 w 的右孩子结点涂成黑色,
                                            //以保证黑高
```

```
LeftRotate(x->parent);
                        x = root;
                    }
                }
            }
        else //处理 x 是双亲结点的右孩子结点的情况
            {
    RBTree w = x->parent->lchild;
            if(w->color == RED)
                {
                    w->parent->color = RED;
                    w->color = BLACK;
    RightRotate (x->parent);
                    w = x->parent->lchild;
                }
            else if(w->lchild->color == BLACK&&w->rchild->color ==
BLACK)
                {
                    w->color = RED;
                    x = x->parent;
                }
            else
                {
                    if(w->lchild->color == BLACK)
                    {
                        w->rchild->color = BLACK;
                        w->color = RED;
    LeftRotate(w);
                        w = x->parent->lchild;
                    }
                    w->color = x->parent->color;
                    x->parent->color = BLACK;
                    w->lchild->color = BLACK;
    RightRotate (x->parent);
                        x = root;
                }
            }
        }
    //解决红黑问题
    x->color = BLACK;
}
```

4. B - 树

B - 树是一种多路平衡查找树,是文件系统的重要管理方式。

(1) B - 树的定义。

一棵 m 阶的 B - 树,或为空树,或是满足如下条件的 m 叉树:

① 树中每个结点至多有 m 棵子树;

② 若根结点不是叶子结点,则其至少有两棵子树;

③ 除根结点之外的所有分支结点至少有 $\lfloor m/2 \rfloor$ 棵子树;

④ 所有非终端结点中包含信息数据 $(n, A_0, K_1, A_1, K_2, A_2, \cdots, K_n, A_n)$。其中,$K_i (i = 1, \cdots, n)$ 为关键字,且 $K_i < K_{i+1} (i = 1, \cdots, n-1)$;$A_i (i = 0, \cdots, n)$ 为指向子树根结点的指针,

且指针 A_{i-1} 所指子树中所有结点的关键字均小于 $K_i(i=1,\cdots,n)$，A_n 所指子树中所有结点的关键字均大于 K_n，$n(-1\leqslant n\leqslant m-1)$ 为关键字的个数。

⑤ 所有叶子结点都出现在同一层上，并且不带任何信息（可以看作是查找失败的结点）。

例如，图4.45所示为一棵4阶的 B - 树，该树的深度为4。

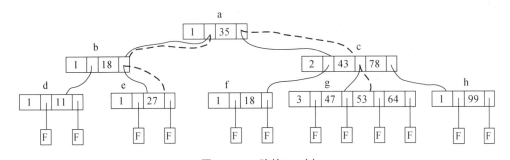

图4.45　4阶的 B - 树

（2）B - 树中结点的查找操作。

由 B - 树的定义可知，B - 树是一棵多路平衡查找树，在 B - 树上进行查找的过程和二叉排序树的查找过程类似。

例如，在图4.45所示的 B - 树上查找关键字27的过程如下。首先从根结点 a 开始，由于结点 a 中只有一个关键字35，并且，要查找的关键字 27 < 35，关键字27若存在，一定在 A_0 所指的子树中。然后顺着指针找到 b 结点，b 结点也只有一个关键字18，并且要查找的关键字 27 > 18，关键字27若存在，一定在 A_1 所指的子树中。最后顺着指针找到结点 e，结点 e 中只有一个关键字27，恰好等于要查找的关键字，查找成功。

再如，在图4.45所示的 B - 树上查找关键字为60的过程如下。首先从根结点 a 开始，由于结点 a 中只有一个关键字35，并且，要查找的关键字 60 > 35，关键字60若存在，一定在 A_1 所指的子树中。然后顺着指针找到 c 结点，c 结点有 2 个关键字，分别为43和78，并且，要查找的关键字60介于43和78之间，关键字60若存在，一定在 A_1 所指的子树中。顺着指针找到结点 g，结点 g 中有 3 个关键字：47，53，64 并且 53 < 60 < 64，关键字60若存在，一定在 A_2 所指的子树中。顺着指针往下找，此时指针所指结点为叶子结点，说明此 B - 树中不存在关键字等于60的结点，查找失败。根据此查找过程可得到 B - 树的查找算法，如算法4.16所示。

算法4.16　B - 树中结点的查找算法

```
typedef struct BTNode{
        int m;//B - 树的阶
        KeyType key[m]; //m - 1 个关键字,key[0]存放该结点关键字个数
        BTNode (*child)[m]; //指向子树的指针
        BTNode *parent; //指向结点的双亲
} BTNode;
        bool search_BTtree(BTNode *bt, KeyType key, BTNode *p,int *i){
        //在 m 阶 B - 树 bt 中查找关键字 key,若查找成功,用 p 指向该结点,
        //i 指向关键字在此结点中的位置,并返回 true,
        p = bt; q = NULL; found = false;* i = 0;
        //初始化,p 指向待查结点,q 指向 p 的双亲
```

```
while(p & !found){
        n = p->m-1;
        *i = search(p, key);
        //在 p->key[m]中查找,直到 p->key[i]≤ *i<p->key[*i+1],0≤ *i≤n
        if(*i>0 & p->key[i]==key) found = true;
        else{ q=p; p=p->child[*i];}
    }
    if(found) return true;   //查找成功
    else return false;   //查找不成功
}
```

（3）B-树中数据的插入操作。

B-树的生成和二叉排序树一样,也是从空树开始,逐个插入数据而得。但 B-树结点中数据个数必须大于 -1,因此,每次插入一个数据不是在树中添加一个叶子结点,而是首先在最底层的某个非终端结点添加一个数据,若该结点的数据个数不超过 $m-1$,则插入完成,否则将产生结点的"分裂"。

一般而言,假设结点 p 中已经有 $m-1$ 个数据,当在此结点中再插入一个数据时,该结点信息将变为

$$m, A_0, (K_1, A_1), \cdots, (K_m, A_m),$$

并且,$K_i < K_{i+1}, 1 \leq i < m$。此时,需将结点 p 分裂成两个结点 p 和 p',其中,p 结点所含信息为

$$\lceil m/2 \rceil - 1, A_0, (K_1, A_1), \cdots, (K_{\lceil m/2 \rceil - 1}, A_{\lceil m/2 \rceil - 1});$$

p' 结点所含信息为

$$m - \lceil m/2 \rceil, A \lceil m/2 \rceil, (k_{\lceil m/2 \rceil + 1}, A_{\lceil m/2 \rceil + 1}), \cdots, (K_m, A_m)。$$

而数据 $K_{\lceil m/2 \rceil}$ 和指向 p 结点的指针将一起被插入到结点 p' 的双亲结点中。B-树上插入数据的算法如算法 4.17 所示。

算法 4.17　B-树中插入数据的算法

```
void insertBTtree( BTNode *bt, KeyType key, BTNode * q, int i){
        //在以 bt 所指 m 阶 B-树中插入关键字值等于 key 的数据,若树空,则插入到根结点
        //否则,插入在 q->key[i]和 q->key[i+1]之间
        x = key; ap = NULL; finished = false; //ap 为指向子树的指针
        while( q & !finished){
          insert( q, i, x, ap);
          //将 x 和 ap 分别插入在 q->key[i+1]和 q->child[i+1]的位置上
          if( q->m<m-1) finished = true; //插入完成
          else{
            s = ;split(q, q1);//生成新结点 q1,
            //且将 q->key[s,…,m-1]和 q->child[s-1,…,m-1]移至结点 q1 中
            x = q->key[s-1]; ap = q1; //组成一对新的插入信息
            q = q->parent;
            if(q) i = search(q, x); //继续在双亲结点中查找插入位置
          }
        }
        if(!finished) NewRoot(t, (t, x, ap));
        //生成新的根结点信息,ap 指向其子树的根结点
}
```

例如,图 4.46 演示了在一棵 3 阶的 B-树中插入关键字 30,26,85,7 的过程。

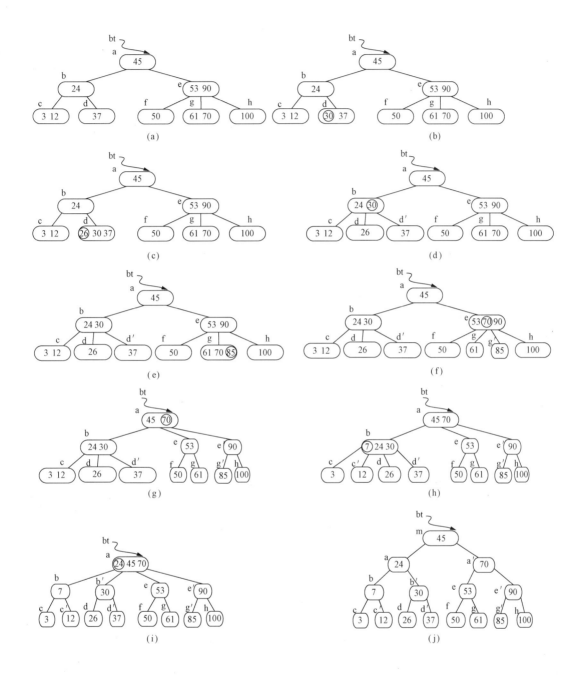

图 4.46　向 B - 树中插入数据的过程

注：(a)为 3 阶 B - 树；(b)为插入 30 之后；(c)(d)为插入 26 之后；(e)(f)(g)为插入 85 之后；(h)(i)(j)为插入 7 之后。

　　图 4.46 (a)所示为一棵 3 阶 B - 树(图中省去了叶子结点)。为了插入关键字 30，从根 a 开始查找，确定插入位置应在结点 d 中，由于结点 d 的关键字数目不超过 2(即 $m - 1 = 3 - 1 = 2$)，故第一个关键字 30 插入完成，如图 4.46 (b)所示。同样，通过查找插入位置确定关键字 26 应插入在结点 d 中，插入后致使结点 d 的关键字数目超过 2，如图 4.46(c)所示。此

时,需分裂结点,关键字 26 和前后两个指针仍保留在结点 d 中,而关键字 37 和前后两个指针存储到新结点 d′中,同时,将关键字 30 和指向结点 d 的指针插入到其双亲结点 b 中,由于结点 b 插入关键字 30 后,结点数目没有超过 2,不需分裂,插入关键字 26 后的 B－树如图 4.46（d）所示。类似地,插入关键字 85 之后,需要分裂,如图 4.46（e）所示,将关键字 70 和指向新结点的指针插入到其双亲结点 e 后,由于双亲结点 e 的关键字数目已超过 2,如图 4.46（f）所示,需继续分裂成 e 和 e′,将关键字 70 和指向结点 e′ 的指针插入到双亲结点 a,完成关键字 85 的插入,如图 4.46（g）所示。最后插入关键字 7,引起结点 c,b,a 三个结点的分裂,c 分裂成 c 和 c′,b 分裂成 b 和 b′,a 分裂成 a 和 a′,并生成一个新的根结点,如图 4.46（j）所示。

（4）B－树中数据的删除操作。

从 B－树中删除一个数据,首先要找到数据所在的结点,并从中删除,若该结点为最下层的非终端结点,且其中的数据数目≥$\lceil m/2 \rceil$,删除完成,否则,还需要"合并"结点。若所删结点为非终端结点中的 K_i,则可以用指针 A_i 所指子树中的关键字值最小的数据 Y 代替 K_i,然后在相应的结点中删去 Y。

例如,从图 4.47（a）中删除 45,则以 f 结点中的 50 代替 45,然后在 f 结点中删去 50。因此,在讨论 B－树中删除数据时,只需讨论删除最下层非终端结点中的数据的情形,分以下三种情况:

① 删除数据后,被删除数据所在结点中的数据数目≥$\lceil m/2 \rceil$,则只需从结点中删去数据 K_i 和相应指针 A_i,树的其他部分不变。例如,从图 4.46（a）所示的 B－树中删去关键字 12,删除后的 B－树如图 4.47（a）所示。

② 删除数据后,被删除数据所在结点中的数据数目 =$\lceil m/2 \rceil -1$,而与该结点相邻的左（或右）兄弟结点中的数据数目>$\lceil m/2 \rceil -1$,则需将其兄弟结点中关键字值最大（或最小）的数据上移至双亲结点中,而将其双亲结点中大于（或小于）该上移数据的关键字值的数据下移至被删除结点中。例如,从图 4.47（a）所示的 B－树中删去 50,需将其右兄弟结点中的 61 上移至结点 e 中,将结点 e 中的 53 移至结点 f 中,从而使结点 f 和结点 g 中的数据数目都不小于$\lceil m/2 \rceil -1$,而且双亲的数据数目保持不变,如图 4.47（b）所示。

③ 删除数据后,被删除数据所在结点和其相邻的兄弟结点中的数据数目均等于$\lceil m/2 \rceil -1$。假设该结点有右兄弟结点,且其右兄弟结点的地址由双亲结点中的 A_i 所指,则在删去数据之后,它所在结点中剩余的数据和指针,加上双亲结点中的数据 K_i,一起合并到 A_i 所指的兄弟结点中（若没有右兄弟结点,则合并到左兄弟结点中）。例如,从图 4.47（b）所示 B－树中删去 53,则应删去 f 结点,将 f 结点的剩余信息和其双亲结点 e 中的 61 一起合并到右兄弟 g 中,如图 4.47（c）所示。如果因为删除数据使得双亲结点中的数据数目小于$\lceil m/2 \rceil -1$,则依次类推。例如,从图 4.47（c）所示的 B－树中删除 37 之后,双亲结点 b 中剩余的信息应和其双亲结点 a 中的 45 一起合并到右兄弟结点 e 中,删除 37 后的 B－树如图 4.47（d）所示。对于 B－树中删除数据的算法,请大家自己思考。

5. 2－3 树

2－3 树是最简单的 B－树结构,其每个非叶子结点都有 2 个或 3 个孩子结点,而且所有叶子结点都在同一层上。2－3 树不是二叉树,其结点可拥有 3 个孩子。

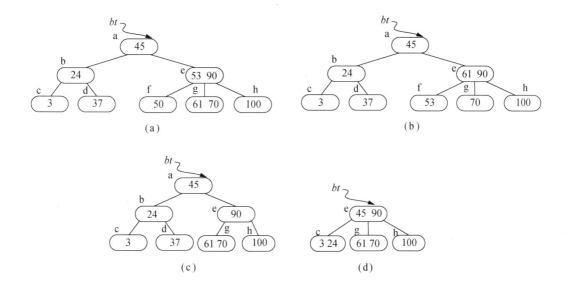

图 4.47　从 B - 树中删除数据的情形

（1）2 - 3 树的定义。

2 - 3 树或者是一棵空树，或者是满足下列条件的树：

① 1 个结点包含 1 个或者 2 个关键字；

② 每个内部结点有 2 个孩子结点（包含 1 个关键字）或者 3 个孩子结点（包含 2 个关键字）；

③ 所有叶子结点都在树的同一层；

④ 左子树中所有结点的值均小于第一个关键字的值，中间子树中所有结点的值均大于第一个关键字的值，且小于第二个关键字的值，右子树中所有结点的值均大于第二个关键字的值；

⑤ 根结点的每一棵子树本身是一棵 2 - 3 树。

例如，图 4.48 所示的树为一棵深度为 3 的 2 - 3 树。

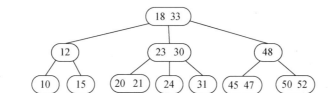

图 4.48　深度为 3 的 2 - 3 树

由 2 - 3 树的定义可以看出，2 - 3 树是一棵树高平衡树。

（2）2 - 3 树中数据的查找操作。

2 - 3 树中数据的查找和二叉排序树中数据的查找类似，对于给定的关键字，首先在根结点中查找,如果根结点中没有和给定关键字值相等的数据,那么根据要查找的关键字的大小情况,在相应的子树中查找,直到结点中存在和给定关键字值相等的数据。此时,查找成功;或者查找子树已空,这时,查找失败。

例如,在图4.48中查找关键字为21的记录的过程为:在树根中查找,由于 18 < 21 < 33,因此继续在中间子树查找;由于 21 < 23,因此在左边子树继续查找;此时,要查找的关键字和结点"20 21"中的关键字 21 相等,查找成功。

再如,在图4.48中查找关键字为43的记录的过程为:首先在根结点中查找,由于 43 > 33,因此继续在右子树查找;这时,由于 43 < 48,因此在左子树查找;由于 43 < 45,因此在结点"45 47"的左子树中继续查找,此时,"45 47"的左子树为空,查找失败。

(3) 2 – 3 树中数据的插入操作。

2 – 3 树中数据的插入和 B – 树中数据的插入类似,只能在叶子结点进行。如果叶子结点包含一个数据,这时,直接插入即可;如果叶子结点已包含两个数据,就需要分裂结点,分出来的中间结点需向上提升插入到其双亲结点中,如果由于插入导致双亲结点中的数据数目大于 2,需要进一步分裂提升。

例如,向图4.48所示的 2 – 3 树中插入关键字值为 13 的记录,先在 2 – 3 树中从根结点开始查找,沿着查找路径搜索到叶子结点,此时,将 13 直接插入到结点中即可,如图4.49所示。

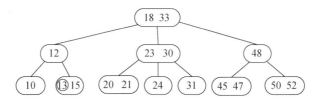

图4.49 向图4.48所示的 3 – 2 树中插入关键字值为 13 后的情况

如果要在图4.49中继续插入关键字值为 60 的记录,从根结点开始查找,沿着查找路径搜索到叶子结点"50 52",将 60 插入到叶子结点"50 52"后,如图4.50(a)所示。这时,结点的关键字数目变为 3,需要进行分裂,如图4.50(b)所示,分裂以后,将中间的 52 提升到双亲结点"48"中,双亲结点中插入 52 后,数据的数目等于 2,不需再分裂,最终的插入结果如图4.50(c)所示。

(4) 2 – 3 树中数据的删除操作。

2 – 3 树中数据的删除和 B – 树中数据的删除类似。2 – 3 树在删除数据时,如果要删除数据所在结点有 2 个数据,这时,直接删除即可;如果要删除数据所在结点中只包含 1 个数据,这时,就需要向兄弟结点借一个数据;同时,将影响到双亲结点。

例如,从图4.48所示的 2 – 3 树中删除 45,由于 45 所在结点包含 2 个数据,因此直接删除即可,如图4.51(a)所示。如果继续删除 24,由于结点本身只包含一个数据,需向兄弟结点借一个数据,并影响双亲结点,因此,删除 24 后,须将结点"20 21"中的 21 借到双亲结点;同时,将双亲中的 23 放入原来 24 的位置,如图4.51(b)所示。如果继续删除 23,这时,由于结点"23"的兄弟结点都只包含一个数据,无法借用,因此,需要进行结点合并,将根结点的 21 放入其左孩子结点(当然,也可以将 30 放入右孩子结点),删除后的结果如图4.51(c)所示。

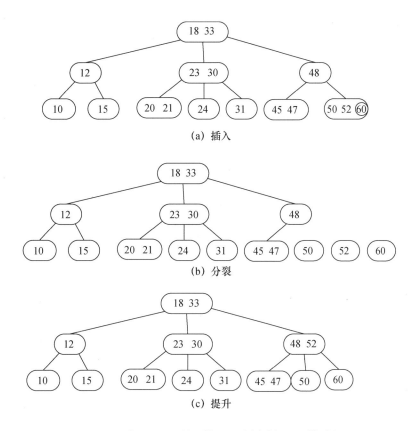

（a）插入

（b）分裂

（c）提升

图 4.50　向图 4.49 所示的 2 - 3 树中插入 60 的过程

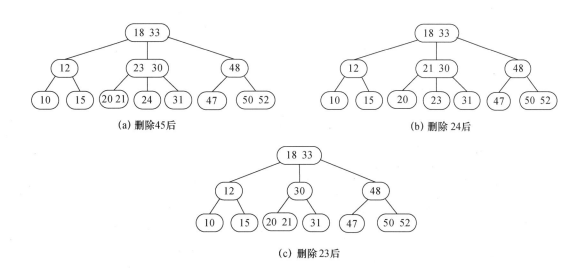

（a）删除45后

（b）删除 24后

（c）删除23后

图 4.51　从图 4.48 所示的 2 - 3 树中删除数据

6．堆排序

堆排序是选择排序的一种。可以利用数组的特点快速定位指定索引的元素。1991 年的

视频讲解

计算机先驱奖获得者、斯坦福大学计算机科学系教授罗伯特·弗洛伊德(Robert W. Floyd)和威廉姆斯(J. Williams)在 1964 年共同发明了著名的堆排序算法(Heap Sort)。

（1）堆的定义。

n 个元素的序列 $\{k_1, k_2, \cdots, k_n\}$ 当且仅当满足下列关系时，称之为堆。

$$\begin{cases} k_i \le k_{2i} \\ k_i \le k_{2i+1} \end{cases} 或 \begin{cases} k_i \ge k_{2i} \\ k_i \ge k_{2i+1} \end{cases} \qquad (i = 1, 2, \cdots, \lfloor \frac{n}{2} \rfloor) \qquad (4.8)$$

若将和此序列对应的一维数组看成一棵完全二叉树，则堆的定义表明，完全二叉树中所有非终端结点的值均不大于（或不小于）其左右孩子的值。因此，若序列 $\{k_1, k_2, \cdots, k_n\}$ 是堆，则堆顶元素（完全二叉树的根）必为 n 个元素中的最小值（或最大值），对应的堆称为**小顶堆**（或**大顶堆**）。例如，序列 $\{96, 83, 27, 38, 11, 9\}$ 和序列 $\{12, 36, 24, 85, 47, 30, 53, 91\}$ 分别为大顶堆和小顶堆，其对应的完全二叉树如图 4.52 所示。

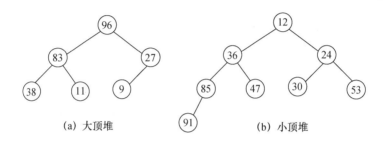

（a）大顶堆　　　　　　　　　　　（b）小顶堆

图 4.52　大顶堆和小顶堆举例

（2）堆排序。

对于小（大）顶堆，若在输出堆顶的最小（大）值之后，将剩余 $n - 1$ 个元素的序列重新建成一个堆，则得到 n 个元素中次小（大）值。如此反复，便得到一个有序的序列，这个过程称之为**堆排序**。

因此，要实现堆排序需要解决两个问题：① 如何由一个无序序列建成一个堆？② 如何在输出堆顶元素之后，调整剩余元素成为一个新的堆？我们先讨论第二个问题，第二个问题解决了，第一个问题就好解决了。

对于一个小（大）顶堆，如图 4.53（a）所示，输出堆顶元素之后，以堆中最后一个元素代替堆顶，如图 4.53（b）所示。此时，根结点左右子树都是堆，只需自上至下进行调整即可。首先以堆顶元素和其左右孩子进行比较，堆顶元素若大（小）于其左或右孩子的值，将根结点和孩子结点中最小（大）的结点交换。例如，在图 4.53（b）中，由于 91 大于 24，将 91 和 24 交换，由于 91 代替 24 之后破坏了右子树的堆，因此，对右子树继续调整，直到叶子结点无须再进行交换为止。调整后的结果如图 4.53（c）所示，此时，堆顶为 $n - 1$ 个元素中的最小值。继续将堆顶元素 24 输出，将堆顶元素 24 和最后一个元素 53 交换并调整，得到图 4.53（d）所示的新堆。反复执行这个过程，直到所有元素都输出。这个过程就犹如一把筛子将堆顶元素往下筛，通常称此调整过程为**"筛选"**，其筛选算法如算法 4.18 所示。

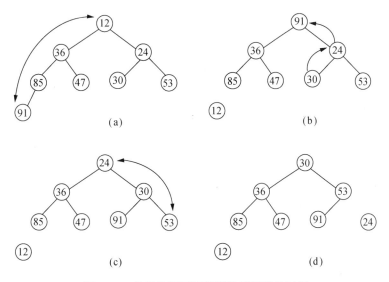

图 4.53 输出堆顶元素并调整建新堆的过程

算法 4.18 小顶堆筛选算法

```
void sift(DataType r[], int k, int m){
        //假设 r[k+1, …, m]满足小顶堆的性质
        //本算法调整 r[k]使得整个序列 r[k, …, m]满足小顶堆的性质
        //大顶堆的调整和本算法类似
        i=k; j=2*i; x=r[k].key; finished=false;
        t=r[k]; //暂存根的数据
        while(j<=m & !finished){
          if(j<m & r[j].key>r[j+1].key) j=j+1;
          //若存在右子树,且右子树根的关键字小,沿右分支筛选
          if(x<=r[i].key) finished=true; //筛选完毕
          else {r[i]=r[j];i=j; j=2*i;}
        }
        r[i]=t;
}
```

从一个无序序列建一个新堆就是反复筛选的过程。若将此序列看成一棵完全二叉树,则最后一个非终端结点是$\lfloor n/2 \rfloor$。由此,只需从第$\lfloor n/2 \rfloor$个元素开始调整,一直到最后调整第一个元素(根结点),从而得到一个堆。图 4.54 是一个建初始小顶堆的例子。图 4.54(a)中的完全二叉树表示一个有 9 个元素的无序序列。筛选从第 4 个元素 79 开始,由于 97>12,交换,两者进行交换之后的序列形成的完全二叉树如图 4.54(b)所示。同理,对元素 17 进行筛选,筛选后的序列形成的完全二叉树如图 4.54(c)所示。继续对 58 和 24 进行筛选,筛选后的结果如图 4.54(d)和图 4.54(e)所示。图 4.54(e)是筛选根元素之后的结果,就是需要建立的初始小顶堆。大顶堆的建立过程与此类似,是当根元素比孩子结点小时才进行交换调整。堆排序就是建立初始堆之后,再反复输出堆顶元素,并进行调整,其算法如算法 4.19 所示。

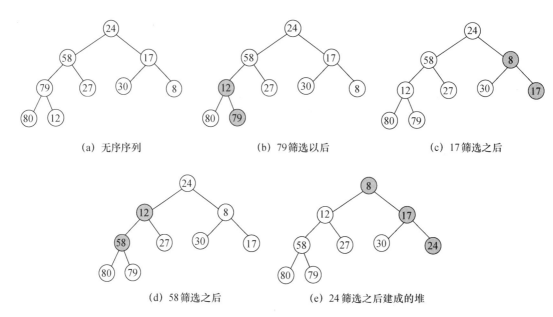

(a) 无序序列　　　　　　　(b) 79筛选以后　　　　　　　(c) 17筛选之后

(d) 58筛选之后　　　　　(e) 24筛选之后建成的堆

图4.54　建初始小顶堆的过程

算法4.19　堆排序算法

```
void Heapsort(DataType r[]){
    //对r[1,…,n]进行堆排序,算法完成后,r[1,…,n]中记录按关键字自小至大排列
    for ( i =⌊n/2⌋; i>=1;i--) sift(r,i,n); //建初始堆
    for(i=n; i<=2;--i){
        tmp=r[1]; r[1]=r[i]; r[i]=tmp;//堆顶元素和堆中最后一个元素交换
        sift(r,1,i-1);//调整r[1],使得r[1,…,i-1]变成堆
    }
}
```

一般对数据量 n 较少的序列并不提倡用堆排序,但对 n 较大的数据序列堆排序还是非常有效的。其主要时间消耗在建初始堆和调整堆进行筛选上。对深度为 k 的堆,筛选算法中进行的关键字比较次数至多为 $2(k-1)$ 次,则在建含 n 个元素,深度为 k 的堆时,总共进行的关键字比较次数不超过 $4n$, n 个结点的完全二叉树的深度为 $\lfloor \log_2 n \rfloor + 1$,则调整建新堆时调用算法4.19中的sift过程 $n-1$ 次,因此,总共的比较次数不超过

$$2\sum_{k=1}^{n-2}\left[\log_2(n-k)\right]<2n\left[\log_2 n\right]。 \tag{4.9}$$

由此,在最坏的情况下,堆排序的时间复杂度也为 $O(n\log_2 n)$,空间复杂度为 $O(1)$,仅需要一个记录存储空间用于记录交换。

项目2　压缩编码问题

在数据传输过程中,为了节省传输带宽和保证数据传输的安全,都需要对数据进行编码。编码一方面可以对数据进行压缩,另一方面可以实现数据的加密传输。压缩编码的方法有很多,主要包括像素编码、预测编码、变换编码以及其他方法。这里将讨论一个经典的压缩编码问题——哈夫曼编码。

视频讲解

1. 最优二叉树(哈夫曼树)

(1) 基本概念。

路径:从树中一个结点到另一个结点之间的分支构成这两个结点之间的路径。

路径长度:路径上的分支数目称为路径长度。

树的路径长度:从树的根结点到每一个结点的路径长度之和称为树的路径长度。

结点的带权路径长度:从结点到根结点之间的路径长度乘以结点的权值可以得到结点的带权路径长度。

树的带权路径长度:树中所有叶子结点的带权路径长度之和称为树的带权路径长度,记作 $WPL = \sum_{k=1}^{n} w_k l_k$($w_k$ 为权值,l_k 为结点到根结点的路径长度)。

(2) 最优二叉树(哈夫曼树)的定义。

假设有 n 个权值 $\{w_1, w_2, \cdots, w_n\}$,构造一棵有 n 个叶子结点的二叉树,使得每个叶子结点的权值为 w_i,则其中带权路径长度最小的二叉树称为**最优二叉树**或者**哈夫曼树**(Huffman Tree)。

例如,图 4.55 中的 3 棵二叉树都有 4 个叶子结点 a, b, c, d,它们的权重分别为 7, 5, 2, 4,三棵树的带权路径长度分别为

$$(a)\ WPL = 7 \times 2 + 5 \times 2 + 2 \times 2 + 4 \times 2 = 36;$$
$$(b)\ WPL = 7 \times 3 + 5 \times 3 + 2 \times 1 + 4 \times 2 = 46;$$
$$(c)\ WPL = 7 \times 1 + 5 \times 2 + 2 \times 3 + 4 \times 3 = 35。$$

其中,以图 4.55(c)所示二叉树的带权路径长度最小。可以验证,它就是一棵最优二叉树(哈夫曼树)。也就是说,所有以权重分别为 7, 5, 2, 4 的结点作为叶子的二叉树中,最小带权路径长度为 35。

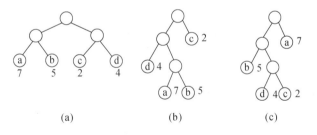

图 4.55　3 棵不同带权路径长度的二叉树

在解决某些判定问题时,利用最优二叉树(哈夫曼树)可以得到最佳的判定算法。例如,要编制一个将百分制转换为五级分制的程序。对这个问题,可用如下的条件语句序列完成。

```
if(a<60) b="不及格";
        else if(a<70) b="及格";
          else if (a<80) b="中";
            else if (a<90) b="良";
              else b="优".
```

如果这段程序需反复使用,而且每次的数据量非常大,由于实际的成绩分布是不均匀的,这时必须考虑其执行所花费的时间。假设某次成绩分布情况如表 4.3 所示。

表 4.3　成绩分布表

分数	0～59	60～69	70～79	80～89	90～100
比例数	0.05	0.15	0.40	0.30	0.10

如果有 100 万条数据,那么此转换过程需要比较的次数为

$$(5 \times 1 + 15 \times 2 + 40 \times 3 + 30 \times 4 + 10 \times 4) \times 10\,000 = 3\,150\,000。 \tag{4.10}$$

以比例数乘以 100 为权,即以 5,15,40,30,10 为权构造一棵有 5 个叶子结点的最优二叉树(哈夫曼树),可以得到图 4.56(a) 所示的判定树。由于每个条件比较了两次,我们将这两次比较分开,可得到图 4.56(b) 所示的判定树,据此可写出其转换的条件语句序列。还是上面提到的 100 万条数据,分布也和表 4.3 相同,那么为了进行转换需要比较的次数为

$$(40 \times 2 + 5 \times 3 + 15 \times 3 + 30 \times 2 + 10 \times 2) \times 10\,000 = 2\,200\,000。 \tag{4.11}$$

由此可以看出,采用最优二叉树(哈夫曼树)进行比较,其比较次数要小得多。

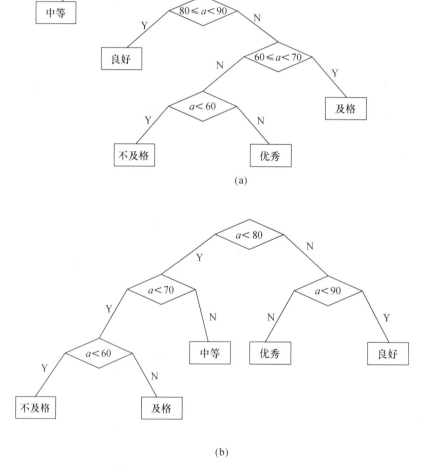

图 4.56　百分制转五分制的判定过程

（3）最优二叉树(哈夫曼树)的构造。

对于最优二叉树(哈夫曼树)的构造问题,哈夫曼最早给出了一个带有一般规律的构造方法,俗称哈夫曼算法,其过程如下。

① 根据给定的 n 个权值 $\{w_1, w_2, \cdots, w_n\}$ 构成 n 棵二叉树的集合 $F = \{T_1, T_2, \cdots, T_n\}$,其中,每棵二叉树 T_i 中只有一个权为 w_i 的根结点,其左右子树为空。

② 在 F 中选取两棵根结点权值最小的二叉树作为左右子树,构造一棵新的二叉树,新二叉树的根结点的权值为其左右子树根结点权值之和。

③ 在 F 中删除这两棵树,同时将新得到的二叉树加入到 F 中。

④ 重复②和③,直到 F 中只含一棵二叉树为止,这棵二叉树便是最优二叉树(哈夫曼树)。

图 4.57 展示了一棵最优二叉树(哈夫曼树)的构造过程。

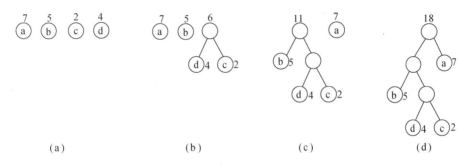

图 4.57　最优二叉树(哈夫曼树)的构造过程

2. 哈夫曼编码

在电文传输过程中,需要将电文的明文进行编码。当对方收到经过编码的电文密文时,可采用同样的规则进行译码,从而得到电文明文。编码规则只有收发双方知道,其他不合法的第三方是不知道编码规则的。最简单也易于电文发送的编码是采用二进制编码。例如,需要传送电文"AACCBDAA",总共只有 4 种字符,采用长度为 2 的 0/1 串便可对其进行编码,可将 A, B, C, D 分别编为 00, 01, 11, 10 四种编码,那么此段电文明文可编码为"0000111101100000",对方收到后,两位一组进行译码就可以得到电文明文。

为了快速地将信息传递出去,编码总长度应尽可能地短。如果对每个字符设计不等长度的编码,出现频率高的字符使用短码,出现频率低的字符使用长码,那么传送的电文总长度就会变短。例如,上面提过的明文电文"AACCBDAA",如果对 A, B, C, D 分别编码为 0,01,1,00,那么,该电文明文可编码为"0011010000"。这时,电文是变短了,可对方收到密文后进行译码就出问题了,既可以译码成"DCCACADA",也可以解码成"ABCBDD"等。因此,若采用不等长编码,在译码时一定不能出现歧义。如果能做到任一字符的编码都不是另一个字符编码的前缀,这时,在译码时就不会出现歧义,这样的编码方式称为**前缀编码**。

我们可以利用二叉树来构造二进制的前缀编码。我们约定左分支表示 0,右分支表示 1,那么,可以将从根结点到叶子结点的路径上分支字符组成的字符串作为叶子结点字符的编码,这样得到的编码一定是二进制前缀编码。例如,在图 4.57(d)所示的二叉树中,a,b,c,d 的前缀编码分别为 1, 00, 011, 010。

如何得到电文总长度最短的二进制前缀编码呢?假设每种字符在电文中出现的频率为

w_i,其编码长度为l_i,电文包含n个字符,那么电文总长度为$\sum_{i-1}^{n} w_i l_i$。对应到二叉树上,若置w_i为叶子结点的权,l_i为根到叶子结点的路径长度,那么$\sum_{i-1}^{n} w_i l_i$就是二叉树的带权路径长度。由此,设计电文总长度最短的二进制前缀编码问题就是以n种字符出现的频率为权,设计一棵最优二叉树(哈夫曼树)的问题。

3. 哈夫曼编码算法

根据最优二叉树(哈夫曼树)的构造过程可知,最优二叉树(哈夫曼树)中没有度为1的结点。因此,一棵具有n个叶子结点的最优二叉树(哈夫曼树)共有$2n-1$个结点,我们可以把它们存储在一个大小为$2n-1$的一维数组中。为了在编解码时能立即找到它的双亲结点和孩子结点,同时,在建立最优二叉树(哈夫曼树)时,需要选择权值最小的两棵树,因此,每个结点还需要有结点的权重信息、双亲结点和左右孩子结点信息,考虑这些因素,结点结构以及哈夫曼编码算法如算法4.20所示。

算法4.20 哈夫曼编码算法

```
#define MAXBIT 10
#define MAXVALUE 1000
typedef struct HNode{
        int weight;
        int parent,lchild,rchild;
} HNode;
typedef struct HCode{
        int bit [MAXBIT];
        int start;
} HCode;
void HuffmanCoding (HNode *HT,HCode *HC, int *w, int n){
        //w存放n个字符的权值,构造哈夫曼树HT,并求出n个字符的哈夫曼编码HC
        if(n<=1) return;
        m=2*n-1;
        //哈夫曼树的构造
        HT = (HNode *) malloc(m*sizeof(HNode));
        for(p=HT,i=0; i<n; ++i, ++p, ++w){
          (*p)->weight = *w; (*p)->lchild = -1; (*p)->rchild = -1; (*p)-
          >parent = -1; }
        for(; i<m; ++i, ++p){
          (*p)->weight =0; (*p)->lchild = -1; (*p)->rchild = -1; (*p)->
          parent = -1; }
        for(i=n; i<m; ++i){
        m1=m2=MAXVALUE;
        x1=x2=0;
        for(j=0; j<i; ++j){
          if (HT[j].parent == -1 &&HT[j].weight <m1){
          m2=m1; x2=x1; m1=HT[j].weight; x1=j;}
          else if(HT[j].parent == -1 && HT[j].weight <m2){
          m2=HT[j].weight; x2=j;}
        }
          HT[x1].parent =i; HT[x2].parent =i;
          HT[i].lchild =x1; HT[i].rchild =x2;
          HT[i].weight =m1 +m2;
        }
        //字符编码
        HC = (HCode *) malloc(n*sizeof(HCNode));
```

```
for(i = 0;i < n; ++i){
      start = n - 1;
      for(c = i, f = HT[i].parent; f! = -1; c = f,f = HT[f].parent)
        if(HT[f].lchild = c) HC[i].bit[start -- ] = 0;
        else HC[i].bit[start -- ] = 1;
      HC[i].start = start + 1;
      }
    }
```

需要对第 i 个字符译码时,只需逐位检查 $HC[i]$,如果为 0,走左分支,如果为 1,走右分支,直到叶子结点,这时得到的字符就是相应编码的译码结果。具体的译码算法请大家思考完成。

项目 3　频繁模式挖掘问题

频繁模式是数据集中频繁出现的项集、序列或子结构。例如,在购物篮分析中,分析哪些商品频繁地被客户同时购买;在网页日志分析中,分析用户在浏览"手机"页面后,通常会继续浏览哪些页面。频繁模式挖掘是关联规则、相关分析、因果分析的基础,对分类、聚类也有很大帮助,是一项非常重要的数据挖掘任务。

1. 基本概念

项集:是指若干个项的集合,是最基本的模式。例如,某用户在一次购物过程中购买了啤酒、面包和鸡蛋,那么集合{啤酒,面包,鸡蛋}是一个项集。包含 k 个项的项集称为 k - 项集。

事务:每个事务是一个非空项集,并拥有一个标识 TID。

数据集:典型的数据集是事务的集合。例如,表 4.4 是用户购物日志的数据集,其中用户的每一次购物行为可以认为是一个事务。数据集共包含了 9 个事务,事务 1 是一个 4 - 项集。

表 4.4　一个简单的数据集

TID	事务
1	{牛奶,鸡蛋,面包,薯片}
2	{鸡蛋,爆米花,薯片,啤酒}
3	{鸡蛋,面包,薯片}
4	{牛奶,鸡蛋,面包,爆米花,薯片,啤酒}
5	{牛奶,面包,啤酒}
6	{鸡蛋,面包,啤酒}
7	{牛奶,面包,薯片}
8	{牛奶,鸡蛋,面包,黄油,薯片}
9	{牛奶,鸡蛋,黄油,薯片}

支持度:是指数据集中包含某项集的事务数,例如,在表 4.4 中,共有 3 个事务包含了项集{牛奶,鸡蛋,面包},因此,项集{牛奶,鸡蛋,面包}的支持度为 3。这种刻画方式与数据集大小(即事务总数)有关。为了更为直观地刻画支持度,更多时候采用**相对支持度**,即包含某项集的事务数与数据集事务总数的比值。例如,表 4.4 中,项集{牛奶,鸡蛋,面包}的相对支持度为 1/3。

频繁项集：当某项集的支持度超过最小门限值 min_sup 时，称该项集为频繁项集。

2. 频繁模式挖掘算法

如果一个项集是频繁项集，那么它的所有子集也是频繁项集。反过来说，如果一个项集不是频繁项集，那么它的所有超集（如果一个集合 S_2 中的每一个元素都在集合 S_1 中，且 S_1 中可能包括 S_2 中没有的元素，则集合 S_1 就是集合 S_2 的一个超集）也不是频繁项集。根据这个性质，诞生了一系列经典算法，如 Apriori 算法、FP - Tree 算法等。

Apriori 算法是一种最有影响的频繁模式挖掘算法。Apriori 算法使用一种称作逐层搜索的迭代方法。首先，通过扫描数据集找出频繁 1 - 项集的集合，该集合记作 L_1。根据 L_1 查找频繁 2 - 项集的集合 L_2，根据 L_2 查找 L_3，如此下去，直到不能找到频繁 k - 项集。由于 Apriori 算法需要生成大量的候选项集，而且找每个 L_k 都需要扫描一次数据集，因此，该算法的时空复杂度非常高。

FP - Tree 算法是一种更为高效的频繁模式挖掘算法，该算法可以在不生成候选项集的情况下完成 Apriori 算法的功能。FP - Tree 算法的基本结构中包含一棵 FP 树和一个项头表，每个项通过一个结点链指向它在树中出现的位置（如图 4.58 所示）。需要注意的是，项头表需要按照支持度递减排序，在 FP - Tree 中高支持度的结点是低支持度结点的祖先结点。

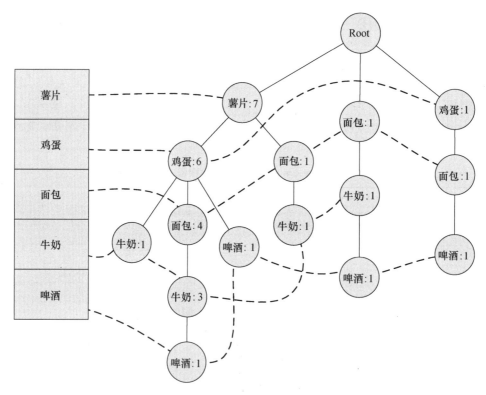

图 4.58 FP - Tree 算法的基本结构举例

3. 基于 FP - Tree 算法的频繁模式挖掘

基于 FP - Tree 算法的频繁模式挖掘包括以下三个步骤。

（1）扫描数据集，统计每个项的个数（即支持度计数），选择支持度计数大于最小支持度门限值的项,然后按支持度计数从高到低排序,以上结果就是频繁 1 - 项集,记为 F1。例如,对表 4.4 所示的事务集,假设最小支持度门限值为 3,得到的 F1 为{薯片,鸡蛋,面包,牛奶,啤酒}。

(2) 对于数据集中每一条记录,按 F1 中的顺序排序,不考虑已删除的项目(即支持度计数小于最小支持度门限值的项),所得结果记为 F2。例如,对表 4.4 所示的数据集,按此种策略重新排序后得到的 F2 如表 4.5 所示。

表 4.5　按支持度重排以后的数据集

TID	事物
1	{薯片,鸡蛋,面包,牛奶}
2	{薯片,鸡蛋,啤酒}
3	{薯片,鸡蛋,面包}
4	{薯片,鸡蛋,面包,牛奶,啤酒}
5	{面包,牛奶,啤酒}
6	{鸡蛋,面包,啤酒}
7	{薯片,面包,牛奶}
8	{薯片,鸡蛋,面包,牛奶}
9	{薯片,鸡蛋,牛奶}

(3) 第二次扫描数据集,利用 F2 构造 FP - Tree,最终的结果如图 4.59 所示。

在构造 FP - Tree 时,对数据集中的记录逐条处理,每处理一条数据时,首先从根结点出发,将根结点作为当前考察的结点,查看记录的第一项在不在当前结点的孩子结点中,如果不在,新建一个结点作为当前结点的孩子结点,并将其计数器设置为 1;如果已在当前结点的孩子结点中,无须新建结点,只需将相应孩子结点的计数器增加 1 即可。这个过程处理完成后,将相应的孩子结点作为新的当前结点,继续处理记录中的下一个项,直到记录中的所有项处理完成。具体构造过程我们以表 4.5 所示的数据为例进行说明。

插入第一条事务{薯片,鸡蛋,面包,牛奶}之后,形成一条单分支,这时,每个结点在路径上出现一次,相应的计数器为 1,如图 4.59(a)所示。继续插入第二条事务{薯片,鸡蛋,啤酒},这时,搜索根结点的所有孩子结点,发现"薯片"已在其孩子结点中,无须建立新的孩子结点,只需对其孩子结点"薯片"的计数器增加 1 即可,然后在"薯片"结点的孩子结点中查找"鸡蛋",发现"鸡蛋"也是"薯片"结点的孩子结点,无须再建立新的孩子结点,只需对其孩子结点"鸡蛋"的计数器增加 1。继续查找"鸡蛋"的孩子结点,看有无孩子结点包含"啤酒",这时发现"鸡蛋"的孩子结点中不存在"啤酒"结点,这时,新增一个孩子结点"啤酒",相应的计数器为 1,如图 4.59(b)所示。继续插入数据集中的其他记录,过程如图 4.59(c)～4.59(h)所示。

挖掘 FP - Tree,采用自底向上迭代方法,首先查找以"啤酒"为后缀的频繁项集,然后自底向上分别是以"牛奶""面包""鸡蛋""薯片"为后缀的频繁项集。从 FP - Tree 中找到所有"啤酒"的结点,向上遍历它的祖先结点,得到以下 4 条路径:

薯片 7,鸡蛋 6,面包 4,牛奶 3,啤酒 1;

薯片 7,鸡蛋 6,啤酒 1;

面包 1,牛奶 1,啤酒 1;

鸡蛋 1,面包 1,啤酒 1。

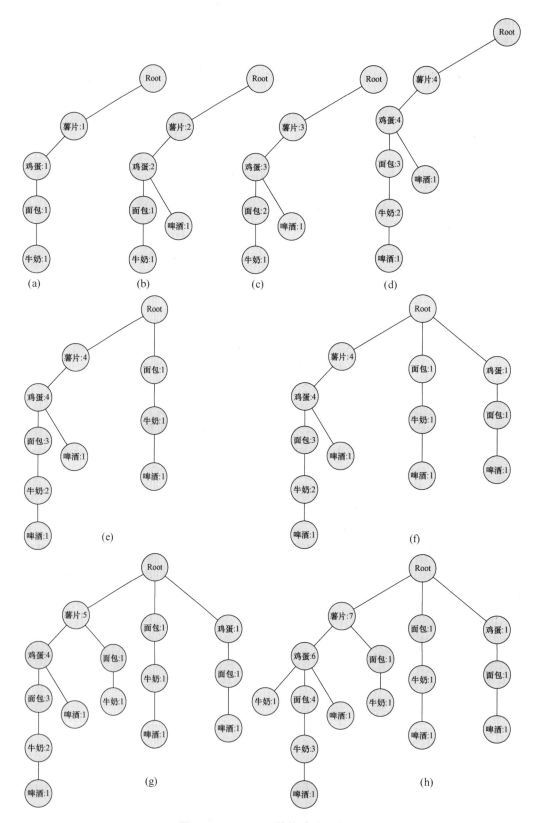

图 4.59　FP - Tree 的构造过程举例

对于每一条路径上的结点,将其计数器的值都设置为"啤酒"的计数器值,称为"啤酒"的**条件模式基**,因为每条路径上都有"啤酒"结点,所以可以只考虑"啤酒"之外的项,得到以下数据集:

薯片 1,鸡蛋 1,面包 1,牛奶 1;

薯片 1,鸡蛋 1;

面包 1,牛奶 1;

鸡蛋 1,面包 1。

根据这组新的数据集可以构造一棵新的 FP - Tree 树,称为"啤酒"的条件模式树,如图 4.60(a)所示。根据条件模式树,可以得到数据集的频繁 2 - 项集。例如,根据图 4.60(a),可以得到以"啤酒"结尾的频繁 2 - 项集:{面包,啤酒},{鸡蛋,啤酒}。

类似地,我们可以得到结点"面包"的条件模式树,如图 4.60(b)所示。根据此树,可以得到以"面包"结尾的频繁 2 - 项集:{鸡蛋,面包},{薯片,面包}。构建条件模式树是一个递归过程,一直到条件模式基中的项的支持度计数都小于最小支持度门限值为止。例如,从图 4.60(b)所示的 FP - Tree 出发,可以继续构造得到结点"鸡蛋"的条件模式树,如图 4.60(c)所示。结合前面的频繁 2 - 项集,可以得到以"面包"结尾的频繁 3 - 项集{薯片,鸡蛋,面包}。

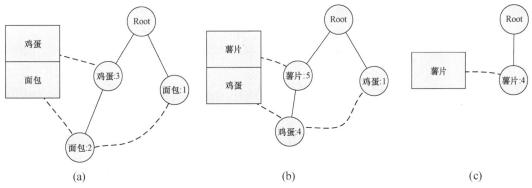

(a)　　　　　　　　　　(b)　　　　　　　　　　(c)

图 4.60　图 4.58 的条件模式树

继续这个过程,最终可以得到整个数据集的所有频繁项集(如表 4.6 所示)。

表 4.6　对表 4.4 所示数据集的频繁模式挖掘结果

频繁模式	支持度计数
薯片	7
面包	7
鸡蛋	7
牛奶	6
薯片,鸡蛋	6
面包,薯片	5
面包,牛奶	5
薯片,牛奶	5
面包,鸡蛋	5

频繁模式	支持度计数
啤酒	4
鸡蛋,牛奶	4
薯片,鸡蛋,牛奶	4
面包,薯片,鸡蛋	4
面包,薯片,牛奶	4
面包,啤酒	3
鸡蛋,啤酒	3
面包,鸡蛋,牛奶	3
面包,薯片,鸡蛋,牛奶	3

利用 FP – Tree 挖掘数据集中频繁模式的算法主要代码如算法 4.21 所示(此部分代码用 C#语言编写)。算法包括项头表的构造函数 buildHeaderTable、频繁模式树的构造函数 buildFPTree 和频繁模式挖掘函数 FPGrowth 三个核心部分。

在频繁模式结果基础上,可以进一步挖掘其中的关联规则,具体内容请参阅相关数据挖掘的书籍或文献。

算法 4.21　基于 FP – Tree 的频繁模式挖掘算法

```
public class TreeNode
    {//频繁模式树中的结点结构
        public string Name { set; get; }
public int Count { set; get; }
        public TreeNode next { set; get; }
        public TreeNode Lchild {set;get;}//Lchild 为孩子,Rchild 为同一双亲的
兄弟
        public TreeNode Rchild{set;get;}
        public TreeNode Parent{set;get;}
    }
    public class FSet
    {//频繁模式项
        public SortedSet < string >ItemSets { set; get; }
        public int ItemFrequency { set; get; }
    }

    private List < TreeNode > buildHeaderTable (List < SortedSet < String > >
transRecords, List < int >transrecordsNum,  int threshold =3)
    {
        //transRecords——数据集
        //transrecordsNum——项集相同的事务数量
        SortedList < string, int >items =new SortedList < string, int > ();
        List < TreeNode >HeaderTable =new List < TreeNode > ();
        int mm, n = transRecords.Count;
        SortedSet < string >singletrans;
        for(int i =0;i < n; ++i)
        {
        singletrans =transRecords[i];
            mm = transrecordsNum[i];
            foreach (string ss in singletrans)
            {
```

```
                        if (items.ContainsKey(ss)) items[ss] += mm;
                           else items.Add(ss, mm);
                    }
                }
            string[] itemname = items.Keys.ToArray();
            int[] itemkey = items.Values.ToArray();
            Array.Sort(itemkey, itemname);
             n = items.Count - 1;
        TreeNode tmp;
            for(int i = n;i >= 0; --i)
            {
                if (itemkey[i] < threshold) break;
          tmp = new TreeNode(itemname[i], itemkey[i]);
          HeaderTable.Add(tmp);
            }
            return HeaderTable;
        }


    private TreeNode buildFPTree(List < SortedSet < String > > transRecords,
List < int > transrecordsNum, List < TreeNode > HeaderTable,  int threshold = 3)
        {
        SortedList < string, int > headsort = new SortedList < string, int > ();
         SortedList < string, TreeNode > headchain = new SortedList < string,
TreeNode > ();
            foreach (TreeNode treenode in HeaderTable)
            {
        headsort.Add(treenode.Name, treenode.Count);
        headchain.Add(treenode.Name, treenode);
            }
            int m, mm, n = transRecords.Count;
            string[] totalName = headsort.Keys.ToArray();
            int[] totalkey = headsort.Values.ToArray();
            Array.Sort(totalkey, totalName);
            List < string > checkstr = new List < string > ();
        TreeNode fptree = new TreeNode(), child, tmptreenode, bt, bttmp;
        SortedSet < string > singletrans;
            for(int iik = 0;iik < n; ++iik)
             // foreach (SortedSet < string > singletrans in transRecords)
            {
          singletrans = transRecords[iik];
              mm = transrecordsNum[iik];
          checkstr.Clear();
            foreach (string sss in totalName)
            {
                if (singletrans.Contains(sss)) checkstr.Add(sss);
            }
            m = checkstr.Count;
          bttmp = fptree;
            for (int j = m - 1; j >= 0; --j)
            {
                child = FindChild(bttmp, checkstr[j]);
                if (child == null)
                {
                    #region
                    //新建一个分支
```

```
                tmptreenode = new TreeNode (checkstr[j], mm);
                tmptreenode.Parent = bttmp;
                        if (bttmp.Lchild == null)
                        {
                                bt = bttmp;//空子树
                                bt.Lchild = tmptreenode;
                                bt = tmptreenode;
                        }
                        else
                        {
                                //非空子树
                                bt = bttmp.Lchild;
                                while (bt.Rchild != null) bt = bt.Rchild;
                                bt.Rchild = tmptreenode;
                                bt = tmptreenode;
                        }
                headchain[checkstr[j]].next = tmptreenode;
                headchain[checkstr[j]] = tmptreenode;
                        for (int i = j - 1; i >= 0; --i)
                        {
                    tmptreenode = new TreeNode (checkstr[i], mm);
                    tmptreenode.Parent = bt;
                                bt.Lchild = tmptreenode;
                                bt = tmptreenode;
                    headchain[checkstr[i]].next = tmptreenode;
                    headchain[checkstr[i]] = tmptreenode;
                        }
                        break;
                        #endregion
                }
                else
                {//已有前缀
                        child.Count += mm;//对应 child 的 count 增加
                bttmp = child;
                }
            }
        }
        return fptree;
    }

    public List < FSet > FPGrowth (List < SortedSet < String > > transRecords,List
< int > recordesNum,int threshold)
        {
                //构建项头表,同时也是频繁 1 - 项集
                List < FSet > fp = new List < FSet > (), fptmp;
                List < TreeNode > HeaderTable = buildHeaderTable (transRecords,
recordesNum, threshold);
                //构建 FP - Tree
            TreeNode treeRoot = buildFPTree (transRecords,recordesNum, HeaderT-
able, threshold);
            FSet fs;
                foreach (TreeNode t in HeaderTable)
                {
                        fs = new FSet ();
                        fs.ItemFrequency = t.Count;
```

```
                    fs.ItemSets.Add(t.Name);
                        fp.Add(fs);
                    }
                TreeNode headnode,phead;
                    int n = HeaderTable.Count,headN;
                    List < SortedSet < String >> subtransRecords = new List < SortedSet
< string >> ();
                    for (int i = n - 1; i >= 0; --i)
                    {
                headnode = HeaderTable[i].next;
                subtransRecords.Clear();
                recordesNum.Clear();
                headN = 0;
                    while (headnode ! = null)
                    {//one head node
                phead = headnode.Parent;
                        if (phead.Name ! = "")
                        {
                recordesNum.Add(headnode.Count);
                subtransRecords.Add(new SortedSet < string > ());
                            while (phead.Name ! = "")
                            {//a path from headnode to root
                    subtransRecords[headN].Add(phead.Name);
                    phead = phead.Parent;
                            }
                headN ++;
                        }
                headnode = headnode.next;
                    }
                    if (recordesNum.Count > 1)
                fptmp = FPGrowth(subtransRecords, recordesNum,threshold);
                    else if (recordesNum.Count == 1)
                    {
                        if(recordesNum[0] < threshold) continue;
                fptmp = FPGrowth(subtransRecords[0], recordesNum[0]);
                    }
                    else continue;
                    foreach (FSet ff in fptmp)
                    {
                        ff.ItemSets.Add(HeaderTable[i].Name);
                        fp.Add(ff);
                    }
                }
            return fp;
        }
```

▶▶▶ 本章小结

　　本章主要讲述了二叉树、树及森林的基础知识及若干相关应用问题。基础知识涉及二叉树、树及森林的基本概念、基本性质、存储结构及相应的基本操作,包括二叉树、树及森林的遍历,二叉树与树、森林的相互转换等。相关应用包括三个项目实战问题:查找与排序问题、压缩编码问题以及频繁模式挖掘问题,其中重点讲述了树中涉及的查找与排序问题,包括二叉排序树、平衡二叉树、红黑树、B-树、2-3树以及堆排序等。对压缩编码,重点探讨了哈夫曼编码问题。对频繁模式挖掘,重点讨论了FP-Tree的构造及频繁模式挖掘的方法。

▶▶▶ 习题

一、单项选择题

1. 若一棵二叉树具有10个度为2的结点,5个度为1的结点,则该二叉树有(　　)叶子结点。

    A. 9　　　　　　　　B. 11　　　　　　　　C. 15　　　　　　　　D. 14

2. 假设完全二叉树的根结点为第1层,树中第10层有5个叶子结点,请问此完全二叉树最多有(　　)个结点。

    A. 2048　　　　　　B. 2049　　　　　　C. 2039　　　　　　D. 2038

3. 一棵二叉树的先序遍历序列和中序遍历序列分别为 $\{A,B,C,D,E,F,G,H,J,K,L,M,N\}$ 和 $\{C,B,E,D,G,F,A,J,H,K,M,L,N\}$,则该二叉树的后序遍历序列为(　　)。

    A. $\{C,E,G,F,D,B,J,M,N,L,K,H,A\}$

    B. $\{C,E,D,G,F,B,J,H,K,M,N,L,A\}$

    C. $\{C,G,F,E,D,B,J,M,N,L,K,H,A\}$

    D. $\{C,E,G,D,F,B,M,N,J,L,K,H,A\}$

4. 有 n 个叶子结点的哈夫曼树的结点总数为(　　)。

    A. 不确定　　　　　B. $2n$　　　　　　C. $2n+1$　　　　D. $2n-1$

5. 一棵树的后序遍历序列和这棵树对应的二叉树的(　　)相同。

    A. 先序遍历序列　　　　　　　　　　B. 中序遍历序列

    C. 后序遍历序列　　　　　　　　　　D. 层次遍历序列

6. 下面几个符号串编码集合中,不是前缀编码的是(　　)。

    A. $\{0,10,110,1111\}$　　　　　　　　B. $\{11,10,001,101,0001\}$

    C. $\{00,010,0110,1000\}$　　　　　　D. $\{b,c,aa,ac,aba,abb,abc\}$

7. 对于平衡二叉树,任一结点的左右子树高度之差为(　　)。

    A. -1,1或0　　　　B. 1或0　　　　　C. -1或0　　　D. -1或1

8. 若一棵二叉树的先序遍历序列和中序遍历序列相同,则此二叉树(　　)。

    A. 任一结点无左子树　　　　　　　　B. 任一结点无右子树

    C. 根结点无左子树　　　　　　　　　D. 根结点无右子树

9. 下列序列中,哪一个是堆(　　)。

    A. $\{75,65,30,15,25,45,20,10\}$　　　　B. $\{75,65,45,10,30,25,20,15\}$

    C. $\{75,45,65,30,15,25,20,10\}$　　　　D. $\{75,45,65,10,25,30,20,15\}$

10. 以下关于2-3树的说法中,错误的是(　　)。

    A. 2-3树是一棵排序树　　　　　　　B. 2-3树是一棵平衡树

C. 2 – 3 树的所有叶子结点在同一层　　　　D. 2 – 3 树每个结点包含 2 个或 3 个关键字

二、填空题

1. 一棵树采用孩子兄弟表示法的存储方式,那么该树的结点 p 是叶子结点的条件是_____。

2. 在高度为 h 的 2 – 3 树中,叶子结点的数目至多为_____。

3. 有数据序列 $WG = \{7,19,2,6,32,3,21,10\}$,则所建哈夫曼树的树高是_____,带权路径长度 WPL 为_____。

4. 由 3 个结点可以构造出_____种不同形态的二叉树。

5. 在一棵 7 阶 B – 树中,除根结点外,每个结点至少包含_____个关键字,最多包含____个关键字。

6. 一棵深度为 10 的二叉树最少有_____个结点,最多有_____个结点。

7. 二叉树的先序遍历、中序遍历和后序遍历的共同特征是_____。

8. 在结点数为 n 的红黑树中插入、删除、查找结点的复杂度分别为_____、_____、_____。

9. 阅读下列程序说明和程序,在横线上填充程序中缺少的内容。

程序说明:本程序完成将二叉树中左、右孩子交换的操作。

本程序采用非递归的方法,设立一个堆栈 stack,存放还没有转换过的结点,它的栈顶指针为 tp。交换左、右子树的算法为:

(1) 把根结点放入堆栈。

(2) 当堆栈不空时,取出栈顶元素,交换它的左、右子树,并把它的左、右子树分别入栈。

(3) 重复(2),直到堆栈为空时为止。

```
typedef  struct  node  *tree;
struct node{int data; tree lchild,rchild;}
exchange(tree t)
{ tree  r,p;tree  stack [500]; int  tp = 0;
        while (tp > = 0)
        {_____)
        if()
        { r = p – >lchild; p – >lchild = p – >rchild; p – >rchild = r;
          stak[_____] = p – >lchild; stack[ + +tp] = p – >rchild;
        }
        }}
```

10. 二叉树存储结构为:

```
typedef struct node
    {char data; struct  node *lchild,*rchild;}*bitree;
```

以下程序为求二叉树深度的递归算法,请填空完善该程序。

```
int depth(bitree bt)    /*bt 为根结点的指针*/
{  int hl,hr;
   if (bt = = NULL) return( _____(1)_____ );
   hl = depth(bt – >lchild); hr = depth(bt – >rchild);
   if(_____(2)_____)_____(3)_____;
   return(hr +1);
}
```

三、简答题

1. 一个深度为 L 的满 K 叉树有以下性质:第 L 层上的结点都是叶子结点,其余各层上每个结点都有 K 棵非空子树,如果按层次顺序从 1 开始对全部结点进行编号,求:

(1) 各层结点的数目是多少?

(2) 编号为 n 的结点的双亲结点(若存在)的编号是多少?

(3) 编号为 n 的结点的第 i 个孩子结点(若存在)的编号是多少?

(4) 编号为 n 的结点有右兄弟结点的条件是什么? 如果有,其右兄弟结点的编号是多少?

请给出计算和推导过程。

2. 若一棵树中有度数为 1 至 m 的各种结点数为 $n_1, n_2, \cdots, n_m$(n_m 表示度数为 m 的结点个数),请推导出该树中共有叶子结点 n_0 的计算公式。

3. 一棵二叉树的先序遍历序列、中序遍历序列、后序遍历序列如下,其中一部分未标出,请构造出该二叉树。

先序遍历序列:{_,_,C,D,E,_,G,H,I,_,K};

中序遍历序列:{C,B,_,_,F,A,_,J,K,I,G};

后序遍历序列:{_,E,F,D,B,_,J,I,H,_,A}。

4. 请利用序列{35,51,30,63,72,15,8,58,46,24}分别构建二叉排序树、平衡二叉树和红黑树。

5. 假设将一个结点 x 插入到一棵红黑树中,然后再将该结点删除,请问操作后的红黑树与初始的红黑树是否一致?

四、算法设计题

1. 假定用 2 个一维数组 $L[N]$ 和 $R[N]$ 作为有 N 个结点 $1,2,\cdots,N$ 的二叉树的存储结构。$L[i]$ 和 $R[i]$ 分别指示结点 i 的左孩子结点和右孩子结点;$L[i]=0$($R[i]=0$)表示 i 的左(右)孩子结点为空。试写一个算法,由 L 和 R 建立一个一维数组 $T[n]$,使 $T[i]$ 存放结点 i 的双亲结点;然后再写一个判别其中一个结点是否为另一个结点的子孙结点的算法。

2. 假设以双亲表示法作树的存储结构,写出双亲表示的类型说明,并编写求给定的树(结点数为 n)的深度的算法。

3. 已知关键字序列 $(K_1, K_2, K_3, \cdots, K_{n-1})$ 是大顶堆,试写出一算法将 $(K_1, K_2, K_3, \cdots, K_{n-1}, K_n)$ 调整为大顶堆。

4. 请编写将森林转化为二叉树的算法(森林采用孩子兄弟表示法的存储结构)。

5. 已知二叉树 T 以二叉链表形式作为其存储结构。试设计算法按先序次序输出各结点的值及相应的层次数,并以二元组的形式给出,例如,(A,3)表示结点的值为 A,在第 3 层。

第 5 章
图与贪心算法

5.1 项目指引

路由协议设计

在计算机网络通信中,一次从发送者到接收者的信息包传送过程,是由发送者开始发送数据包,然后通过发送者和接收者所在局域网络中多个路由间进行一一数据包转发,最终传送包数据到达接收者。某单位的网络拓扑结构如图 5.1 所示。

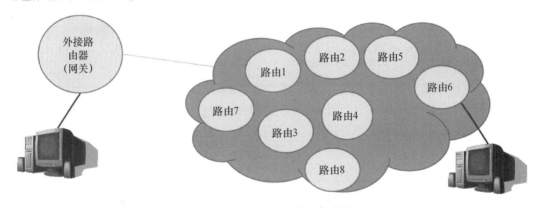

图 5.1　某单位的网络拓扑结构

在该网络拓扑结构中,有一个外接路由器(网关)与 Internet 连接,负责获得外网发送至单位内的信息,并转发至内网;有 8 个内网路由器,每个内网路由器分别连接一些计算机终端。Internet 发送者发送给内网用户的信息,必须经过网关路由器和内网各个路由间的信息转发,才能传递至内网中的某位接收者。由于路由器繁忙或网络故障等因素,内网的拓扑结构是实时变化的,每 10 秒钟内网中每个路由器会将自己的连接信息,即与邻居路由器的连接代价进行广播,告知内网其他所有路由器和网关。如果两个内网路由器不连通,则连接代价为∞。当内网路由器和网关接收到其他所有内网路由器的连接信息后,网关路由器采用路由协议中的算法进行计算分析,获得全网的路由转发表,并将各内网路由器的路由转发表传送至各内网路由器。当有信息包从外网转入内网时,各个路由器将按照最近一次计算获得的路由转发表进行数据包转发。

请设计一个路由协议,实现以上描述的网络传输功能。设计路由转发表数据格式,路由转发表中标注了该路由器到其他所有路由器进行数据转发的下一个路由器号。设计路由连接信息数据格式,并每 10 秒广播连接信息。根据网络中所有路由器的路由连接信息,采用贪心算法思想设计算法,计算产生各个路由的当前转发表,要求按照该路由转发表,将 Internet 数据传送至内网某接收者,所产生的总体连接代价最小。如果网络拓扑中存在环(回路),请思考如何计算生成转发表(选做)。

5.2 基础知识

要求解项目指引中描述的路由协议设计项目,必须首先掌握图数据结构和贪心算法设计思想的基本原理和知识。下面我们将对图的基本概念、图的存储结构与基本运算、图的遍历进行阐述;同时,我们还将为大家介绍贪心算法设计思想。

5.2.1 图

视频讲解

1. 图的基本概念

图(Graph)是常用的重要的一类数据结构。第 4 章的树可以看成是图的特例。树中每个数据元素至多允许一个前驱,只能反映数据元素之间一对多的关系;而图中没有该限制,允许数据元素可以有多个前驱,因此,图可以反映数据元素之间多对多的关系。

图:图是由点集 V(Vertex)和边集 E(Edge)组成的,可以形式化地记为 $G = (V, E)$,其中,V 是图中顶点的非空有限集合,记为 $V(G)$;E 是连接 V 中两个不同顶点(顶点对)的边的有限集合,记为 $E(G)$。

图 5.2 是北京市公路交通图的一部分,其中,圆圈表示地区,我们称其为顶点;连接它们的线条表示公路,我们称其为边。图 5.2 所示的公路交通图是**无向图**,图中,(v_i, v_j) 和 (v_j, v_i) 代表同一条边。

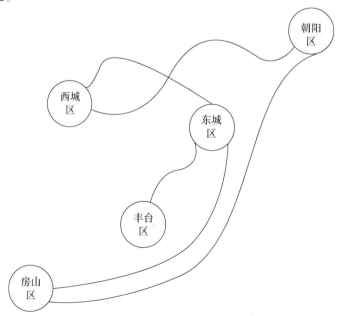

图 5.2 北京市公路交通图的子图

子图:子图是图的一部分,它本身也是一个图。如果有图 $G = (V, E)$ 和 $G' = (V', E')$,且 V' 是 V 的子集,E' 是 E 的子集,则称图 G' 是图 G 的子图。例如,图 5.2 只是北京市公路交通图的一个子图。

有向图:边有方向的图称为有向图,有向图的边一般称为弧。图 5.3 所示的某城市的街道图就是一个有向图,图中顶点表示路口标号,有向边(或称为弧)表示街道。其中,从路口 1 到路口 2 的有向边表示单向行驶街道,即只允许从路口 1 向路口 2 行驶。有向边中箭头所指向的顶点为**弧头顶点**,无箭头的顶点称为**弧尾顶点**。

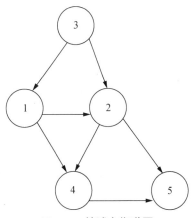

图 5.3　某城市街道图

图 G 的顶点数 n 和边数 e 满足以下关系:**若图 G 是有向图,则 $0 \leqslant e \leqslant n(n-1)$;若图 G 是无向图,则 $0 \leqslant e \leqslant n(n-1)/2$。**

视频讲解

完全图:完全图是边的数量达到最大值时的图。对有 n 个顶点的有向图,若边的数量达到最大值 $n(n-1)$,则称该图为**有向完全图**;对有 n 个顶点的无向图,若边的数量达到最大值 $n(n-1)/2$,则称该图为**无向完全图**。例如,图 5.4 所示就是一个具有 4 个顶点的无向完全图。

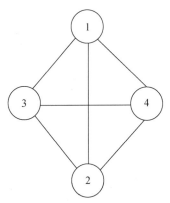

图 5.4　有 4 个顶点的无向完全图

(思考:在顶点数为 n 的图中,为什么有向完全图的边为 $n(n-1)$ 条,无向完全图的边为 $n(n-1)/2$ 条?)

与某顶点 v 相关联的边数称为顶点 v 的**度**,记为 $TD(v)$。若图 G 是一个有向图,则以顶点 v 为终点的边的数目称为 v 的**入度**,记为 $ID(v)$;以 v 为始点的边的数目称为 v 的**出度**,记

为 $OD(v)$。**有向图中顶点 v 的度为其入度和出度之和**,即 $TD(v) = ID(v) + OD(v)$。例如,图 5.3 中顶点 1 的入度为 1,出度为 2,度为 3;图 5.4 中顶点 1 的度为 3。

无论是有向图,还是无向图,顶点数 n、边数 e 和顶点的度之间都满足以下关系:

$$e = \frac{1}{2}\sum_{i=1}^{n} TD(v_i)。 \tag{5.1}$$

【例 5.1】 一个无向图中边数 e 为 16,度为 4 的顶点有 3 个,度为 3 的顶点有 4 个,其余顶点的度均小于 3,则该无向图至少有多少个顶点?

分析: 设该图有 n 个顶点,图中度为 i 的顶点数为 $n_i(0 \le i \le 4)$,$n_4 = 3$,$n_3 = 4$,要使顶点数最少,该图应是连通的,即 $n_0 = 0$,$n = n_4 + n_3 + n_2 + n_1 + n_0 = 7 + n_2 + n_1$,即 $n_2 + n_1 = n - 7$。

度之和 $= 4 \times 3 + 3 \times 4 + 2 \times n_2 + n_1 = 24 + 2n_2 + n_1 \le 24 + 2(n_2 + n_1) = 24 + 2 \times (n-7) = 10 + 2n$。而度之和 $= 2e = 32$,所以有 $10 + 2n \ge 32$,即 $n \ge 11$,即这样的无向图至少有 11 个顶点。

视频讲解

路径: 路径是连接图中两个顶点的边的序列。路径的长度是它包含的边的数目。如果某路径通过任意顶点都不超过一次,则称该路径为**简单路径**。在图 5.2 中,从丰台区到朝阳区的一条简单路径为"(丰台区,东城区),(东城区,西城区),(西城区,朝阳区)",该路径是一条长度为 3 的简单路径。

环: 环是起始顶点与终止顶点为同一个顶点的路径,又称**回路**。简单环是通过环中除起始顶点和终止顶点外的其他每个顶点仅一次的环。在图 5.2 中,"(东城区,西城区),(西城区,朝阳区),(朝阳区,房山区),(房山区,东城区)"就是一个环,而且是一个简单环。

在图中,边的含义是两个顶点是否连通,如在图 5.2 中,边反映的是两个城区之间是否有通路。在实际应用中,当有多条路径可以选择时,人们往往还希望知道哪条路径较短或哪条路径花费较少。我们可以给边赋一个值,用该值来表示边的长短、效率、费用等,并称这些**值为边的权值**,带有权值的图称为**带权图**或**网**。

在无向图中,每一对不同顶点之间都有路径的图称为**连通图**;无向图中的极大连通子图,即图中并不被其他连通子图包含的连通子图称为**连通分量**。在这里,我们不能把"极大"错误地理解为数量上的某种属性,而应该理解为一种不被包含的属性。例如,图 5.2 所示为连通图,图 5.5(a)所示为非连通图,此图有 2 个连通分量,如图 5.5(b)所示。

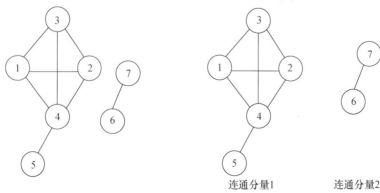

(a) 无向图　　　　　　(b) 无向图的两个连通分量

图 5.5　无向图及其连通分量举例

在有向图中,如果任意两个不同顶点之间都存在路径,则称该有向图为**强连通图**。有向图中的极大强连通子图,即不被其他强连通子图包含的强连通子图称为有向图的**强连通分量**。这里,强连通子图定义为在有向图的子图中,如果对于每一对顶点 V_i 和 $V_j (V_i \neq V_j)$,从 V_i 到 V_j 和从 V_j 到 V_i 都存在路径。例如,图 5.6(a)所示有向图有 2 个强连通分量,如图 5.6(b)所示。

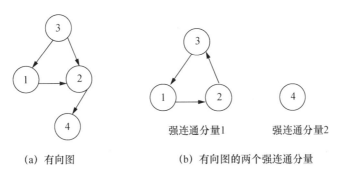

(a) 有向图　　　　　　　(b) 有向图的两个强连通分量

图 5.6　有向图及其强连通分量举例

在一个无向图中,若存在一条边 (V_i, V_j),则称顶点 V_i 和顶点 V_j 为该边的两个**端点**,并称它们互为**邻接点**,即顶点 V_i 是顶点 V_j 的一个邻接点,顶点 V_j 也是顶点 V_i 的一个邻接点。例如,图 5.5(a)中顶点 1 和顶点 2 有边相连,我们就说这两个顶点互为邻接顶点;但是顶点 1 和顶点 5 却不互为邻接顶点。在有向图中,若两个顶点之间有一条弧连接,例如,图 5.6(a)中的顶点 3 和顶点 1 有弧相连,我们就说弧头顶点 1 是弧尾顶点 3 的**邻接顶点**;但顶点 1 不与顶点 3 邻接,因为没有从顶点 1 指向顶点 3 的弧。

2. 图的存储结构

要实现解决图问题的程序,首先要考虑图的存储结构,通常有许多不同的方法来表示图这种抽象数据类型。下面我们来看一下关于图的几种存储结构。

(1) 图的顺序存储结构——邻接矩阵。

图的结构比较复杂,任意两个顶点之间都可能存在联系,因此,无法以数据元素在存储区中的物理位置来表示元素之间的关系,但可以借助数组这种数据结构来表示元素间的关系。

视频讲解

图的邻接矩阵表示法:图的邻接矩阵表示法包括一个顺序存储顶点信息的顶点表和一个存储顶点间的相互关系的矩阵,该矩阵被称为**邻接矩阵**。

设 $G = (V, E)$ 为有 n 个顶点的图,其顶点集合为 $V(G) = \{v_0, v_1, v_2, \cdots, v_{n-1}\}$,如果其顶点表由数组 vertex $[n]$ 存储,则其相应的邻接矩阵为具有以下性质的 n 阶方阵:

$$A_{[i,j]} = \begin{cases} 1, & \text{若} (v_i, v_j) \text{ 或 } <v_i, v_j> \text{是图 } G \text{ 的边;} \\ 0, & \text{若} (v_i, v_j) \text{ 或 } <v_i, v_j> \text{不是图 } G \text{ 的边。} \end{cases} \tag{5.2}$$

这样,我们可以用以下代码来定义图的邻接矩阵。

```
#define max  20
//邻接矩阵定义
typedef struct ArcCell //图的邻接矩阵结构定义,ArcCell 为矩阵的每个元素
{
    int adj;  //边的权值
```

```
    char *info //边的信息
}ArcCell, AdjMatrix[max][max]
typedef struct     //图的表示
{
Char vertex[max];   //顶点的表示
AdjMatrix arcs;     //图的邻接矩阵
int vexnum,arcnum; //图的顶点数目,边数目
}Mgraph;
```

图 5.7（a）所示的有向图和图 5.7（b）所示的无向图的顶点表分别用数组 vertex1 和 vertex2 表示,vertex1 = [1,2,3,4],vertex2 = [1,2,3,4,5]。邻接矩阵分别为 A_1 和 A_2。

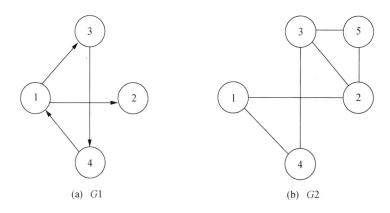

(a) G1   (b) G2

图 5.7   有向图 G1 和无向图 G2

$$
A_1 = \begin{bmatrix} 0 & 1 & 1 & 0 \\ 0 & 0 & 0 & 0 \\ 0 & 0 & 0 & 1 \\ 1 & 0 & 0 & 0 \end{bmatrix} \qquad A_2 = \begin{bmatrix} 0 & 1 & 0 & 1 & 0 \\ 1 & 0 & 1 & 0 & 1 \\ 0 & 1 & 0 & 1 & 1 \\ 1 & 0 & 1 & 0 & 0 \\ 0 & 1 & 1 & 0 & 0 \end{bmatrix}
$$

图的邻接矩阵表示法具有以下特点:

① 无向图的邻接矩阵一定是对称矩阵。因此可以采用对称矩阵的压缩存储方式减少存储空间。

② 图的邻接矩阵表示是唯一的。

③ 对于含有 n 个顶点的图,采用邻接矩阵存储时,无论是有向图还是无向图,也无论边的数目是多少,其存储空间都是 $O(n^2)$。所以,邻接矩阵适合存储边数较多的稠密图。

④ 无向图的邻接矩阵的第 i 行(或第 i 列)的非零元素的个数为第 i 个顶点的度 $D(v_i)$。

⑤ 有向图的邻接矩阵的第 i 行的非零元素的个数为第 i 个顶点的出度 $OD(v_i)$,第 i 列的非零元素个数为第 i 个顶点的入度 $ID(v_i)$。

⑥ 用邻接矩阵表示图,很容易确定图中任意两个顶点之间是否有边相连。但是,要确定图中有多少条边,则必须按行、列对每个元素进行检测,所花费的时间代价很大。这是用邻接矩阵存储图的局限性。

如果图 G 是带权的图, w_{ij} 为边 (v_i, v_j) 或弧 $<v_i, v_j>$ 的权, 则该图的邻接矩阵定义为

$$A[i,j] = \begin{cases} w_{ij}, & \text{若}(v_i, v_j) \text{ 或 } <v_i, v_j> \text{ 是图 } G \text{ 的边}(i \neq j); \\ \infty, & \text{若}(v_i, v_j) \text{ 或 } <v_i, v_j> \text{ 不是图 } G \text{ 的边}(i \neq j); \\ 0, & \text{所有对角线元素}(i = j)。 \end{cases} \quad (5.3)$$

一般我们将带权图称为网。本章开始项目中的路由器无向图就是一个网, 可以采用邻接矩阵进行存储。例如, 某路由器网络结构如图 5.8 所示。

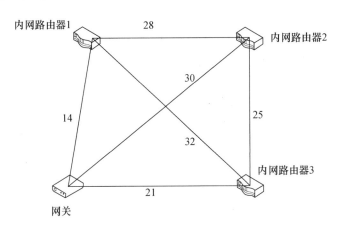

图 5.8　某路由器网络结构

其中, 顶点集合 $V = \{$内网路由器 1, 内网路由器 2, 内网路由 3, 网关$\}$, 若采用邻接矩阵来存储该图, 邻接矩阵可表示为 $A = \begin{bmatrix} 0 & 28 & 32 & 14 \\ 28 & 0 & 25 & 30 \\ 32 & 25 & 0 & 21 \\ 14 & 30 & 21 & 0 \end{bmatrix}$。

（2）图的链式存储结构。

由于链表在表达数据结构时具有一定的灵活性, 所以人们也常常用链表来表示图。在实际应用中, 可根据具体需要设计结点结构和表结构。表示图的链表结构通常有: 邻接表、十字链表和邻接多重表。

① 邻接表。

邻接表是图的一种链式存储结构。在邻接表中, 图中的所有顶点构成**顶点表**, 对图中每个顶点建立一个单链表, 称为**边表**, 第 i 个单链表中的结点表示依附于顶点 v_i 的边（对有向图是以顶点 v_i 为尾的弧）。顶点表存放图中顶点的数据信息, 包括顶点 v_i 的名称或其他有关信息的数据域（Data）和指向链表中第一个结点的指针域（Firstarc）。边表中每个结点包括三个或两个域, 其中, 邻接点域（Adjvex）指示与顶点 v_i 邻接的点在图中的位置, 数据域（Weight）存放与边或弧相关的权值, 链域（Nextarc）指向边表的下一个边结点。如果不是带权图, 也可以省略数据域。

图的邻接表表示法的存储结构定义如下:

视频讲解

视频讲解

```
#deine max 20
typedef struct arcnode                    //弧结点,边表
{
    int adjvex;                           //该弧指向的结点位置
    struct arcnode * nextarc;             //弧尾相同的下一条弧
    int weight;                           //弧的信息
} arcnode;
```

//表结点 | Adjvex | Nextarc | Weight |

```
typedef struct vnode                      //邻接表顶点头结点,顶点表
{
    int data;                             //结点信息
    arcnode * firstarc;                   //指向第一个结点的弧的指针
}vnode, adjlist;
```

//表头结点 | Data | Firstarc |

```
typedef struct                            //图的定义
{
    adjlist vertices[max];                //邻接表
    Int vexnum,arcnum;                    //顶点数,边数
}algraph;
```

用邻接表表示无向图时,每条边(v_i,v_j)的两个顶点v_i和v_j在边表中都各占一个顶点。因此,每条边在边表中存储两次。顶点v_i的边表中结点个数为顶点v_i的度。

用邻接表表示有向图时,顶点v_i的边表中每个结点一般对应的是以v_i为起始点的一条边。因此,我们将有向图的邻接表的边表称为**出边表**。顶点v_i的出度为顶点v_i中边结点的个数。如果求顶点v_i入度,必须遍历整个邻接表,在所有链表结点中,邻接点域的值为i的结点个数为顶点v_i的入度。为确定顶点的入度,可以建立一个有向图的逆邻接表,即对每个顶点v_i建立一个连接以v_i为弧头的弧的表。

例如,图5.9中的(a)、(b)分别为图5.7中图$G1$和图$G2$的邻接表,图5.9(c)为图5.7中图$G1$的逆邻接表。

路由器网络结构也可以采用邻接表进行存储,图5.8所示的路由器网络结构对应的邻接表如图5.10所示。

图的邻接表表示法具有如下特点:

A. 邻接表表示不唯一。这是因为在每个顶点对应的单链表中,各边结点的链接次序可以是任意的,各边结点的链接次序取决于建立邻接表的算法以及边的输入次序。

B. 对于有n个顶点和e条边的无向图,其邻接表有n个表头结点和$2e$个边结点;对于有n个顶点和e条边的有向图,其邻接表有n个表头结点和e个边结点。显然,对于边数目较少的稀疏图,邻接表相比邻接矩阵要节省空间。

C. 对于无向图,邻接表的顶点$v_i(0 \leqslant i \leqslant n-1)$对应的第$i$个单链表的边结点个数正好是顶点$v_i$的度。

D. 对于有向图,邻接表的顶点$v_i(0 \leqslant i \leqslant n-1)$对应的第$i$个单链表的边结点个数仅仅是顶点$v_i$的出度。顶点$v_i$的入度为邻接表中所有邻接点域值为$i$的边结点个数。

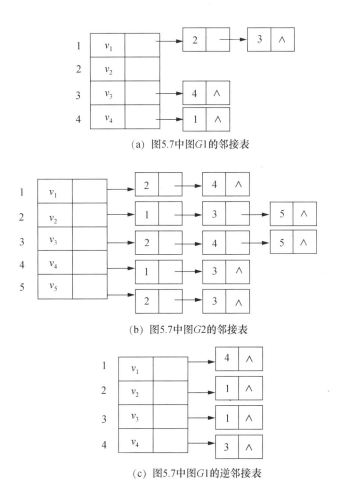

（a）图5.7中图 $G1$ 的邻接表

（b）图5.7中图 $G2$ 的邻接表

（c）图5.7中图 $G1$ 的逆邻接表

图5.9　图 5.7 中图 $G1$、$G2$ 的邻接表和图 $G1$ 的逆邻接表

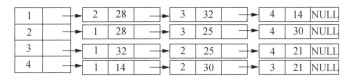

图 5.10　图 5.8 所示图的邻接表

② 十字链表。

十字链表是有向图的另一种链式存储结构,可以看成是将有向图的邻接表和逆邻接表结合起来得到的一种链表。十字链表容易操作(如求顶点的入度、出度等),其空间复杂度和建表的时间复杂度都与邻接表相同。十字链表的结构包括弧结点和顶点结点两部分。弧结点包括 5 个域(每段弧是一个数据元素),其结构如图 5.11 所示。其中,Tailvex 表示弧尾顶点位置;Headvex 表示弧头顶点位置;Hlink 表示弧头相同的下一个弧位置;Tlink 表示弧尾相同的下一个弧位置;Info 表示弧信息。顶点结点包括 3 个域(每个顶点也是一个数据元素),其结构如图 5.12 所示。其中,Data 表示顶点信息;Firstin 表示以该顶点为弧头的第一条弧结点;Firstout 表示以该顶点为弧尾的第一条弧结点。

Tailvex	Headvex	Hlink	Tlink	Info

图5.11 图的十字链表存储结构中弧结点的结构

Data	Firstin	Firstout

图5.12 图的十字链表存储结构中顶点结点的结构

例如,图5.13所示为一个有向图,该有向图的十字链表存储结构如图5.14所示,其中,v_1位置为0,v_2位置为1,v_3位置为2,v_4位置为3。图中我们省掉了弧结点中的Info字段,因此,每个弧结点只有4个字段。

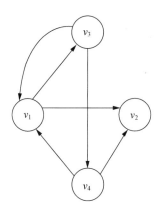

图5.13 有向图

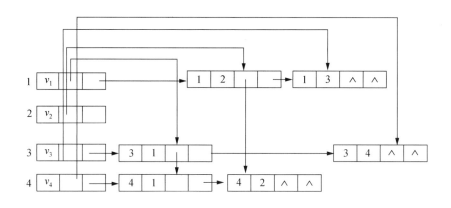

图5.14 图5.13所示有向图的十字链表存储结构

图的十字链表存储结构定义如下:

```
Typedef struct edge          //十字链表表示法中边的定义
{
    int tailvertex; //弧尾顶点位置
    int headvertex; //弧头顶点位置
    struct edge * hlink;   //弧头相同的下一个弧位置
    struct edge * tlink;   //弧尾相同的下一个弧位置
```

```
    char * info;          //弧信息
}edge;
Typedef struct vertex        //十字链表表示法中顶点的定义
{
    int vertex;              //顶点号信息
    struct edge * firstin;   //以顶点为弧头的第一条弧结点
    struct edge * firstout;  //以顶点为弧尾的第一条弧结点
}Node;
typedef struct Node * Graph;   //图的定义
```

③ 邻接多重表。

当用邻接表表示无向图时,每条边在边表中都会存储两次。有时,我们可以采用邻接多重表来表示无向图,这是无向图的另一种存储结构。用邻接多重表表示无向图时,每条边仅需存储一次,当对边操作较多时建议采用此结构。邻接多重表容易操作(如求顶点的度等),其空间复杂度和建表的时间复杂度都与邻接表相同。邻接多重表的结构包括边结点和顶点结点两部分。边结点包括 6 个域(每条边是一个数据元素),其结构如图 5.15 所示。其中,Mark 表示标志域(标记该边是否被访问);Ivertex 和 Jvertex 分别表示边依附的两个顶点位置;Ilink 表示指向下一条依附于顶点 v_i 的边位置;Jlink 表示指向下一条依附于顶点 v_j 的边位置;Info 表示边信息。顶点结点包括 2 个域(每个顶点也是一个数据元素),其结构如图 5.16 所示。其中,Data 表示存储的顶点信息;Firstedge 表示依附于顶点的第一条边结点。

| Mark | Ivertex | Ilink | Jvertex | Jlink | Info |

图 5.15　图的邻接多重表存储结构中边结点的结构

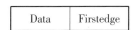

| Data | Firstedge |

图 5.16　图的邻接多重表存储结构中顶点结点的结构

例如,设图 5.7 所示的图 $G2$ 的 5 个顶点分别为 v_1,v_2,v_3,v_4,v_5,则图 $G2$ 的邻接多重表如图 5.17 所示。图中省掉了 Info 字段,因此,结点只有 5 个字段。

邻接多重表的结构声明如下:

```
Typedef struct edge     //图的邻接多重表表示法中边的定义
{
    int mark;           //标志域(标记该边是被访问)
    int ivertex;        //边的起始顶点
    int jvertex;        //边的指向顶点
    struct edge * ilink;   //指向下一条依附顶点 vi 的边位置
    struct edge * jlink;   //指向下一条依附顶点 vj 的边位置
}edge;
Typedef struct vertex     //图的定义
{
    int vertex;              //存储顶点信息
    struct edge * edge;      //依附顶点的第一条边结点
}Node
typedef struct Node * Graph;
```

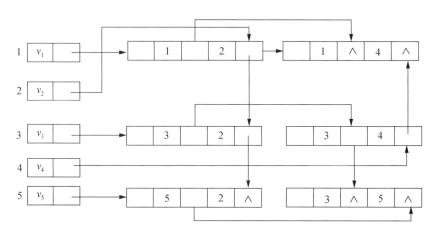

图 5.17　图 5.7 所示图 $G2$ 的邻接多重表存储结构

3. 图的遍历

从给定图中任意指定的顶点(称为初始点)出发,按照某种方式沿着图的边访问图中的所有顶点,使每个顶点仅被访问一次,这个过程称为**图的遍历**。如果给定图是连通无向图或者是强连通的有向图,则遍历过程一次就能完成,并可按访问的先后顺序得到由该图所有顶点组成的一个序列。

利用图的遍历可以发现图的很多结构信息。图的应用中人们常常关注顶点间的连接,实现这些应用需要对图的顶点进行遍历。

(1) 图的遍历与树的遍历。

在树的遍历中,可以根据不同的遍历方法确定一个开始结点。图的遍历比树的遍历复杂,因为从树根到达树中的每个顶点只有一条路径,而从图的初始点到达图中的每个顶点可能存在多条路径。当沿着图中的一条路径访问过某一顶点后,还可沿着另一条路径回到该顶点,即存在回路。图的遍历与树的遍历的区别主要表现在以下几个方面。

① 图中没有一个唯一的开始结点,可以从任何一个顶点开始访问。

② 在图中,从一个顶点出发,只能访问到它所在的连通分量的各顶点,对于非连通图而言,还需考虑对其他连通分量上顶点的访问。

③ 在图中,如果有回路,一个顶点被访问之后又可能沿回路回到该顶点。为了避免对同一顶点的多次访问,在遍历过程中必须记下已访问过的顶点,通常利用一维辅助数组记录顶点被访问的情况。例如,可设置一个访问标志数组 visited,当某顶点 v_i 被访问过时,就将该数组中的元素 visited[i] 置为 1;否则,置为 0。

④ 在图中,一个顶点可以和多个顶点相邻接,访问过这个顶点之后应确定如何选择下一个要访问的顶点。

(2) 图的遍历方法。

图的遍历是图的重要操作,图和网的许多操作都是建立在图的遍历操作基础之上的,如图的连通性问题、拓扑排序问题等。根据遍历方式的不同,图的遍历方法有两种:一种为深度优先遍历(Depth – First Search, DFS),另一种为广度优先遍历(Broadth – First Search, BFS)。

视频讲解

① 深度优先遍历。

正如"深度优先遍历"这一名称所指的那样,这种遍历所遵循的策略是尽可能"深"地访问图中的顶点。图的深度优先遍历和树的先序遍历非常类似,图中遍历的起始点对应于树的根结点,图的起始点的邻接点对应于树的根结点的各孩子结点,从邻接点出发的图的遍历对应于从子树的根出发的树的遍历。所不同的是,树中的各个子树互不相交,因此,对任一子树的遍历不会访问到其他子树中的结点;而从图中某一邻接点开始的遍历有可能访问到起始点的其他邻接点,因此,在图的遍历中必须强调"从各个未被访问的邻接点起进行遍历"。显然,深度优先遍历是一个递归过程。从图的某一顶点 v_0 出发进行深度优先遍历的算法描述如下。

A. 从图中某一顶点 v_0 出发并访问顶点 v_0。

B. 依次从 v_0 未被访问的邻接顶点出发深度优先遍历图,直到图中所有从 v_0 出发有路径可达的顶点都已被访问到。

C. 若图中还有顶点未被访问到,则另选一个未被访问的顶点作为 v_0,重复上面的步骤;否则图的深度优先遍历结束。

假设图用邻接表进行存储,图中 n 个顶点的表头结点存入数组 $g[n+1]$ 中,并用 1 到 n 标识每一个顶点的序号,$g[i]$ 存放顶点 v_i 的有关信息,v_0 为给定出发顶点的序号。为了在遍历过程中区分顶点是否已经被访问过,我们引入一个布尔值数组 visited,设置标志数组 visited$[n+1]$ 的初始值全为 0,并且在处理 v_i 之前检测 visited$[i]$ 的值,以确定是否访问过结点 v_i,一旦顶点 v_i 被访问过,就将 visited$[i]$ 设置为 1。从顶点 v_0 出发,按深度优先遍历法对图进行遍历的递归算法如算法 5.1 所示。

算法 5.1 从顶点 v_0 出发对图进行深度优先遍历的算法

```
Void dfs(Graph g, int v0)
{
    visited[v0] = 1;
    w = firsteadj(g,v0);          //获得 v0 顶点的第一个邻接点
    while(w! = 0)                  //如果图结点不为空
    {
        if(visited[w] = 0)
        dfs(w);                   //递归深度优先遍历
        w = nextad(g,v0,w)        //访问下一个结点
    }
}
```

下面简单讨论两个关于深度优先遍历算法的问题。

第 1 个问题,标志数组 visited 的初始值设置问题:深度优先遍历算法中不应该对 visited 数组赋初始值,一些初学者往往将给 visited 赋初始值的部分放在算法的开头部分。出现这个错误的原因是忽略了递归算法要反复调用执行,而赋初值只是一次性的操作。

第 2 个问题,关于调用 dfs(v_0) 所访问到的顶点的问题:由算法 5.1 可知,调用 dfs(v_0) 所能访问到的顶点一定是由 v_0 可以直接或间接到达的顶点。因此,当图是无向图时,若图连通,从其中某顶点出发能访问到所有顶点;若图不连通,则只能访问到所在连通分量上的所有顶点。由于图可能不是连通图,从单个顶点开始,可能无法达到所有的顶点,因此,我们将深度优先遍历过程包含在一个循环中,通过该循环处理所有未被访问的结点。

例如,在图 5.18 所示无向图及其邻接表中,调用 dfs( )函数,假设初始顶点编号为 $v_0 = 2$,调用 dfs(2)的执行过程如下。

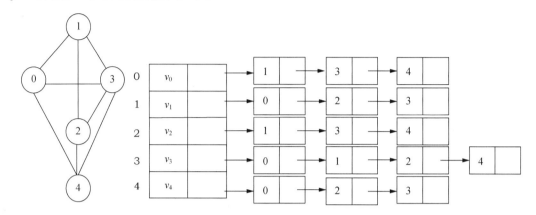

图 5.18　无向图及其邻接表

第 1 步,dfs(2):访问顶点 2,找顶点 2 的相邻顶点 1,如果它未被访问过,则转到第 2 步。

第 2 步,dfs(1):访问顶点 1,找顶点 1 的相邻顶点 0,如果它未被访问过,则转到第 3 步。

第 3 步,dfs(0):访问顶点 0,找顶点 0 的相邻顶点 1,如果它已被访问过,则找顶点 0 的下一个相邻顶点 3,如果顶点 3 也未被访问过,则转到第 4 步。

第 4 步,dfs(3):访问顶点 3,找顶点 3 的相邻顶点,如果顶点 1 和顶点 2 均已被访问过,则找顶点 3 的下一个相邻顶点 4,如果顶点 4 也未被访问过,转到第 5 步。

第 5 步,dfs(4):访问顶点 4,找顶点 4 的相邻顶点,如果顶点 4 的所有的相邻顶点均已被访问过,则退出 dfs(4),转到第 6 步。

第 6 步,继续 dfs(3):如果顶点 3 的所有后续相邻顶点均已被访问过,则退出 dfs(3),转到第 7 步。

第 7 步,继续 dfs(0):如果顶点 0 的所有后续相邻顶点均已被访问过,则退出 dfs(0),转到第 8 步。

第 8 步,继续 dfs(1):如果顶点 1 的所有后续相邻顶点均已被访问过,则退出 dfs(1),转到第 9 步。

第 9 步,继续 dfs(2):如果顶点 2 的所有后续相邻顶点均已被访问过,则退出 dfs(2),转到第 10 步。

第 10 步,结束。

在对图进行深度优先遍历时,对每个顶点至多调用一次 dfs 函数;因为一旦某个顶点被标志为已被访问过,就不会再从它出发进行遍历。因此,遍历图的过程实质上是对每个顶点查找其邻接点的过程,其时间耗费取决于所采用的存储结构。例如,以邻接表作为图的存储结构时,找邻接点所需时间为 $O(e)$,e 为无向图的边数或有向图的弧数。由于算法需要 $O(n)$ 的时间建立标志数组,故深度优先遍历图的时间复杂度为 $O(n+e)$。

② 广度优先遍历。

图的广度优先遍历类似于树的层次遍历,是树的层次遍历的推广。如果希望找出一个图中两个特定顶点之间的一条路径——连接这两个顶点,且不存在边数比它更少的其他路径的路径,可以使用广度优先遍历法。从图的某一顶点 v_0 出发,对图进行广度优先遍历的算法描述如下。

A. 从图中某个顶点 v_0 出发并访问顶点 v_0。

B. 依次访问顶点 v_0 的各个邻接顶点,然后分别从这些邻接顶点出发,依次访问它们的邻接顶点,并使先被访问的顶点的邻接顶点先于后被访问的顶点的邻接顶点先被访问到,直到图中已被访问过的顶点的邻接顶点都被访问到为止。

C. 若图中还有顶点未被访问到,则另选一个未被访问过的顶点作为 v_0,重复上面的步骤;否则图的广度优先遍历结束。

在图的广度优先遍历中,若顶点 v_i 在顶点 v_j 之前被访问,则顶点 v_i 的邻接点也将在顶点 v_j 的邻接点之前被访问。因此,我们可以采用队列数据结构算法实现图的广度优先遍历,同时设置一个标志数组 visited 记录顶点被访问的情况。假设图以邻接表存储,图的广度优先遍历算法如算法 5.2 所示。

算法 5.2　从顶点 v_0 出发对图进行广度优先遍历的算法

```
void bfs(Graph g,int v0)
{
    visited[v0]=1;
    enqueue(Q,v0);
    while(!Empty(Q))        //队列是否为空
    {
        v=dlqueue(Q);        //出队操作
        w=firstadj(g,v);     //找到结点 v 的第一个邻接点
        while(w!=0)          //如果邻接点存在
        {
            if(visited[w]==0)   //如果结点未被访问
            {
                visited[w]=1;
                enqueue(Q,w);       //将结点入队操作
            }
            w=nextadj(g,v,w)      //获取结点 v 的下一个邻接点
        }
    }
}
```

例如,对图 5.18 所示的无向图及其邻接表调用 bfs(g,v_0) 函数,假设 $v_0=2$,调用 bfs(2) 的执行过程如下:

第 1 步,访问顶点 2,顶点 2 入队,转到第 2 步。

第 2 步,第 1 次循环:顶点 2 出队,找其第一个相邻顶点 1,如果顶点 1 未被访问过,则访问它,并将顶点 1 入队;找顶点 2 的下一个相邻顶点 3,如果顶点 3 未被访问过,则访问它,并将顶点 3 入队;找顶点 2 的下一个相邻顶点 4,如果顶点 4 未被访问过,则访问它,并将顶点 4 入队,转到第 3 步。

第 3 步,第 2 次循环:顶点 1 出队,找其第一个相邻顶点 0,如果顶点 0 未被访问过,则访问它,并将顶点 0 入队;找顶点 1 的下一个邻接顶点 2,如果顶点 2 被访问过,则找顶点 1 的下一个相邻顶点 3,如果顶点 3 被访问过,则转到第 4 步。

第 4 步,第 3 次循环:顶点 3 出队,依次找其相邻顶点,如果顶点 0,顶点 1,顶点 2,顶点 4 这 4 个顶点均已被访问过,则转到第 5 步。

第5步,第4次循环:顶点4出队,依次找其相邻顶点,如果顶点0,顶点2,顶点3这3个顶点均已被访问过,则转到第6步。

第6步,第5次循环:顶点0出队,依次找其相邻顶点,如果顶点1,顶点3,顶点4这3个顶点均已被访问过,则转到第7步。

第7步,此时队列为空,遍历结束,遍历序列为$\{2,1,3,4,0\}$。

在上述算法中,每个顶点至多进一次队列。图的遍历过程实质上是通过边或弧找邻接顶点的过程,因此,当采用邻接表表示图时,广度优先遍历图的时间复杂度和深度优先遍历图的时间复杂度相同,都为$O(n+e)$,两者的区别仅在于对顶点的访问次序不同。当采用邻接矩阵表示图时,广度优先遍历算法的时间复杂度为$O(n^2)$。

上面讨论的图的两种遍历方法,对于无向图来说,若无向图是连通图,则一次遍历能够访问到图中的所有顶点;若无向图是非连通图,则只能访问到初始点所在连通分量中的所有顶点,其他连通分量中的顶点是不可能访问到的。为此,需要从其他每个连通分量中选择初始点,分别进行遍历,才能访问到图中的所有顶点。对于有向图来说,若从初始点到图中的每个顶点都有路径,则能够访问到图中的所有顶点;否则,不能访问到所有顶点,为此,同样需要再选初始点,继续进行遍历,直到图中的所有顶点都被访问过为止。

深度优先遍历非连通无/有向图的算法如算法 5.3 所示,广度优先遍历非连通无/有向图的算法如算法 5.4 所示。

算法 5.3 深度优先遍历非连通无/有向图的算法

```
void dfsa(Graph g,int n)
{
    int i;
    for(i =0;i <n;i ++)    //n为图的结点数
            if(visitced[i] ==0
                    dfs(g,i);    //深度优先遍历
}
```

算法 5.4 广度优先遍历非连通无/有向图的算法

```
void bfsa(Graph g, int n)
{
    int i;
    for(i =0;i <n;i ++)
    {
        if(visited[i] = =0)
                bfs(g,i);    //广度优先遍历
    }
}
```

视频讲解

5.2.2 贪心算法

视频讲解

贪心算法又称贪婪算法,是指在对问题求解时,总是做出在当前看来是最好的选择。贪心算法不是对所有问题都能得到整体最优解,但对范围相当广泛的许多问题能产生整体最优解或者是整体最优解的近似解。

1. 贪心算法的基本思想和典型应用

例如,有 4 种硬币,它们的面值分别为二角五分、一角、五分和一分。现在要找给某顾客

六角三分钱。这时,我们一般都会拿出 2 个二角五分的硬币,1 个一角的硬币和 3 个一分的硬币交给顾客。这种找硬币方法与其他的找法相比,所拿出的硬币个数是最少的。事实上,这里用到了一种找硬币算法:先选出 1 个面值不超过六角三分的最大硬币,即二角五分,然后用六角三分减去二角五分,剩下三角八分。再选出 1 个面值不超过三角八分的最大硬币,即又一个二角五分,按照这个思路选下去,直到凑够六角三分为止。这个找硬币的方法实际上就是贪心算法。贪心算法总是做出在当前看来最好的选择,也就是说贪心算法并不从整体最优考虑,它所做出的选择只是在某种意义上的局部最优选择。当然,贪心算法得到的最终结果有时也是整体最优的。比如上面介绍的用贪心算法找六角三分硬币得到的结果就是整体最优解。

找硬币问题本身具有最优子结构性质,它可以用动态规划算法求解。但用贪心算法更简单、更直接,且解题效率更高。贪心算法利用了问题本身的一些特性,如上述找硬币的算法利用了硬币面值的特殊性。如果硬币的面值改为一分、五分和一角一分,而要找给顾客的是一角五分钱。还用贪心算法,将找给顾客 1 个一角一分的硬币和 4 个一分的硬币。然而,实际上 3 个五分的硬币显然是最好的找法。

虽然贪心算法不能对所有问题都得到整体最优解,但是对许多问题它能产生整体最优解。例如,图的单源最短路径问题,最小生成树问题等。在一些情况下,即使贪心算法不能得到问题的整体最优解,其最终结果却是最优近似解。回顾前面讲到的哈夫曼编码,正是一种典型的贪心算法。

下面我们将介绍贪心算法的一个典型应用——活动安排问题。

设有 n 个活动的集合 $E = \{1, 2, \cdots, n\}$,其中,每个活动都要求使用同一资源(如演讲会场),而在同一时间内只有一个活动能使用这一资源。每个活动 i 都有一个要求使用该资源的起始时间 s_i 和结束时间 f_i,且 $s_i < f_i$。如果选择了活动 i,则它在半开时间区间 $[s_i, f_i)$ 内占用资源。若区间 $[s_i, f_i)$ 与区间 $[s_j, f_j)$ 不相交,则称活动 i 与活动 j 是相容的。也就是说,当 $s_i \geq f_j$ 或 $s_j \geq f_i$ 时,活动 i 与活动 j 相容。图 5.19 为活动安排问题的一个例子。

视频讲解

图 5.19　活动安排问题举例(有 a～h 8 个活动)

活动安排问题要求高效地安排一系列争用某一公共资源的活动,即在所给的活动集合中选出最大的相容活动子集,该问题是可以用贪心算法有效求解的很好的例子。

用贪心算法解决活动安排问题的基本思想如下:对输入的活动以其完成时间按非降序排列,然后每次总是选择具有最早完成时间的相容活动加入集合中,直到所有活动分析完成或截止时间达到。直观上,按这种方法选择相容活动就是为未安排活动留下尽可能多的时间。也就是说,该算法的贪心选择的意义是使剩余的可安排时间段极大化,以便安排尽可能多的相容活动。具体实现算法如算法 5.5 所示。

算法 5.5 活动安排问题的贪心算法

```
int greedySelector(int s [], int f [], boolean a[],int m)   //m 为活动数目
    {
        int n = m - 1;
        a[1] = true;
        int j = 1;
        int count = 1;
        for (int i = 2;i <= n;i ++) {
            if (s[i] >= f[j]) {          //如果为相容活动,则 a[i] = true
            a[i] = true;
            j = i;
            count ++ ;       //相容活动数目加 1
            }
        else a[i] = false;
        }
    return count;
}
```

在算法 5.5 中,输入参数中 $f[\ ]$ 为活动结束时间集合,各活动的起始时间和结束时间存储于数组 s 和 f 中,且按结束时间非降序排列,即 $f[1] \leqslant f[2] \leqslant, \cdots, \leqslant f[n]$,用集合 a 来存储所选择的活动,活动 i 在集合中当且仅当 $a[i] = \text{true}$ 时,j 用来记录最近一次加入 a 的活动。

贪心算法的效率极高。当输入的活动已按结束时间非降序排列时,算法只需花费 $O(n)$ 的时间便可安排好 n 个活动,使最多的活动能相容地使用公共资源。如果所给出的活动未按结束时间非降序排列,则需要用 $O(n\log n)$ 的时间重排。

例如,表 5.1 列出了 11 个活动的开始时间和结束时间,并已按这些活动的结束时间非降序排列。用贪心算法在这 11 个活动中找相容的最大活动子集的计算过程如图 5.20 所示。

表 5.1 11 个活动的开始和结束时间

i	1	2	3	4	5	6	7	8	9	10	11
$s[i]$	1	3	0	5	3	5	6	8	8	2	12
$f[i]$	4	5	6	7	8	9	10	11	12	13	14

图 5.20 中的每行对应于算法的一次迭代。阴影长条表示的是活动已选入集合 a 的活动,而空白长条表示的活动是当前正在检查相容性的活动。若被检查的活动 i 的开始时间 s_i 小于最近选择的活动 j 的结束时间 f_j,则不选择活动 i;否则,选择将活动 i 加入集合 a 中。

贪心算法并不总能求得问题的整体最优解。但对于活动安排问题,贪心算法却总能求得整体最优解,即它最终所确定的相容活动集合 a 的规模最大。这个结论可以用数学归纳法证明。

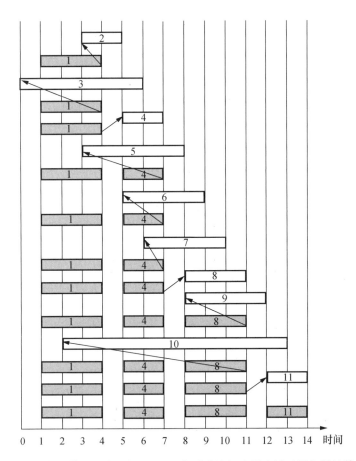

图 5.20 用贪心算法为表 5.1 所示 11 个活动找相容最大活动子集的计算过程

事实上,设 $E = \{1,2,\cdots,n\}$ 为所给的活动集合。由于 E 中的活动已按结束时间非降序排列,故活动 1 具有最早的完成时间。首先证明活动安排问题有一个最优解以贪心选择开始,即该最优解中包含活动 1。设 $A \subseteq E$ 是所给的活动安排问题的一个最优解,且 A 中活动也按结束时间非降序排列,A 中的第一个活动是活动 k。若 $k = 1$,则 A 就是以贪心选择开始的最优解;若 $k > 1$,则设 $B = A - \{k\} \cup \{1\}$。由于 $f_1 \leqslant f_k$,且 A 中活动是相容的,故 B 也是最优的。也就是说,B 是以贪心选择活动 1 开始的最优活动安排。由此可见,总存在以贪心选择开始的最优活动安排方案。

进一步,在做出了贪心选择(即选择了活动 1)后,原问题简化为对 E 中所有与活动 1 相容的活动进行活动安排的子问题。也就是说,若 A 是原问题的最优解,则 $A' = A - \{1\}$ 是活动安排问题 $E' = \{i \in E : s_i \geqslant f_1\}$ 的最优解。事实上,如果能找到 E' 的一个解 B',它包含比 A' 更多的活动,则将活动 1 加入 B' 中,将产生 E 的一个解 B,它包含比 A 更多的活动。这与 A 的最优解性质矛盾。因此,每一步所做出的贪心选择都将问题简化为一个更小的与原问题具有相同形式的子问题。对贪心选择次数用数学归纳法即知,贪心算法最终可产生原问题的最优解。

2. 贪心算法可行的基本要素

贪心算法通过一系列的选择得到问题的解。它所做出的每一个选择都是当前状态下局部最好选择,即贪心选择。这种启发式的策略并不总能获得最优解,然而在许多情况下却能达到预期目的。活动安排问题的贪心算法就是一个例子。下面着重讨论可以用贪心算法求解的问题的一般特征。

对于一个具体的问题,怎么知道该问题是否可以用贪心算法进行求解,以及用贪心算法求解后能否得到该问题的最优解,这个很难给出确切的回答。但是,从许多可以用贪心算法求解的问题中,我们可以总结出这类问题一般具有两个重要的性质:**贪心选择性质**和**最优子结构性质**,这也是贪心算法可行的两个基本要素。

(1)贪心选择性质。

贪心选择性质是指所求问题的整体最优解可以通过一系列局部最优的选择,即贪心选择来达到。这是贪心算法可行的第一个基本要素,也是贪心算法与动态规划算法的主要区别。在动态规划算法中,每步所做出的选择往往依赖于相关子问题的解。因而只有在解出相关子问题后,才能做出选择。而在贪心算法中,仅需在当前状态下做出最优选择,即局部最优选择,然后再去解做出这个选择后产生的相应的子问题。贪心算法所做出的贪心选择可以依赖于以往所做过的选择,但决不依赖于将来所做的选择,也不依赖于子问题的解。正是由于这种差别,动态规划算法通常以自底向上的方式解各子问题,而贪心算法通常以自顶向下的迭代的方式做出相继的贪心选择,每做出一次贪心选择就将所求解问题简化为规模更小的子问题。

对于一个具体问题,要确定它是否具有贪心选择性质,必须证明每一步所做出的贪心选择最终可导致问题的整体最优解。通常,可以用类似于证明活动安排问题的贪心选择性质时所采用的方法来证明。首先,考查问题的一个整体最优解,并证明可修改这个最优解,使其以贪心选择开始。其次,做出贪心选择后,原问题简化为规模更小的类似子问题。最后,用数学归纳法证明,通过每一步做贪心选择,最终可得到问题的整体最优解。其中,证明贪心选择后的问题简化为规模更小的类似子问题的关键在于利用该问题的最优子结构。

(2)最优子结构性质。

当一个问题的最优解包含其子问题的最优解时,称此问题具有最优子结构性质。问题的最优子结构性质是该问题可用贪心算法求解的另一个基本要素。

5.3 项目实战(任务解答)

路由协议设计

在对图和贪心算法的基础知识进行讲述后,接下来我们将讲述本章项目指引中路由协议设计的求解思路、路由网络的图表示及如何运用贪心算法求解路由转发表。

1. 项目分析

通过对路由协议设计项目进行分析,我们发现该项目中存在以下要解决的关键问题:

(1)如何存储每个路由器的路由表?

(2)如何构建路由连接信息?

(3)系统包含哪些数据结构?路由生成系统应采用什么数据结构实现?

(4)如何获得最短的路由路径?

(5)作为模拟系统,如何模拟路由连接信息的发布和接收?

其中,前面3个问题属于数据结构设计问题,后面2个问题属于算法和程序设计问题。

2. 数据结构设计

（1）程序架构设计。

在路由协议设计问题中,每个内网路由器都应该具有一个相同的路由协议,即采用相同的数据结构和路由方法。这里的路由方法可以简单考虑成包转发方法,即接收到一个数据包后,分析该数据包要去达的路由器号,然后通过查找本路由器的路由转发表获得将该数据包要送达的下一个路由器号,并将该数据包发送给下一个要接收该数据包的路由器。那么,每个路由器的路由转发表是如何生存的呢? 一种可行的方式是,每个路由器在当前时刻都保存着自己和其他路由器的连接信息表,并定时地把该连接信息表发送给网关路由器,当网关路由器收到所有其他路由器发送的连接信息表后,构建整体路由器网络连接图结构,由网关路由器根据一种算法计算网关路由器到每个内网路由器的最小代价路由转发路径,形成到每个内网路由器的转发路径,每个内网路由器根据网关路由器形成的转发路径,更新自己的路由转发表。

而本项目就是要模拟以上路由协议在每个路由器上的运行过程,从而构建路由程序。整个程序应该包含路由转发表和连接信息的数据管理部分、路由转发表生成部分、路由连接信息与数据包信息的发送和接收部分。

本项目的网络架构较为特殊,只有一个入口网关,所有的外部信息都将从网关进入并发送给接收者。因此,可以设计成仅由网关路由器具备路由生成算法,而其他内网路由器只被动接收由网关路由器生成的路由转发表,从而更新自身的路由转发表,并根据路由转发表负责数据包的接收与转发任务这样的程序架构。网关路由器程序包含的内容如表 5.2 所示。

表 5.2　网关路由器程序包含的内容

路由程序（网关）		
数据管理部分	信息传送和接收部分	路由转发表生成部分
1. 更新路由转发表 2. 更新本时段的所有路由器连接信息 3. 更新本路由器的连接信息	1. 接收其他路由器的连接信息 2. 发送本路由器的连接信息 3. 将外部来的数据包按照路由转发表转发给下一个路由器	如果是网关路由器,则计算当前网关到各个路由器的最短路径并生成路由转发表

区别于网关路由器,其他的内网路由器不需要完成生成路由转发表的过程,只需要管理其自身的路由转发表,根据网关路由器计算获得的路由转发路径更新其自身的路由转发表,并根据最新的路由转发表将接收到的数据包递交给下一个路由器或信息接收者。同时,内网路由器会维护自身与其他内网路由器、网关路由器的连接信息,并定时地将该连接信息发送给网关路由器。因此,内网路由器程序包含的内容如表 5.3 所示。

表 5.3　非网关的内网路由器程序包含的内容

路由程序（非网关）		
数据管理部分	信息传送和接收部分	路由转发表生成部分
1. 更新路由转发表 2. 更新本路由器的连接信息	1. 接收网关产生的路由转发表 2. 发送本路由器的连接信息给网关 3. 接收上一个路由器传递的数据包,并按照路由转发表将数据包递交给下一个路由器或接收者	无

（2）路由转发表和连接信息表的数据结构设计。

路由转发表：路由转发表用来存储由源路由器到目标路由器中的路由转发信息，即由源路由器到目标路由器的下一个路由器号，例如，由 A,B,C,D 四个路由器构成的网络，路由器 B 的路由转发表可以设计成如表 5.4 所示的结构。

表 5.4　路由转发表的逻辑结构举例

源路由器	目标路由器	转发路由器
A	B	B
A	D	C
A	C	C

在表 5.4 中，第一列存储数据包的来源路由器号，即数据包从哪个路由器发送而来；第二列存储目标路由器号，即数据包最终要到达的路由器号；第三列记录了如果要到达由第二列存储的目标路由器，数据表将递交给下一个路由器的路由器号。例如，第一条记录表示数据包要发送给路由器 B，那么，该数据包由路由器 B 进行传递，下一个递交的路由器为 B；第二条记录表示数据包经路由器 B 预达到路由器 D，那么，路由器 B 将把该数据包直接转发给路由器 C，由路由器 C 根据路由器 C 的路由转发表再次进行递交，最终数据包将传送给路由器 D。

路由连接信息表：路由连接信息表用来存储本时段本路由器与其他路由器的连接代价信息。同上例，路由器 B 的路由连接信息表可以设计成如表 5.5 所示的结构。

表 5.5　路由连接信息表举例

自身路由器	连接路由器	代价
B	A	7
B	D	16
B	C	∞

表 5.5 所示的路由连接信息表表明路由器 B 可以直接与路由器 A、路由器 D 相连，路由代价分别是 7 和 16；路由器 B 和路由器 C 无法直接相连，即路由器 B 和路由器 C 不相邻，因此，路由代价为 ∞。

路由转发表和路由连接信息表应该由哪种数据结构实现呢？根据前面学习的内容，我们可以想到路由转发表和路由连接信息表可以由简单的表数据结构得以实现。有了以上路由转发表和路由连接信息表，通过程序实现路由器之间数据包的转发可以通过多种方式实现，最简单的一种方式是，为每个路由器构建一个队列线性数据结构，用于存储收发的数据包，路由器循环检测该队列线性数据结构中是否还包含有数据，如果有就出队，并根据数据包的类型对数据进行处理。这里有两类数据包：一类是连接信息数据包，另一类是转发数据包。如前所述，对于转发数据包，查询路由转发表进行转发。连接信息包只有网关路由器会接收到。因此，当网关路由器收到各个内网路由器发送的当前时段的路由连接信息包后，需要构建对应的数据结构进行存储。那么，应该采用何种数据结构存储，以支撑路由转发表生成算法呢？同时，本项目要求路由路径的生成规则是代价最小，也就是网关路由器到每个内网路由器的路径代价都是最小值。这是本项目要解决的核心问题。

在本项目中,各个路由器相互连接形成了一个图的逻辑结构,根据前面关于图基础知识的介绍,可以看出图数据结构是最适合本问题算法实现的一种数据存储结构。如果将一个路由器看作图中的一个结点,路由器网络结构可以对应成如图 5.21 所示的带权图结构。图 5.21 描述了由网关路由器 s 结点,和其他 6 个内网路由器构成的计算机网络结构,其中,6 个内网路由器分别用图中结点 $1,2,3,4,5,t$ 表示。路由器与路由器间的连接代价由边上的权表示,这里的连接代价可以表示路由器间的空间距离或网络通信代价。例如,路由器 1 与路由器 4 的连接代价为 7,路由器 2 与路由器 5 的连接代价为 4。根据前面所描述的图数据结构的存储方法,该路由器网络可以采用顺序存储结构或链式存储结构进行存储。计算网关路由器到各个内网路由器的最短路径问题,也就是如何找到图中从源点到其余各顶点的带权最短路径问题。下面我们将讨论如何通过贪心算法思想解决这一带权最短路径问题。

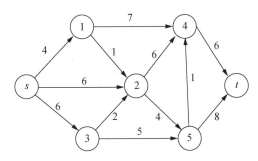

图 5.21　路由器网的图数据结构表示举例(有向无环图)

3. 用贪心算法求解带权最短路径问题

(1) 迪杰斯特拉算法。

视频讲解

迪杰斯特拉算法(Dijkstra 算法)是利用贪心算法思想求解带权最短路径问题的经典算法。在本项目中我们将运用该算法求解网关路由器到其他内网路由器的最短路径,从而根据计算获得的到每个路由器的最短路径形成本网络每个路由器的路由转发表。

本项目的核心计算问题是求解网关路由器到各个内网路由器的最短路径。假设有如图 5.21 所示的路由器网,其中,网关路由器为 s 结点,现要计算网关结点到路由器 t 结点的最短路径,从而产生网关到路由器 t 结点的路由转发表。

采用迪杰斯特拉算法求解最短路由路径的基本思想是:设 $G=(V,E)$ 是一个带权有向图,把图中的顶点集合 V 分成两组,第一组为已求出最短路径的顶点集合(用 S 来表示),初始时 S 中只有一个源点,本项目中就是网关结点 s,以后每求得一条最短路径 $(s_1\cdots,u)$,就将其加入到集合 S 中,直到全部顶点都被加入到 S 中时,算法结束;第二组为其余未确定最短路径的顶点集合(用 U 表示)。

对于第二组 U 的每个顶点 j(j 属于 U),若刚添加到 S 中的顶点记为 u,需要调整源点到所有顶点 j 的最短距离。调整过程是,从源点 s 到顶点 u 的最短路径长度为 C_{su},从源点 s 到顶点 j 的最短路径长度为 C_{sj},若顶点 u 到顶点 j 有一条边(没有这样边的顶点不需要调整),其权值为 W_{uj},如果 $C_{su}+W_{uj}<C_{sj}$,则将 $s{\to}j{\to}u$ 的路径设为源点 s 到顶点 j 新的最短路径,如图 5.22 所示。当更新源点 s 到集合 U 中所有顶点 j 的最短路径后,选择集合 U 中最短路径的检查点 j 作为新的 u,将其从 U 移到 S 中,重复这一过程。当 U 变为空集时便得到从源点 s 到每个顶点的最短路径。

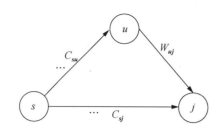

图5.22 从源点 s 到顶点 j 的路径长度比较

迪杰斯特拉算法的具体步骤描述如下。

① 初始化。S 只包含源点，即 $S = \{s\}$，顶点 s 到自己的距离为0。U 包含除 s 外的其他顶点，源点 s 到 U 中顶点 i 的距离为边上的权(若 s 与 i 有边 $<s, i>$ 或若顶点 i 不是 s 的出边邻接点)。

② 从 U 中选取一个顶点 u，它是源点 s 到 U 中距离最小的一个顶点，然后把顶点 u 加入 S 中(该选定的距离就是源点 s 到顶点 u 的最短路径长度)。

③ 以顶点 u 为新考虑的中间点，修改源点 s 到 U 中各顶点 $j(j$ 属于 $U)$ 的距离。若从源点 s 到顶点 j 经过顶点 u 的距离(如图 5.22 中 $C_{su} + W_{uj}$)比原来不经过顶点 s 的距离(图 5.22 中 C_{sj})更短，则修改从源点 s 到顶点 j 的最短距离值(改为图 5.22 中的 $C_{su} + W_{uj}$)。

④ 重复步骤②和步骤③，直到 S 包含所有的顶点，即 U 为空为止。

设有向图 $G = (V, E)$，以邻接矩阵作为存储结构。为了保存最短路径长度，设置一个数组 dist，dist[i] 用来存储从源点 s 到顶点 i 的目前最短路径长度，它的初值为 $<s, i>$ 边上的权值，若顶点 s 到顶点 i 没有边，则权值为∞。以后每考虑一个新的中间点 u 时，dist[i] 的值可能被减小。

为了保存最短路径，另设置一个数组 path，path[i] 用于存放从源点 s 到顶点 i 的最短路径上 i 的前驱顶点。沿着顶点 i 对应的 path[i] 向前追溯就能确定从 s 到 i 的最短路径，其路径长度为 dist[i]。

设有向图邻接矩阵的数据结构定义如下：

```
typedef struct
{
    char vexs[VEX_NUM];        //顶底序列 VEX_NUM 为顶点数目
    int arcs[VEX_NUM][VEX_NUM];   //边序列
}Mgraph;
```

同时设置标志数组，若 $s[i] = 1$，则表示已经找到源点到顶点的最短路径，若 $s[i] = 0$，则表示从源点到顶点 i 的最短路径尚未求得。求单源最短路径长度的迪杰斯特拉算法如算法5.6所示。

算法5.6 求单源最短路径长度的迪杰斯特拉算法

```
void Dijkstra(Mgraph Gn, int v0, int path[], int dist[])
{
    int s[Vex_NUM];
    for(int v = 0; v < VEX_NUM; v++)
    {
        s[v] = 0;                //s[]置空
```

```
        dist[v] = Gn.atcs[v0][v];        //初始化距离
            if(dist[v] < MAXINT)
                path[v] = v0;     //顶点 v0 到顶点 v 有边时,设置顶点 v 的前一个顶点
                                  //为 v0
            else
                path[v] = -1;     //顶点 v0 到顶点 v 没有边时,设置顶点 v 的前一个顶点
                                  //为 -1
    }
    dist[v0] = 0;s[v0] = 1;        //源点编号 v0 放入 s 中
    for(int i = 1;i < VEX_NUM - 1;i ++)   //循环向 s 中添加 n - 1 个结点
    {
        int min = MAXINT;             //设置最小长度初值
        v = -1;
        for(int w = 0;w < VEX_NUM;w ++)
        if(!s[w] && dist[w] < min)
        {
            v = w;
            min = dist[w];
        }
        if(v == -1)break;
        s[v] = 1;                      //顶点 v 加入 s 中
        for(int j = 0;j < VEX_NUM;j ++)        //修改不在 s 中的顶点的距离
        if(!s[j]&&(min + Gn.arcs[v][j] < dist[j]))
        {
            dist[j] = min + Gn.arcs[v][j];
            path[j] = v;
        }
    }
}
```

以图 5.21 所示的路由网为例,采用迪杰斯特拉算法求从顶点 s 到顶点 t 最短路径时,到各个点的距离的变化如表 5.6 所示(集合 S 中下划线表示新加入的顶点,距离中的粗体则表示修改后的距离值)。

表 5.6　采用迪杰斯特拉算法求图 5.21 所示图中从顶点 s 到顶点 t 最短路径的计算过程

S	U	s 到各顶点的距离
$\{s\}$	$\{1,2,3,4,5,t\}$	$\{0,4,6,6,\infty,\infty,\infty\}$
$\{s,\underline{1}\}$	$\{2,3,4,5,t\}$	$\{0,4,5,6,11,\infty,\infty\}$
$\{s,1,\underline{2}\}$	$\{3,4,5,t\}$	$\{0,4,5,6,11,9,\infty\}$
$\{s,1,2,\underline{3}\}$	$\{4,5,t\}$	$\{0,4,5,6,11,9,\infty\}$
$\{s,1,2,3,\underline{5}\}$	$\{4,t\}$	$\{0,4,5,6,10,9,17\}$
$\{s,1,2,3,5,\underline{4}\}$	$\{t\}$	$\{0,4,5,6,10,9,16\}$
$\{s,1,2,3,4,5,\underline{t}\}$	$\{\}$	$\{0,4,5,6,10,9,16\}$

顶点 s 到各顶点的最短距离分别为 4,5,6,10,9 和 16。

以上求解过程具体解释如下。

① 初始化:$S = \{s\}$,dist $= \{0,4,6,6,\infty,\infty,\infty\}$(顶点 s 到其他顶点的权值),path $= \{s, s,s,s,-1,-1,-1\}$(顶点 s 到其他各顶点有路径时为 s,否则为 -1)。

② 从 dist 中找到除 S 中顶点外最近的顶点 1,将其加入到 S 中,此时,$S = \{s,1\}$,从顶点 1 到顶点 2 和顶点 4 有边:

$\text{dist}[2] = \min(\text{dist}[2], \text{dist}[1] + 1) = 5(\text{修改});$

$\text{dist}[4] = \min(\text{dist}[4], \text{dist}[1] + 7) = 11(\text{修改});$

则 dist $=\{0,4,5,6,11,\infty,\infty,\}$,将顶点 1 替换修改 dist 值得顶点,path $=\{s,s,1,s,1,$ $-1,-1\}$。

③ 从 dist 中找到除 S 中顶点外最近的顶点 2,将其加入到 S 中,此时,$S=\{s,1,2\}$,从顶点 2 到顶点 4 和顶点 5 有边:

$\text{dist}[4] = \min(\text{dist}[4], \text{dist}[2] + 6) = 11;$

$\text{dist}[5] = \min(\text{dist}[5], \text{dist}[2] + 4) = 9(\text{修改});$

则 dist $=\{0,4,5,6,11,9,\infty,\}$,将顶点 2 替换修改 dist 值得顶点,path $=\{0,0,1,$ $0,1,2,-1\}$。

④ 从 dist 中找到除 S 中顶点外最近的顶点 3,将其加入到 S 中,此时,$S=\{s,1,2,3\}$,从顶点 3 到顶点 2 和顶点 5 有边:

$\text{dist}[2] = \min(\text{dist}[2], \text{dist}[3] + 2) = 5;$

$\text{dist}[5] = \min(\text{dist}[5], \text{dist}[3] + 5) = 9;$

没有修改,dist[ ] 和 path[ ] 不变。

⑤ 从 dist 中找到除 S 中顶点外最近的顶点 5,将其加入到 S 中,此时,$S=\{s,1,2,3,5\}$,从顶点 5 到顶点 4 和顶点 t 有边。

$\text{dist}[4] = \min(\text{dist}[4], \text{dist}[5] + 1) = 10(\text{修改});$

$\text{dist}[t] = \min(\text{dist}[t], \text{dist}[5] + 8) = 17(\text{修改});$

则,dist $=\{0,4,5,6,10,9,17\}$,将顶点 5 替换修改 dist 值得顶点,path $=\{s,s,1,s,$ $5,2,5\}$。

⑥ 从 dist 中找出除 S 中顶点外最近的顶点 4,将其加入到 S 中,此时,$S=\{s,1,2,3,5,$ $4\}$,从顶点 4 到顶点 t 有边:

$\text{dist}[t] = \min(\text{dist}[t], \text{dist}[4] + 6) = 16(\text{修改});$

则 dist $=\{0,4,5,6,10,9,16\}$,将顶点 5 替换修改 dist 值得顶点,path $=\{s,s,1,s,$ $5,2,4\}$。

⑦ 从 dist 中找到除 S 中顶点外最近的顶点 t,将其加入到 S 中,此时,$S=\{s,1,2,3,5,4,$ $t\}$,从顶点 t 不能到达任何顶点。算法结束,此时 dist $=\{0,4,5,6,10,9,16\}$,path $=\{s,s,1,s,$ $5,2,4\}$。

通过 path[i] 前向推,直到源点 s 为止,可以找出从源点 s 到任何一个顶点 i 的最短路径。该路径则形成了我们要构建的路由转发表。具体的路径求解算法如算法 5.7 所示。

算法 5.7　求最短单源路径序列的算法

```
void Dispath(int dist[], int path[],s,v)
{
    int i,j,k;
    int apath = new int [MAXV];      //存放一条最短路径(逆向)
    int d;                           //存放 apath 元素个数
    for(i=0;i<g.n;i++)               //循环输出从顶点 v 到 i 的路径
        if(s[i]==1&&i!=v)
        {
```

```
        d = 0;apath[d] = i;        //添加路径上的终点
            k = path[i];
            if(k == -1)            //没有路径的情况
            printf("无路径")
    }
    else                                    存在路径时输出该路径
    {
        while(k! = v)
        {
                d ++ ;apath[d] = k;
                k = path[k];
        }
        d ++ ;apath[d] = v;                //添加路径上的起点
        for(j = d - 1;j >= 0;j -- )
            printf(" ->" + apath[j] + "/r/n");
    }
}
```

最后,本例求得网关路由器 s 到目标路由器 t 经过中间路由器的路径为 $s \to 1 \to 2 \to 5$
$\to 4 \to t$。

在本例中,通过迪杰斯特拉算法的计算过程将为网关路由器 s 和内网路由器的路由转
发表增加产生的信息如表 5.7、表 5.8、表 5.9、表 5.10、表 5.11 和表 5.12 所示。

表 5.7　在网关路由器的转发表中增加的信息

源路由器	目标路由器	转发路由器
s	t	1

表 5.8　在 1 号路由器的转发表中增加的信息

源路由器	目标路由器	转发路由器
s	t	2

表 5.9　在 2 号路由器的转发表中增加的信息

源路由器	目标路由器	转发路由器
1	t	5

表 5.10　在 5 号路由器的转发表中增加的信息

源路由器	目标路由器	转发路由器
5	t	4

表 5.11　在 4 号路由器的转发表中增加的信息

源路由器	目标路由器	转发路由器
5	t	4

表 5.12　在 t 号路由器的转发表中增加的信息

源路由器	目标路由器	转发路由器
4	t	t

采用同样的方法可以获得网关路由器到所有内网路由器的最短路径,并为路径上的路由器添加路由转发表信息。

在本例中,假设 s 结点为网关,5 和 t 结点为两个目标路由器。那么,根据前面的分析,结点 1 作为 1 号转发路由器,其当前时刻的路由转发表(表中部分内容如表 5.13 所示)应该有如下数据项。

表 5.13　图 5.21 中 1 号路由器的路由器转发表的部分信息

源路由器	目标路由器	转发路由器
s	t	2
s	5	2
…	…	…

当所有的路由转发表都生成后,网关路由器会将各个路由器的路由转发表发送给各个内网路由器,各个内网路由器依据接收到的路由转发表进行数据信息包的转发。

(2)算法的正确性和复杂性分析。

① 贪心选择性质。

迪杰斯特拉算法是应用贪心算法设计策略的一个典型例子。它所做的贪心选择是从 $V-S$ 中选择具有最短特殊路径的顶点 u,从而确定从源点到顶点 u 的最短路径长度 dist$[u]$。这种贪心选择为什么能得到最优解呢?换句话说,为什么从源点到顶点 u 没有更短的其他路径呢?事实上,如果存在一条从源点到顶点 u 且长度比 dist$[u]$ 更短的路径,设这条路径初次走出 S 之外到达的顶点为 $x \in V-S$,然后徘徊于 S 内外若干次,最后离开 S 到达 u,如图 5.23 所示。在这条路径上,分别记 $d(s,x)$,$d(x,u)$ 和 $d(s,u)$ 为顶点 s 到顶点 x,顶点 x 到顶点 u 和顶点 s 到顶点 u 的路径长度,那么有 dist$[x] \leqslant d(s,x)$,$d(s,x) + d(x,u) = d(s,u) < $ dist$[u]$。利用边权的非负性,可知 $d(x,u) \geqslant 0$,从而推得 dist$[x] < $ dist$[u]$,与 u 为从源点 s 到 $V-S$ 中具有最短路径的顶点矛盾。这就证明了 dist$[u]$ 是从源点到顶点 u 的最短路径。

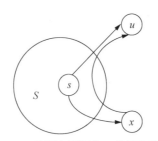

图 5.23　从源点到顶点 u 的最短路径

② 最优子结构性质。

要完成迪杰斯特拉算法正确性的证明,还必须证明最优子结构性质,即算法中确定的 dist[u]确实是当前从源点到顶点 u 的最短特殊路径长度。为此,只要考查算法在添加 u 到 S 中后,dist[u]的值所起的变化。将添加 u 之前的 S 称为老的 S。当添加了 u 之后,可能出现一条到顶点 i 的新的特殊路径。如果这条新特殊路径是先经过老的 S 到达顶点 u,然后从顶点 u 经过一条边直接到达顶点 i 的,则这种路径的最短长度是 dist[u] + a[u][i]。这时,如果 dist[u] + a[u][i] < dist[i],则算法中用 dist[u] + a[u][i] 作为 dist[i] 的新值。如果这条新特殊路径经过老的 S 到达 u 后,不是从顶点 u 经过一条边直接到达 i,而是像图 5.24 那样,回到老的 S 中某个顶点 x,最后才达到顶点 i,那么,由于 x 在老的 S 中,因此顶点 x 比顶点 u 先加入 S,故图 5.24 中从源点到顶点 x 的路径的长度比从源点到顶点 u,再从顶点 u 到顶点 x 的路径长度小。于是当前 dist[i] 的最小值小于图 5.24 中从源点经过顶点 x 到顶点 i 的路径长度,也小于图中从源点经顶点 u 和顶点 x,最后到达顶点 i 的路径的长度。因此,在算法中不必考虑这种路径。由此即知,不论算法中 dist[u] 的值是否有变化,它总是关于当前顶点集 S 到顶点 u 的最短特殊路径长度。

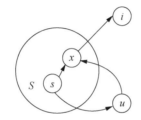

图 5.24　非最短的特殊路径

③ 计算复杂性。

对于具有 n 个顶点和 e 条边的带权有向图,如果用带权邻接矩阵表示这个图,那么迪杰斯特拉算法的主循环体需要的时间为 $O(n)$,这个循环需要执行 $n - 1$ 次,所以完成循环需要的时间为 $O(n^2)$。算法的其余部分所需要的时间不超过 $O(n^2)$。

4. 路由连接信息间隔发送、接收与数据传输模拟

项目中每相隔一定时间,每个路由器将会把自己和其他各个路由器的连接信息进行广播,从而告知网关路由器它与其他路由器的连接信息,即连接代价。这样,网关路由器通过间隔时间收集各个内网路由器的连接信息才能构建网络结构,从而利用前面讲述的最短路径求解算法,计算并获得各个内网路由器的路由转发表,然后将路由转发表发送给各个内网路由器。

同样,当一个信息包从网关路由器传输给内网某个路由器时同样需要实现信息的传送。

这里,我们不用真正实现网络间的信息通信,而是通过访问共享存储区的方式来实现对信息的发送工作和接收工作的模拟。这里所说的共享存储区可以是一个系统上简单的文件。当要实现信息的发送和接收时,信息发送路由器将信息以一定的格式写入文件,然后当接收路由器需要接收数据时,可以通过读取该文件的内容,并在读取后删除该条记录信息,从而模拟信息的网络发送和接收。通过这样的方式,我们只需要开辟表 5.14 所示的能够由网关路由器程序和内网路由器程序共同访问的文件,就可以模拟项目中的路由连接信息、路由表和信息包的发送和接收过程。

表 5.14　共享访问文件模拟信息的网络传输

序号	文件名	功能
1	Connectinfo	各个内网路由器每隔 10 秒将自己与其他路由器的连接信息存储到该文件;同时,网关路由器从该文件读取各个内网路由器的连接信息(模拟路由连接信息的发送和接收)
2	Rutotrans$[i]$	网关路由器和每个内网路由器都有自身的 Rutotrans 文件。第 i 个路由器拥有 Rutotrans$[i]$ 文件,该文件用于网关路由器将第 i 个内网路由器的路由转发表写入 Rutotrans$[i]$ 文件中(模拟网关路由器将路由转发表发送给内网路由器)
3	Info$[i]$	第 i 个路由器有 Info$[i]$ 文件。当要把信息发送给第 i 个路由器时,信息将存储到 Info$[i]$ 文件中(模拟信息包的传送)

5.4　更多案例

图与贪心算法的应用还有很多案例,本节将选取一些典型的图与贪心算法应用案例,使大家进一步了解如何运用图和贪心算法解决实际生活中遇到的各种问题。

5.4.1　高速公路建设问题

随着生活节奏的加快和车流量的变大,高速公路的建设成为每个省的市政建设重点。假设某省有 6 个城市,分别用 A,B,C,D,E,F 表示,各个城市间有多条老公路相连,如图 5.25 所示。现该省决定对目前的交通状况进行改进,在各个城市间架设高速公路,使得各个城市间能够更快速地到达。现假设你是该省高速公路建设方,请思考该如何选择改造那些旧公路,将其提升建设为高速公路,并使得在能够连通各个城市的前提下建设成本最低(建设成本与高速路公长度有关,高速公路越长,建设成本越高)。

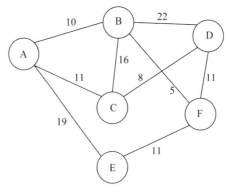

图 5.25　某省城市间旧公路路线图

1. 案例分析

在本案例中,如果把每个城市看作图中的一个结点,将城市间的公路看作图中的边,可以构成一个无向图。因此,本案例可以采用图的存储结构作为数据结构。在确定了物理存储结构后,本案例最关键的问题是在图结构上找到连接所有城市(即图中所有结点)的边集子图,使得该边集子图所有边的代价总和最小,从而达到建设成本最低的要求。这样的子图正是图中的一个生成树。

生成树:一个有 n 个顶点的连通图的生成树是一个极小连通子图,它含有图中的全部顶点,但只包含构成一棵树的 $n-1$ 条边。如果在一棵生成树上添加一条边,则必定构成一个环,因为后添加的这条边使得它依附的那两个顶点之间有了第二条路径。

生成树具有如下特点:

(1) 任意两个顶点之间有且仅有一条路径,如果再增加一条边,就会出现环,如果去掉一条边,此子图就会变成非连通图;

(2) 生成树是一个包含图中所有顶点的连通子图,一个带权连通图中可能有多颗生成树;

(3) 一个有 n 个顶点的完全图中一共存在 $n^{(n-2)}$ 种不同的生成树;

(4) 生成树可以通过对图进行遍历得到;

(5) 由深度优先遍历得到的生成树称为**深度优先生成树**;由广度优先遍历得到的生成树称为**广度优先生成树**。无论是深度优先还是广度优先,所生成的生成树均是由遍历时访问过的 n 个顶点和遍历时经过的 $n-1$ 条边组成的。

例如,图 5.26 为一个无向图,如果采用邻接表存储结构进行存储,以顶点 0 为根结点,可画出该无向图的深度优先生成树和广度优先生成树。

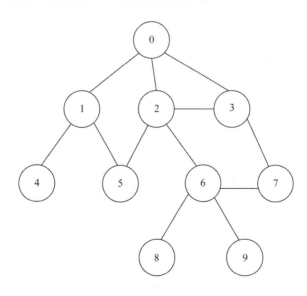

图 5.26　无向图

对于图 5.26 所示的无向图,从顶点 0 出发的深度优先遍历过程如图 5.27 所示;从顶点 0 出发的广度优先遍历过程如图 5.28 所示。

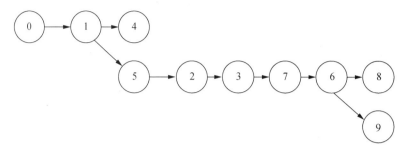

图 5.27　图 5.26 所示无向图从顶点 0 出发的深度优先遍历过程

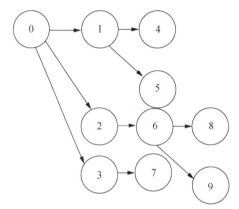

图 5.28　图 5.26 所示无向图从顶点 0 出发的广度优先遍历过程

对于图 5.26 所示的无向图,通过上述深度优先遍历和广度优先遍历得到的深度优先生成树和广度优先生成树如图 5.29 所示。

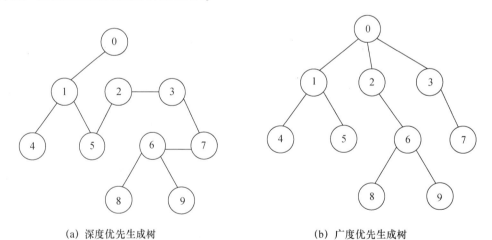

(a) 深度优先生成树　　　　　　　　　　(b) 广度优先生成树

图 5.29　根据图 5.26 所示无向图生成的深度优先生成树和广度优先生成树

视频讲解

　　图的所有生成树中,边上的权值之和最小的生成树称为该图的**最小生成树**。本案例中,要在原有公路基础上选择改建成连通各个城市的、成本最低的高速公路,所选择的改造路径正是一棵覆盖所有城市的最小生成树。因此,本案例的问题的关键是如何求解该公路线路图的最小生成树。

按照生成树的定义,n 个顶点的连通图的生成树有 n 个顶点,$n-1$ 条边。因此,构造最小生成树的准则有以下几条:

(1) 必须只使用该图中的边来构造最小生成树;

(2) 必须使用且仅使用 $n-1$ 条边来连接图中的 n 个顶点,生成树一定是连通的;

(3) 不能使用产生回路的边;

(4) 最小生成树的权值之和是最小的,但一个图的最小生成树不一定是唯一的。

通过以上遍历一个图得到其生成树的过程我们发现,可以利用穷举法求解一个图的最小生成树问题。我们可以先通过深度优先遍历或广度优先遍历构建图的所有生成树,然后计算每棵生成树的代价,最后选择代价最小的一棵生成树,即为图的最小生成树。前文说过,一个有 n 个顶点的完全图共有 $n^{(n-2)}$ 种不同的生成树,且遍历每颗生成树的算法的时间复杂度是巨大的,因此这种方法效率很低。

2. 用贪心算法设计解决最小生成树问题

能否通过贪心算法的思想结合无向图数据结构设计一种快速求解最小生成树问题的方案呢? 我们先来了解一下带权图中的两个术语。

(1) 回路(环)。

图中如果存在 $(a,b)(b,c)(c,d)\cdots(z,a)$ 等边形成的路径,我们称该边集构成的路径为图的回路。例如,在图 5.30 所示的无向图中,用粗线表示的路径 $(1,2)(2,3)(3,4)(4,5)$ $(5,6)(6,1)$ 就是该无向图中的一个回路。

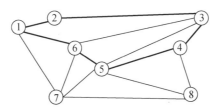

图 5.30　无向图及其中的一个回路

(2) 切分集合。

图中的一个切分是顶点集合的一个子集。相应的**切分集**是边的一个子集,该集合中的每条边都有一个终点在该切分中。

例如,在图 5.31 中,$\{4,5,8\}$ 构成了该图的一个切分 S,S 的切分集 $D=\{(5,6),(5,7),(3,4),(3,5),(7,8)\}$。而 $(4,5)(4,8)(5,8)$ 这 3 条边由于两个顶点都在切分 S 中,因而不属于 S 的切分集。

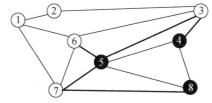

图 5.31　某无向图的一个切分 $\{4,5,8\}$ 及其切分集

假设图中所有边的权重都是不相同的,那么存在以下两条性质。

① 切分性质:令 S 是图 G 的顶点集合 V 的任一子集,并令 e 是具有最小权重的边,该边的一个结点在点集 S 中,另一个在 $V-S$ 中,最小生成树必包含边 e。

该性质可以用反证法证明如下:

假设带权图 G 的最小生成树为 T,边 e 不属于 T,将边 e 添加到 T 中时,必定形成一个包含边 e 的回路 C,如图 5.32 所示。

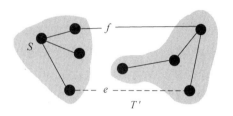

图 5.32 最小生成树加入边 e 构成回路

此时,边 e 同时属于回路 C 和切分 S 的切分集 D。由切分集的定义可知,存在与 e 不同的一条边 f,也同样属于回路 C 和切分集 D 中。那么从最小生成树 T 中去掉边 f,并加入边 e,必然也是一颗生成树 $T' = T \cup \{e\} - f$。且由于边权重 $C_e < C_f$,因而新构成的生成树 T' 相比生成树 T 有更小的代价。这与前面的假设树 T 是带权图 G 的最小生成树矛盾,因此,边 e 一定包含在最小生成树 T 中。

② 回路性质:令 C 是带权无向图 G 中任意一个回路,令 f 是 C 中具有最大权重的边,最小生成树一定不包含边 f。

该性质同样可以采用反证法进行证明。

假设树 T 是图 G 的最小生成树。假设边 f 属于该最小生成树 T。从生成树 T 中删除 f,将形成 T 的一个切分 S,如图 5.32 所示。边 f 同时在回路 C 和切分 S 的切分集 D 中,由回路定义可知,必存在另一条边 e,也同样在回路 C 和切分集 D 中。令 T' 为生成树 T 去掉边 f 然后加入边 e 构成的生成树,由于边权重 $C_e < C_f$,因此,生成树 T' 的代价将小于生成树 T 的代价。这与假设生成树 T 是图 G 的最小生成树矛盾,因此,f 必然不在生成树 T 中。

观察切分性质我们可以发现,根据切分性质,切分集中必定不包含回路,同时,如果能找到一种方法一步一步地构建图 G 的切分集 S,直至 $S = V$,并在每个构建 S 的步骤中,通过贪心选择,选择具有最小权重的边以及边连接的顶点来扩大切分,则最后当 $S = V$ 时,必定能构建图 G 的一棵最小生成树。从这种思路出发,科学家提出了经典的普里姆与克鲁斯卡尔的贪心算法。

3. 普里姆算法

普里姆算法(Prim 算法)利用切分性质进行了如下的贪心选择。假设 $G = (V, \{E\})$ 是带权连通图,$T = (U, \{TE\})$ 为要构造的最小生成树。其中,U 是 T 的顶点集,TE 是 T 的边集,则由 G 构造从起始顶点 v_0 出发的最小生成树 T 的步骤如下:

(1) 初始化 $U = \{v_0\}$,以 v_0 到其他顶点的所有边为候选边。

(2) 重复以下步骤直到 $U = V$ 为止,使得其他顶点被加入到 U 中,此时产生的 TE 具有 $n-1$ 条边。

① 从候选边中挑选权值最小的边加入 TE,设该边在 $V-U$ 中的顶点是 k,将 k 加入

视频讲解

U 中;

② 考察当前 $V-U$ 中的所有顶点 j,修改候选边;若(k,j)的权值小于原来和顶点 j 关联的候选边,则用(k,j)取代后者作为候选边。

上述过程中求得的 $T=(U,\{TE\})$ 便是图 G 的一棵最小生成树。

图 5.33 为一个带权无向连通图,用普里姆算法构造该图的一棵最小生成树的过程如图 5.34 所示。

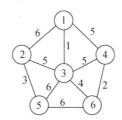

图 5.33 带权无向连通图

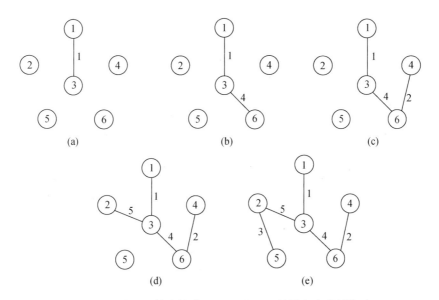

图 5.34 用普里姆算法构造图 5.33 所示图的最小生成树的过程

为实现普里姆算法,需要设置一个辅助数组 closedge[vtxnum],用于记录从 U 到 $V-U$ 具有最小代价的边。数组中的数据元素包含两个域:Lowcost 和 Vex,其中,Lowcost 用于存储该边上的权,Vex 用于存储依附在 U 中的顶点。用普里姆算法构造最小生成树的具体算法如算法 5.8 所示。

算法 5.8 构造最小生成树的普里姆算法

```
#define maxnode 256      //定义图顶点的最大个数
Struct{                  //定义记录从顶点集U到V-U的代价最小边的辅助结构数组
Vectype vex;
Costtypelowcost;}closedge[maxnode]
void minispantree_prim(int gn[][max],int vtxnum)
{
```

```
     int v,i,j,k;
        float min;
        //根据邻接矩阵的值对结构数组进行初始化
        for(v =1;i < vtxnum;v ++ )
        {
                closedge[v].vex0;
                closedge[v].lowcost = gn[0][v];    //建立数组 lowcost
        }
        //从序号为 0 的顶点出发生成最小生成树
        closedge[0].lowcost =0;
        closedge[0].vex = 0;
        for(i =1;i < vtxnum;i ++ )
                {     //寻找当前最小权值的边的顶点
                k = minmum(closedge);
                printf("<%i,%i >",closedge[k].vex,k);    //输入生成树的边
                closedge[k].lowcost =0;
                for(v =1;v < vtxnum;v ++ )           //修改数组 lowcost 和 closecost
                {
                        if(gn[k][v] < closedge[v].lowcost)
                        {
                                closedge[v].lowcost = gn[k][v];
                                closedge[v].vex = k;
                        }
                }
}
//此函数求得 k 值,使 closedge[k].lowcost - min(closedge[v].lowcost)v 属于 V - U,
//且 closedge[v].lowcost > 0
int minmum(closedge)
{
    int min,h,k;
    min =10000000000;h =1;
    for(k =1;k < vtxnum;k ++ )
    {
            if(closedge[k].lowcost! =0 && closedge[k].lowcost <min)
            {min = closedge[k].lowcost;h = k;}
    }
    return h;
}
```

关于上述算法有以下两点说明:

(1) gn 为带权无向图的邻接矩阵,即 $gn[i,j] = w_{i,j}$ 或为无穷大。

(2) 辅助数组 closedge $[1,\cdots,n]$ 有两个分量:closedge$[k]$.vex 存放边(k,j)依附的另一顶点 $j(j$ 属于 $U)$;closedge$[k]$.lowcost 存放边(k,j)的权值,当值为 0 时,表示顶点 k 已加入到集合 U 中。

区别顶点属于 U 或属于 $V - U$:如果 lowcost $= 0$,则顶点属于 U,如果 lowcost > 0,则顶点属于 $V - U$。

Lowcost$[k]$.vex 属于 U,而 k 属于 $V - U$。

在普里姆算法中,第一个 for 循环的执行次数为 vtxnum,第二个 for 循环又包含两个 for 循环,执行次数为 $2(n-1)^2$,由此可见,普里姆算法的时间复杂度为 $O(n^2)$,它与带权无向图的边数目无关,因此,普里姆算法适合于求边稠密的带权无向图的最小生成树。

视频讲解

4. 克鲁斯卡尔算法

克鲁斯卡尔算法(Kruskal 算法)也是利用切分性质进行贪心选择的贪心算法。其基本思想如下。

将图 G 的 n 个顶点看成 n 个孤立的连通分支,将图中所有的边按权从小到大排序。然后从第一条边开始,依边权递增的顺序查看每一条边,并按下述方法连接 2 个不同的连通分支:当查看到第 k 条边(v,w)时,如果端点 v 和 w 分别是当前 2 个不同的连通分支 $T1$ 和 $T2$ 中的顶点时,就用边(v,w)将 $T1$ 和 $T2$ 连接成一个连通分支,然后继续查看第 $k+1$ 条边;如果端点 v 和 w 在当前的同一个连通分支中,就直接再查看第 $k+1$ 条边。这个过程一直进行到只剩一个连通分支为止。

克鲁斯卡尔算法简单描述如下:

(1) T 的边集 $E(T)$ 初始为空集,T 中只有 n 个顶点,每个顶点都自成一个分量。

(2) 当 $E(T)$ 中的边数小于 $n-1$ 时,重复执行以下步骤:

① 在无向图 N 的边集 E 中选择权值最小的边(v_i,v_j),并从 E 中删除它。

② 如果 v_i 和 v_j 落在 T 中不同的连通分支上,则将边加入到 T 中去,否则丢掉该边,继续在 E 中选择一条权值最小的边。

在克鲁斯卡尔算法中,T 始终为一个森林,它由已被选择的边组成。初始时,该森林是单顶点的树,每加入一条边,就使得两棵树合并为一棵树。当构造过程结束时,就是一棵树了,这就是所求的最小生成树。

用克鲁斯卡尔算法构造图 5.33 所示图的最小生成树的过程如图 5.35 所示。

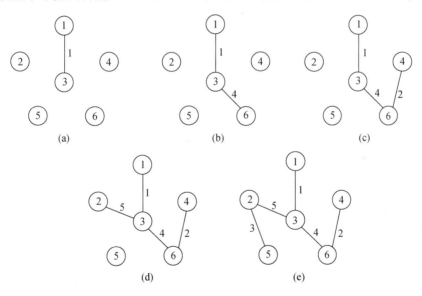

图 5.35　用克鲁斯卡尔算法构造图 5.33 所示图的最小生成树的过程

在构造过程中,按照带权无向图中边的权值由小到大的顺序,不断选取当前未被选取的边集中权值最小的边,直到图中所有的顶点都加入到生成树中为止。根据最小生成树的定义,也可以选取边数为 $n-1$ 作为构造最小生成树结束的条件,根据克鲁斯卡尔算法构造出如图 5.35(e) 所示的最小生成树上的 5 条边。

为实现克鲁斯卡尔算法,需要设置一个结构数组 edgs,用来存储图中所有的边。边的结构类型包括构成边的顶点信息和边的权值,该结构数组定义如下:

```
#define maxnode 64
#define maxnode 2016
typedef struct acr
{
    int pre;
    int bak;
    int weight;
}edg;
edgdegs[maxedgs]
```

在结构数组 edgs 中,每个分量 edgs[i]代表带权无向图中的一条边,其中 edgs[i].pre 和 edgs[i].bak 分别表示该边的两个顶点,edgs[i].weight 表示这条边的权值。对于有 n 个顶点的图,设置一个数组 arcvisited[$n+1$](0 号单元不用),其初值为 arcvisited[i]=0($i=1$, $2,\cdots,n$),表示各个顶点在不同的连通分支上,然后,依次取出 edgs 数组中的每条边的两个顶点,查找它们所属的连通分量。假设 buf 和 edf 为两个顶点所在树的根结点在 arcvisited 数组中的序号,若 buf 不等于 edf,表明这条边的两个顶点不属于同一分量,则将这条边作为最小生成树的边输出,并合并它们所属的两个连通分量。用克鲁斯卡尔算法构造最小生成树的具体算法如算法 5.9 所示。

算法 5.9 构造最小生成树的克鲁斯卡尔算法

```
int arcvisited[maxnode]
typedef sructacr
{
    int pre;
    int bak;
    int weight;
}edg;
int find(int arcvisited[],int f)
{
    while(arcvisited[f]>0)
    f=arcvisited[f];
    return f;
}
void kruscal_arc(MGraph_L G,algraphgra)
{
    edgedgs[maxedgs];
    int i,j,k=0;
    //通过图 G 的邻接矩阵表示法,求得边的数据
    for(i=0;i!=G.vexnum;++i)
    for(j=i;j!=G.veexnum;++j)
    {
        if(G.arcs[i][j].adj!=10000)
        {
            //转换边的表示
            edgs[k].pre=i;
            edgs[k].bak=j;
            edgs[k].weight=G.arcs[i][j].adj;
            ++k;
        }
```

```
}
int x,y,m,n;
int buf,edf;
for(i = 0;i! = gra.arcnum; ++ i)      //初始访问标志
arcvisited[i] = 0;
for(j = 0;j! = G.arcnum; ++ j)
{
      m = 10000;
      for(i = 0;i! = G.arcnum; ++ i)
      {
            if(edgs[i].weight < m)   //求得权值最小的边
            {
                  m = edgs[i].weight;
                  x = edgs[i].pre;
                  y = edgs[i].bak;
                  n = i;
            }
      }
      buf = find(arcvisited,x);
      edf = find(arcvisited,y);
      edgs[n].weight = 10000;      //将此边权值置为最大,表示已访问
      if(buf! = edf)               //没有出现环
      {
            arcvisited[buf] = edf;   //表示 buf 结点可以到达 edf 结点
            printf("(%d,%d)%d/n",x,y,m);//打印出选出的边
      }
   }
}
```

克鲁斯卡尔算法的时间复杂度为 $O(e\log_2 e)$（e 为无向带权图中边的数目），因此,相对于普里姆算法而言,克鲁斯卡尔算法适合于求边稀疏的图的最小生成树。

思考: 能否运用回路性质设计贪心选择策略构建最小生成树?

在高速公路建设案例中,可用普里姆算法或克鲁斯卡尔算法获得连通所有城市且建设成本最低(也就是高速公路总长最小)的高速公路改造方案。

依据图 5.25 所示的旧公路路线图,计算其最小生成树结构如图 5.36 所示。

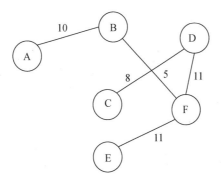

图 5.36　图 5.25 所示的旧公路改造方案

除了本书所述的高速公路建设应用案例外,最小生成树还有其他更广泛的应用。例如,城市间光缆架设,多景点旅游路线选择等。

5.4.2 项目工作流程规划问题

某工程包含 8 个子活动(如表 5.15 所示),每个子活动有自己的持续时间和开始条件。求该工程的最早结束时间、每个活动的最早开始时间和最晚开始时间,以及哪些活动的延迟会对整个工程的完成时间造成影响。

表 5.15 某工程的子活动序列及其依赖情况

子活动代号	活动持续时间	开始条件	子活动代号	活动持续时间	开始条件
a_1	3		a_6	3	a_2 完成
a_2	2		a_7	2	a_3, a_5 完成
a_3	2	a_1 完成	a_8	1	a_4 完成
a_4	3	a_1 完成			
a_5	4	a_2 完成			

该问题的求解需要用到两种特殊的图数据结构:AOV 网和 AOE 网,以及与这两种数据结构分别对应的拓扑排序和关键路径计算方法。下面将对这些知识进行具体介绍。

1. AOV 网和拓扑排序

(1) AOV 网。

在工厂中,一件产品的生产常常包括许多工序,各工序之间常常存在谁先谁后的关系。学校里某个专业开设的所有课程中,有些课程是基础课,它们可以独立于其他课程,即无前导课程;有些课程的知识以其他课程的知识为基础,必须在相关课程学完后才能开始学。这些类似的问题都可以用有向图来表示,我们把这些子项目、工序、课程看成图中的一个个顶点,称之为**活动**(Activity)。

如果用图中的顶点表示活动,边表示活动间的先后关系,比如从顶点 v_i 到顶点 v_j 之间存在有向边 $< v_i, v_j >$,就表示活动 v_i 必须先于活动 v_j 进行;活动 v_i 是活动 v_j 的前驱,活动 v_j 是活动 v_i 的后继,这种图称为顶点表示活动的网络,简称 **AOV 网**(Activity on Vertex Network)。

例如,某计算机专业的学生必须学习一系列基本课程(如表 5.16 所示),其中有些课程是基础课,它独立于其他课程,如高等数学;而另一些课程必须在学完作为它的基础的先修课程才能开始学,如在程序设计和离散数学学完之前不能开始学习数据结构。这些先决条件定义了课程之间的领先(优先)关系。这个关系可以用有向图更清楚地表示,各课程组成的 AOV 网如图 5.37 所示。图中顶点表示课程,弧表示先后关系。若课程 C_i 是课程 C_j 的先决条件,则图中有弧 $< C_i, C_j >$。

表 5.16 某计算机专业的学生必须学习的一系列基本课程

课程代码	课程名称	先决课程	课程代码	课程名称	先决课程
C_0	高等数学		C_4	离散数学	C_0, C_3
C_1	普通物理	C_0	C_5	数据结构	C_3, C_4
C_2	计算机组成原理	C_1	C_6	编译原理	C_3, C_5
C_3	程序设计		C_7	操作系统	C_2, C_5

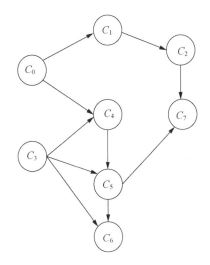

图 5.37　表 5.16 所示课程组成的 AOV 网

（2）拓扑排序。

视频讲解

对于一个 AOV 网,其所有顶点可以排成一个线性序列 v_1 , v_2 ,$\cdots$, v_j ,$\cdots$,v_m,该线性序列具有以下性质:如果在 AOV 网中,从顶点 v_i 到顶点 v_j 存在一条路径,则在该线性序列中,顶点 v_i 一定排在顶点 v_j 之前。具有这种性质的线性序列称为**拓扑序列**,构造拓扑序列的操作称为**拓扑排序**。

AOV 网拓扑排序需要注意以下几点:

① 若将图中顶点按拓扑排序排成一行,则图中所有的有向边均是从左到右的。

② 若图中存在有向环,则不可能使顶点满足拓扑排序。

③ 一个 AOV 网的拓扑序列通常表示某种方案切实可行。

一个 AOV 网的拓扑序列不一定是唯一的,因为在 AOV 网中,可以作为初始顶点的点可能不止一个,选择不同的顶点访问顺序会构造出不同的拓扑序列。例如,对图 5.37 所示的 AOV 网进行拓扑排序,可以得到一个拓扑序列 $\{ C_0 , C_1 , C_2 , C_3 , C_4 , C_5 , C_6 , C_7 \}$,也可以得到另一个拓扑序列为 $\{ C_0 , C_3 , C_1 , C_4 , C_2 , C_5 , C_7 , C_6 \}$。

假设 AOV 网代表一个工程,如果条件限制工程中的任务只能串行执行,则 AOV 网的某一个拓扑序列就是整个工程得以顺利完成的一种可行方案。为了保证工程顺利完成,AOV 网中一定不能出现回路,因为出现回路就意味着某些活动是以自己工作的完成作为先决条件的,这样的工程是没有办法完成的。

任何无回路的 AOV 网,其顶点都可以排成一个拓扑序列,对 AOV 网进行拓扑排序主要分为以下几步:

① 在 AOV 网中选择一个没有前驱（即入度为 0）的顶点,并把它输出。

② 从 AOV 网中删去该顶点和从该顶点发出的所有有向边。

③ 重复执行上述两步,直到图中所有的顶点都被输出为止,此时,原 AOV 网中的所有顶点和边就都被删除了。如果进行到某一步,还有顶点未被删除,但无法找到无前驱的顶点,则说明此 AOV 网中存在有向回路,遇到这种情况,拓扑排序就无法进行了。拓扑排序算法的流程图如图 5.38 所示。

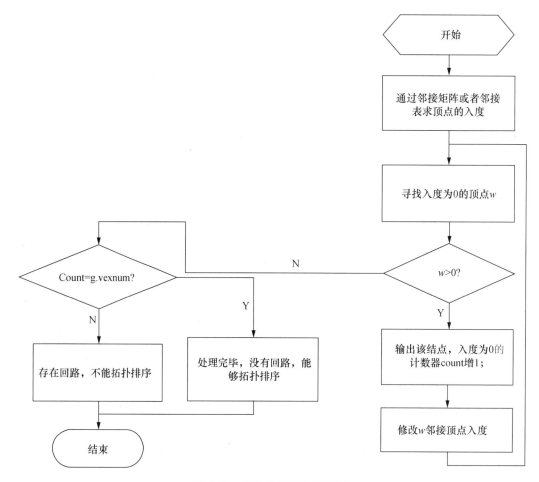

图 5.38　拓扑排序算法流程图

【例 5.2】对图 5.39 所示的 AOV 网进行拓扑排序。

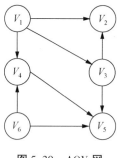

图 5.39　AOV 网

分析：图 5.39 所示的 AOV 网的邻接表表示如图 5.40 所示。其中，头结点的中间列为该结点的入度。

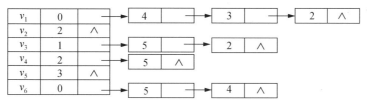

图 5.40　图 5.39 所示的 AOV 网的邻接表表示

通过图 5.40 所示的邻接表得到一个拓扑序列 $\{V_6, V_1, V_3, V_2, V_4, V_5\}$，其拓扑排序过程如表 5.17 所示。

表 5.17　图 5.39 所示 AOV 网的拓扑排序过程

步骤	0	1	2	3	4	5	6
输出		V_6	V_1	V_3	V_2	V_4	V_5
输出顶点个数(m)	0	1	2	3	4	5	6
栈	6 1	1	3 4	2 4	4	5	
入度域	0 2 1 2 3 0	0 2 1 1 2 0	0 1 0 0 2 0	0 0 0 0 1 0	0 0 0 0 1 0	0 0 0 0 0 0	

分析可知：拓扑排序算法的实现与顶点的入度有密切关系，因此，在选取存储结构时，应该考虑以下因素：

① 能容易得到各个顶点的入度；

② 有利于寻找任一顶点的所有直接后序。

为此，采用邻接表作为 AOV 网的存储结构，并在头结点中增加一个存储顶点入度的域。设置一个链栈存储入度为 0 的顶点。进行拓扑排序前，先得到所有结点的入度，然后将所有入度为 0 的顶点入栈。从栈顶取出一个顶点将其输出，由它的出边表可以得到以该顶点为起点的出边，将这些边终点的入度减 1，即删除这些边。如果某条边终点的入度为 0，则将该顶点入栈。反复进行上述操作，直到栈为空，如果这时输出的顶点个数小于图的总顶点数，则说明该 AOV 网中存在回路；否则，拓扑排序正常结束。具体的拓扑排序算法如算法 5.10 所示。

算法 5.10　拓扑排序算法

```
typedef struct{
    vextypevexs[maxnode];   //顶点信息
    int vexsno[maxnode];     //顶点在顶点表中的下标值
}Topo
void findIndegree(algraphy g,int * indegree)   //求出图中所有顶点的入度
{
    int i;
```

```
    arcnode *p;
        for(i = 0;i < g.vexnum;i ++)
        {
                indegree[i] = 0;
        }
for(i = 0;i < g.vexnum;i ++)
    {
                p = g.vertices[i].firstarc;
    while(p)
    {
                ++indegree[p - >adjvex];
                P = p ->nextarc;
            }
        }
}
int topoSort(algraphy *paov,Topo *ptopo)
{
        arcnode *p;
        int i,j,k,nodeno = 0,top = -1;
        int indegree[maxnode];
        for(i = 0;i < paov ->vexnum;i ++)
        {
                if(indegree[i] == 0)            //将入度为 0 的顶点入栈
                {indegree[i] = top;
                top = i;
                }
        }
while(top! = -1)        //栈不为空
{
        j = top;
        top = indegree[top];        //取出当前栈顶元素
    ptopo ->vexs[nodeno] = paov ->vertices[j].data;//将该元素输出到拓扑序列中
    ptopo ->vexsno[nodeno ++ ] = j;
    p = paov ->vexs[j].firstarc;//删除以该顶点为起点的边
    while(p)
    {
        k = p ->adjvex;
        indegree[k] -- ;
        if(indegree[k] == 0)    //将入度为 0 的顶点入栈
        {
                indegree[k] = top;
                top = k;
        }
        p = p ->nexyarc;
    }
    }
    if(nodeno < paov -<vexnum)    //AOV 网中存在回路
    {
        printf("The AOV networks has a cycle \");
        return 0;
    }
    return 1;
}
```

下面对算法复杂度进行分析。设 AOV 网中有 n 个顶点,有 e 条边,算法首先检查入度为

0 的顶点，并将这些顶点入栈，花费时间为 $O(n+e)$。拓扑排序时，每个顶点都入栈一次，且每个顶点边表中的边结点都被检查一遍，运行时间为 $O(n+e)$。因此，拓扑排序算法的时间复杂度为 $O(n+e)$。

　　2. AOE 网和关键路径

　　与 AOV 网相对应的是 AOE 网，它是另一类工程中经常使用的图的模型，使用这种模型可以方便地分析和计算工程中的关键路径，从而可以有效地实现对工程进度的管理。

　　(1) AOE 网。

　　AOE(Activity on Edge)网即边表示活动的网。**AOE 网**是一个带权的有向无环图，其中，顶点表示事件，弧表示活动，弧上的权表示活动持续的时间。顶点所表示的事件实际上就是它的入边所表示的活动都已完成，它的出边所表示的活动可以开始这样一种状态。

　　通常，AOE 网可用来估算工程的工期。在 AOE 网中列出完成预定工程计划所需进行的活动，完成每个活动需要的时间、要发生哪些事件以及这些事件与活动之间的关系，从而可以确定该项工程是否可行，估算工程完成时间，以及确定哪些活动是影响工程进度的关键活动。

　　例如，图 5.41 是一个假想的有 11 项活动 $(a_1, a_2, \cdots, a_{11})$ 的 AOE 网。其中有 9 个事件 $v_1, v_2, v_3, v_4, \cdots, v_9$，每个事件表示在它之前的活动已经完成，在它之后的活动可以开始。如 v_1 表示整个活动的开始，v_9 表示整个工程的结束，v_5 表示 a_4 和 a_5 已经完成，a_7 和 a_8 可以开始。与每个活动相联系的数是执行该活动所需的时间，图 5.41 中我们去掉了时间单位，其中，$a_7 = 9$ 表示 a_7 活动要用 9 天时间。

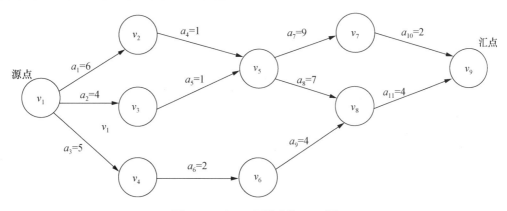

图 5.41　有 11 项活动的 AOE 网

　　(2) 关键路径。

　　AOE 网中有些活动可以并行地进行，所以，完成工程的最短时间是从开始点(源点)到完成点(汇点)的最长路径的长度(这里所说的路径长度是指路径上各活动持续时间之和，不是路径上弧的数目)。我们把开始顶点到完成顶点的最长路径叫作**关键路径**(Critical Path)。例如，在图 5.41 所示 AOE 网中，路径 $< v_1, v_2, v_5, v_7, v_9 >$ 是一条关键路径，长度为 18，也就是说，整个工程至少要 18 个时间单位才能完成。如果关键路径上的活动能够按时完成，则整个工程就能按时完成；如果缩短关键路径上活动的完成时间，则整个工程就有可能提前完成。一个 AOE 网的关键路径可能不止一条，图 5.41 所示的 AOE 网的另一条关键路径是 $< v_1, v_2, v_5, v_8, v_9 >$。

视频讲解

视频讲解

在描述关键路径算法时,设活动 a_i 由弧 $<j,k>$ 表示,接下来,要确定如下几个相关的量:

① 事件 v_j 的最早出现时间和活动的最早开始时间。从源点 v_1 到某顶点 v_j 的最长路径长度叫作事件 v_j 的**最早出现时间**,表示成 $ev[j]$。顶点 v_j 的最早出现时间 $ev[j]$ 决定了从 v_j 出发的各条弧所代表活动的**最早开始时间**,因为事件 v_j 不出现,它后面的各项活动就不能开始。以 $e[i]$ 表示活动 a_i 的最早开始时间,显然 $e[i] = ev[j]$。

② 活动 a_i 的**最晚开始时间**是指,在不影响整个工程按时完成的前提下,此项活动最晚必须开始的时间,表示成 $l[i]$。只要某活动 a_i 有 $l[i] = e[i]$ 的关系,我们就称 a_i 为**关键活动**。关键活动只允许在一个确定的时间开始,再早,它前面的事件还没出现,尚不能开始;再晚,又会延误整个工程的按时完成。由于完成整个工程所需的时间是由关键路径上各边权值之和所决定的,显然关键路径上各条边对应的活动都是关键活动。

③ 事件 v_j 的**最晚出现时间**,即事件 v_j 在不延误整个工程的前提下允许发生的最晚时间,表示为 $lv[j]$。对某条指向顶点 v_j 的弧所代表的活动 a_i,可得到

$$l[i] = lv[j] - (\text{活动 } a_i \text{ 所需时间})。 \qquad (5.4)$$

也就是说,活动 a_i 必须先于它后面时间的最晚出现时间开始,提前的时间为进行此活动所需的时间。图 5.42 所示为活动开始时间与事件出现时间的关系。

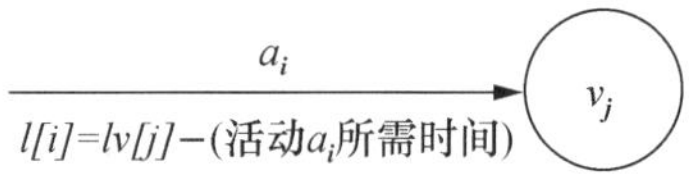

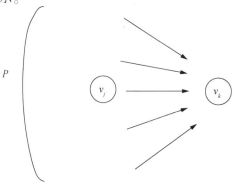

图 5.42　活动开始时间与事件出现时间的关系

确定关键路径的方法就是要确定 $e[i] = l[i]$ 的关键活动。假设以 $w[j,k]$ 表示弧 $<j,k>$ 的权,即此弧对应的活动所需的时间,为了求 AOE 网中活动 a_i 的最早开始时间 $e[i]$ 和最晚开始时间 $l[i]$,先要求得事件 v_k 的最早出现时间 $ev[k]$ 和最晚出现时间 $lv[k]$。

$ev[k]$ 和 $lv[k]$ 可以采用下面的递推公式计算。

① 向汇点递推。

由源点 $ev[1] = 0$ 开始,利用公式

$$ev[k] = \max_{<j,k> \in P} (ev[j] + w[j,k]) \qquad (1 \le k \le n) \qquad (5.5)$$

向汇点的方向递推,可逐个求出各顶点的最早出现时间。式(5.5)中,P 表示所有指向顶点的边的集合,如图 5.43 所示。

图 5.43　指向 v_j 顶点的边的集合 P

式(5.5)的意义为:从指向顶点的各边的活动中取最晚完成一个活动的完成时间作为最早出现时间。

② 向源点递推。

由上面的递推,最后总可求出汇点的最早出现时间。因为汇点就是结束点,所以其最晚出现时间与最早出现时间相同,即 $lv[n] = ev[n]$。从汇点的最晚出现时间 $lv[n]$ 开始,利用公式

$$lv[j] = \min_{<j,k> \in S} (lv[k] - w[j,k]) \quad (1 \leqslant j \leqslant n) \tag{5.6}$$

向源点的方向往回递推,可逐个求出各顶点的最晚出现时间。式(5.6)中,S 表示所有从顶点 v_j 出发的弧的集合,如图5.44所示。

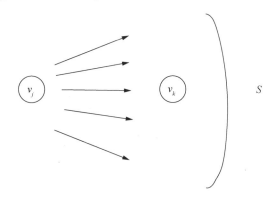

图 5.44　从 v_j 出发的边的集合 S

式(5.6)的意义为:从顶点 v_j 出发的各弧所代表的活动中取需最早开始的一个开始时间作为 v_j 的最晚出现时间。

无论是向汇点递推,还是向源点递推,都必须按一定的顶点顺序进行。对所有的弧,向汇点递推是先求出弧尾顶点的最早出现时间,再求弧头顶点的最晚出现时间;向源点递推则相反,是先求弧头顶点的最晚出现时间,再求弧尾顶点的最早出现时间。

因此,我们可以利用拓扑排序得到的顶点次序进行向汇点的递推,向源点的递推按相反的顺序进行即可,不必重新排序。

求关键路径的算法描述如下:

① 输入 e 条弧 $<j,k>$,建立 AOE 网的存储结构。

② 从源点 v_0 出发,令 $ev[0] = 0$,按拓扑排序得到的顶点次序求其余各顶点的最早出现时间 $ev[i]$($1 \leqslant i \leqslant n-1$)。如果得到的有序序列中顶点个数小于 AOE 网中的顶点数 n,则说明 AOE 网中存在回路,不能求关键路径,算法终止;否则进行下一步操作。

③ 从汇点 v_n 出发,令 $lv[n-1] = ev[n-1]$,按逆拓扑排序求其余各顶点的最晚出现时间 $lv[i]$($n-2 \geqslant i \geqslant 0$)。

④ 根据各顶点的最早出现时间和最晚出现时间,求每条弧 s 的最早开始时间 $e(s)$ 和最晚开始时间 $l(s)$。若某条弧满足条件 $e(s) = l(s)$,则该弧所代表活动为关键活动。

对于表5.15所述的工程,构建的 AOE 网如图5.45所示,其每个子活动的最早完成时间/最晚完成时间和关键路径的计算过程如表5.18所示。

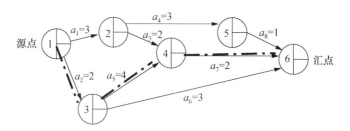

图 5.45　表 5.15 所示工程的 AOE 网及其关键路径

表 5.18　图 5.45 所示 AOE 网的关键路径的计算过程

计算结果			活动	弧	活动持续时间	e	l	时间余量	关键活动
顶点	ev	lv							
1	0	0	a_1	$<1,2>$	3	0	1	1	
2	3	4	a_2	$<1,3>$	2	0	0	0	a_2
3	2	2	a_3	$<2,4>$	2	3	4	1	
4	6	6	a_4	$<5,5>$	3	3	4	1	
5	6	7	a_5	$<3,4>$	4	2	2	0	a_5
6	8	8	a_6	$<3,6>$	3	2	5	3	
			a_7	$<4,6>$	2	6	6	0	a_7
	Max +	Min -	a_8	$<5,6>$	1	6	7	1	

由表 5.18 可知,时间余量为零的活动是关键活动,即活动 a_2,a_5,a_7。这些关键活动构成一条关键路径,如图 5.45 中加粗虚线标识的路径。

求关键路径的具体算法如算法 5.11 所示。

算法 5.11　求关键路径的算法

```
int criticalpath(algraph * paoe)
{
    int i,j,k;
    int ev[vexnum],lv[vexnum],l[arcnum],e[arcnum];
    arcnode * p;
    Topo topo;
    if(toposort(paoe,&topo) == 0)//求 AOE 网的一个拓扑排序
        return 0;
    for(i = 0;i < paoe -> vexnum;i ++)
        ev[i] = 0;
    for(k = 0;k < paoe -> vexnum;k ++)    //求事件 vᵢ 的可能的最早出现时间 ev[j]
    {
        i = topo.vexsno[k];
        p = paoe -> vertices[i].firstarc;
        while(p! = NULL)
        {
            j = p -> adjvex;
            if(ev[j] + p -> weight > ev[j])
                ev[j] = ev[i] + p -> weight;
```

```
                p = p -> nextarc;
            }
    }
for(i = 0;i < pace -> vexnum;i ++)//求事件 vᵢ 允许的最晚出现时间 lv[j]
lv[i] = ev[paoe -> vexnum - 1];
for(k = paoe -> vexnum - 2;k >= 0;k -- )
{
i = topo.vexsno[k];
    p = paoe -> vertices[i].firstarc;
    while(p! = NULL)
     {
        j = p -> adjvex;
        if(lv[j] -> p -> weight) < lv[i])
        lv[i] = lv[j] - p -> weight;
        p = p -> nextarc;
        }
}
k = 0;
for(i = 0;i < paoe -> vexnum;i ++ )
{
        P = paoe -> vertices[i].firstarc;
        while(p! = NULL)
        {
            j = p -> adjvex;
            e[k] = ev[i];
            l[k] = lv[j] - p -> weight;
            if(e[k] == l[k])
                printf("<v%2d,v%2d >,",I,j);
            k ++;
            p = p -> nextarc;
        }
}
print("/n");
return 1;
}
```

设 AOE 网有 n 个顶点和 e 条弧,在求事件的最早出现时间和最晚出现时间以及活动的最早开始时间和最晚开始时间时,都要对图中所有顶点边表中所有的弧结点进行检查,时间花费为 $O(n + e)$。因此,求关键路径算法的时间复杂度为 $O(n + e)$。

5.4.3　其他图应用举例

【例 5.3】假设图 G 采用邻接表存储,请设计一个算法,判断顶点 u 到顶点 v 之间是否有简单路径。

分析:本题利用深度优先遍历算法,先置算法中 visited 数组的所有元素值为 0,置是否有简单路径标记 has 为 false。从顶点 u 开始,置 visited[u] = 1,然后找到顶点 u 的一个未访问过的邻接点 u_1,再从顶点 u_1 出发,置 visited[u_1] = 1,接着找到顶点 u_1 的一个未访问过的邻接点 u_2,依此方式进行下去,当找到某个未访问过的邻接点 $u_n = v$ 时,说明顶点 u 到顶点 v 有简单路径,置 has 为 true,并结束。查找从顶点 u 到顶点 v 是否有简单路径的具体算法如算法 5.12 所示。

算法 5.12 例 5.3 的算法

```
bool haspath(int u,int v)
{
    int i;
    bool has = false;
    for(i = 0;i < G.n;i ++)
    visited[i] = 0;
    haspath1(u,v,ref,has);
}
void haspath1(int u,int v,ref bool has)
{
    arcnode p;
    int w;
    visited[u] = 1;
    p = G.adjlist[u].firstarc;
    while(p! = null)
    {
        w = p.adjvex;
        if(w == v)
        {
            has = true;
            return;
        }
        if(visited[w] == 0)
        haspath1(w,v,ref,has);
        p = p.nextarc;
    }
}
```

【**例 5.4**】假设图采用邻接表存储,请设计一个算法,求顶点 u 到顶点 v 之间的一条简单路径(假设两顶点之间存在一条或多条简单路径)。

分析:本题利用深度优先遍历算法,先置 visited 数组的所有元素值为 0,置类字段 gstr 为空,置存放两顶点之间简单路径的数组 path 为空。从顶点 u 开始,置 visited$[u]$ = 1,将顶点 u 添加到 path 中,然后找到顶点 u 的一个未访问过的邻接点 u_1;再从顶点 u_1 出发,置 visited$[u_1]$ = 1,将顶点 u_1 添加到 path 中,接着找到顶点 u_1 的一个未被访问过的邻接点 u_2,依此方式进行下去,当找到的某个未访问过的邻接点 $u_n = v$ 时,说明 path 中存放的是顶点到 v 的一条简单路径,置 gstr = path 并返回。查找从某顶点 u 到另一顶点 v 之间的一条简单路径的具体算法如算法 5.13 所示。

算法 5.13 例 5.4 的算法

```
String
findapath(int u,int v)
{
    string path = "";
    int i;
    for(i = 0;i < G.n;i ++)visited[i] = 0;
    gstr = "";
    findapath1(u,v,ref,path);
    return gstr;
}
void findapath1(int u,int v,string path)
```

```
{
        arcnode p;
        int w;
        visited[u] =1;
        path + = u.tostring() + "";
        if(u == v)
        {
                gstr = path;
                return;
        }
        p = G.adjlist[u].firstarc;
        while(p! = null)
        {
                w = p.adjvex;
                if(visited[w] ==0)
                findpath1(w,v,path);
                p = p.nextarc;
        }
}
```

【例 5.5】假设图采用邻接表存储,请设计一个算法,求不带权无向连通图中从顶点 u 到顶点 v 的一条最短路径(假设两顶点之间存在一条或多条简单路径)。

　　分析: 图是不带权的无向连通图,我们把一条边的长度记为 1,因此,求顶点 u 和顶点 v 的最短路径,即求距离顶点 u 到顶点 v 的边数最少的顶点序列。利用广度优先遍历算法,从顶点 u 出发进行广度优先遍历,类似于从顶点出发一层一层地向外扩展,当第一次找到顶点 v 时,从队列中便找到了从顶点 u 到顶点 v 的一条最短路径,如图 5.46 所示,再利用队列输出该最短路径(逆路径)。由于要利用队列输出路径,所以设计成非循环队列。

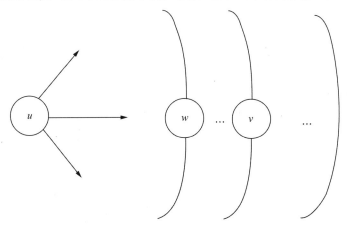

图 5.46　求顶点 u 到顶点 v 的最短路径

　　求不带权无向连通图中某顶点 u 到另一指定顶点 v 的一条最短路径的算法如算法 5.14 所示。

　　算法 5.14　例 5.5 的算法

```
Struct QUEUE
{
    int data;
```

```
    int parent;
};
string shortpath(int u,int v)
{
    arcnode p;int w,i;
    string spath = "";
    QUEUE qu[] = new QUEUE[MAXV];
    int front = -1,rear = -1;
    for(i = 0;i < G.n;i ++)
    visited[i] = 0;
    rear ++;
    qu[rear].data = u;qu[rear].parent = -1;
    visited[u] = 1;
    while(front ! = rear)
    {
        front ++;
        w = qu[front].data;
        if(w == v)
        {
            i = front;
            while(qu[i].parent ! = -1)
            {
                shortpath + = qu[i].data + "";
                i = qu[i].parent;
            }
            shortpath + = qu[i].data;
            break;
        }
        p = G.adjlist[w].firstarc;
        while(p ! = null)
        {
            if(visited[p.adjvex] == 0)
            {
                visited[p.adjvex] = 1;
                rear ++;
                qu[rear].data = p.adjvex;
                qu[rear].parent = front;
            }
            p = p.nextarc;
        }
    }
    return shortpath;
}
```

【例 5.6】假设图 G 采用邻接表存储,请设计一个算法,求不带权无向连通图 G 中距离顶点 v 的最远的顶点。

解析:图 G 是不带权的无向连通图,我们把一条边的长度记为 1,因此,求距离顶点 v 的最远的顶点,即求距离顶点 v 的边数最多的顶点。利用广度优先遍历算法,从顶点 v 出发进行广度优先遍历,类似于从顶点 v 出发一层一层地向外扩展,到达顶点 $w,j,\cdots$,最后到达的一个顶点 k 即为距离 v 最远的顶点,如图 5.47 所示。遍历时利用队列逐层暂存各个顶点,最后出队的一个顶点 k 即为所求顶点。由于本题只求距离顶点 v 的最远的顶点,不需要求两顶点之间的路径,所以采用的队列可以是循环队列。

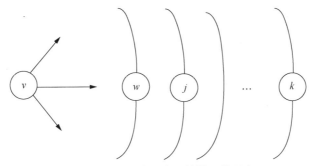

图 5.47 查找距离顶点 v 的最远的顶点 k

在不带权无向连通图中求距离某顶点最远的顶点的具体算法如算法 5.15 所示。

算法 5.15 例 5.6 的算法

```
{ int maxdist(int u)
    arcnode p;int i,w,k = 0;
    int qu[] = new int[maxv];
    int front = 0,rear = 0;
    for(i = 0;i < G.n;i ++)
    visited[i] = 0;
    rear ++;qu[rear] = u;
    visited[u] = 1;
    while(rear! = front)
    {
        front = (front +1)%maxv;
        k = qu[front];
        p = G.adjlist[k].firstarc;
        while(p! = null)
        {
            w = p.adjvex;
            if(visited[w] = 0)
            {
                visited[w] = 1;
                rear = (rear +1)% maxv;
                qu[rear] = w;
            }
            p = p.nextarc;
        }
    }
    return k;
}
```

▶▶▶ 本章小结

本章以路由协议设计为项目,讲述了图的基本概念、图的存储结构、图的遍历,并讲述了贪心算法的设计思想。然后运用图数据结构与贪心算法设计思想详细描述了路由协议设计案例的实现过程。

同时,本章进一步讲述了图数据结构结合贪心算法设计思想的应用,以高速公路建设问题为例讲解了最小生成树问题,以及运用贪心算法设计求解最小生成树的方法。

在图的应用中,AOV 网和 AOE 网被广泛应用于工程规划和关键路径求解问题中,本章最后对 AOV 与 AOE 网进行了描述,并讲解了其典型应用——拓扑排序与关键路径。

▶▶▶ 习题

1. 单项选择题

1. 一个有 n 个顶点的无向图最多有(　　)条边。

　　A. n　　　　B. $n(n-1)$　　　　C. $n(n-1)/2$　　　　D. $2n$

2. 一个有 n 个顶点的有向图最多有(　　)条边。

　　A. n　　　　B. $n(n-1)$　　　　C. $n(n-1)/2$　　　　D. $2n$

3. 一个有 n 个顶点的无向图,其边数大于 $n-1$,则该图必是(　　)。

　　A. 完全图　　B. 连通图　　　　C. 非连通图　　　　D. 树

4. 一个图的邻接矩阵是对称矩阵,则该图一定是(　　)。

　　A. 无向图　　B. 有向图　　　　C. 无向图或有向图　　D. 以上都不对

5. 对于一个有 n 个顶点的无向图,若采用邻接矩阵表示,则该矩阵的大小是(　　)。

　　A. n　　　　B. $(n-1)^2$　　　　C. $n-1$　　　　D. n^2

6. 如果从无向图的任一顶点出发进行一次深度优先遍历即可访问所有顶点,则该图一定是(　　)。

　　A. 完全图　　B. 连通图　　　　C. 有回路图　　　　D. 一棵树

7. 以下叙述中错误的是(　　)。

　　A. 图的遍历是从给定的初始点出发访问每个顶点,且每个顶点仅被访问一次

　　B. 图的深度优先遍历适合无向图

　　C. 图的深度优先遍历不适合有向图

　　D. 图的深度优先遍历是一个递归过程

8. 带权有向图 G 用邻接表矩阵 A 存储,则顶点 v_i 的入度等于 A 中(　　)。

　　A. 第 i 行非 0 的元素之和　　　　　B. 第 i 列非 0 的元素之和

　　C. 第 i 行非 ∞ 且非 0 的元素个数　　D. 第 i 列非 ∞ 且非 0 的元素个数

9. G 是一个非连通无向图,共有 28 条边,则该图至少有(　　)个顶点。

　　A. 6　　　　B. 7　　　　C. 8　　　　D. 9

10. 任何一个无向连通图的最小生成树(　　)。

　　A. 只有一颗　B. 有一颗或多颗　　C. 一定有多颗　　D. 可能不存在

11. 设图 G 采用邻接表存储,则其拓扑排序算法的时间复杂度为(　　)。

　　A. $O(n)$　　B. $O(n+e)$　　　　C. $O(n^2)$　　　　D. $O(n \times e)$

12. 在一个有 n 个顶点的无向连通图中至少有(　　)条边。

　　A. n　　　　B. $n+1$　　　　C. $n-1$　　　　D. $n/2$

13. 判定一个有向图是否存在回路,除了可以利用拓扑排序方法外,还可以用(　　)。

　　A. 求关键路径的方法　　　　B. 求最短路径的迪杰斯特拉方法

　　C. 广度优先遍历　　　　　　D. 最短回路

14. 关键路径是事件结点网络中(　　　)。

    A. 从源点到汇点的最长路径　　　　B. 从源点到汇点的最短路径

    C. 最长的回路　　　　　　　　　　D. 最短的回路

2. 简答题

1. 请证明有 n 个顶点的无向完全图的边数为 $n(n-1)/2$。

2. 请给出如图 5.48 所示的无向图 G 的邻接矩阵和邻接表两种存储结构。

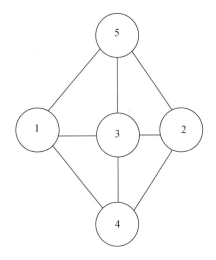

图 5.48　无向图

3. 算法设计题

1. 假设一个有向图 G 采用邻接矩阵存储,分别设计实现以下要求的算法:

(1) 求出图 G 中每个顶点的入度;

(2) 求出图 G 中每个顶点的出度;

(3) 求出图 G 中出度最大的一个顶点,并输出该顶点编号;

(4) 计算图 G 中出度为 0 的顶点数;

(5) 判断图 G 中是否存在弧 $<i,j>$。

2. 设计算法,打印连通图 G 中每个顶点一次且仅一次,并要求打印次序满足以下条件:距离顶点 v_0 近的顶点先于距离远的顶点(以边数为单位)。

3. 设计算法,判断无向图 G 是否是连通的,若是连通图,则返回 1;否则,返回 0。

第 6 章
动态规划

6.1 项目指引

项目 1 实验报告防抄袭小系统设计问题

学生们的实验报告抄袭现象严重,现为了制止实验报告抄袭的恶习,让真正撰写实验报告的学生能够获得公平的分数,需要设计一个系统,该系统能够查找两个实验报告中相同的文字内容,并计算两个实验报告的相似度。该系统只要求计算有文本块插入删除的抄袭情况,不考虑两个实验报告中相同文本块顺序不同这种抄袭情况。实验报告的相似度计算公式为

$$S = \frac{相同的文本块的字数}{总字数}。 \tag{6.1}$$

项目 2 路由协议设计问题

第 5 章的路由协议设计问题同样可作为动态规划项目。如第 5 章所述该问题描述如下。计算机网络通信中一次发送者到接收者的信息包传送过程是经过发送者到接收者所在网络中多个路由器间进行一一数据包转发来实现的。现某单位的网络拓扑结构如图 5.1 所示。

(1) 网络有一个网关(外接路由器)与 Internet 连接,负责获得外网发送至单位内的信息,并转发至内网。

(2) 内网有 8 个内部路由器,每个路由器分别连接一些计算机终端。

(3) Internet 发送者发送给内网用户的信息,必须经过网关路由器和内网各个路由器间的信息转发,才能传递至内网中某位接收者。

(4) 由于路由器繁忙或网络故障等因素,内网的拓扑结构是实时变化的,每 10 秒钟内网中每个路由器会将自己的连接信息,即与邻居路由器的连接代价,进行广播,告知内网其他所有路由器和网关。如果两个路由器不连通则连接代价为 ∞。

(5) 当内网路由器和网关接收到其他所有内网路由器的连接信息后,采用路由协议中的算法进行计算分析,获得自己的路由转发表。

(6) 当有信息包从外网转入内网时,各个路由器将按照最近一次计算获得的路由转发

表进行数据包转发。

要求设计一个路由协议,实现以上描述的网络传输功能:

(1)设计路由转发表数据格式,路由转发表中标注了该路由器到其他所有路由器进行数据转发的下一个路由器号。

(2)设计路由器连接信息数据格式,并每 10 秒广播一次连接信息。

(3)根据网络中所有路由器的路由连接信息,采用动态规划思想设计算法计算产生各个路由器的当前路由转发表,要求按照该路由转发表,将 Internet 数据传送至内网某接收者,所产生的总体连接代价最小。

(4)如果网络拓扑中存在圈,如何计算生成转发表(选做)。

6.2 基础知识

6.2.1 动态规划简介

在现实生活中,有一类活动,由于它的特殊性,可将其过程分成若干个互相联系的阶段,在活动的每一阶段都需要做出决策,从而使整个活动过程达到最好的活动效果。例如,在图 6.1 中,存在 A,B,C 三地,A 地到 B 地、B 地到 C 地间存在多条长短不一的通路,如 A 地到 B 地存在 AB1,AB2,AB3 三条长度分别为 2,5,4 的通路。一个人想选择一条从 A 地到达 C 地的最短路径实现 A 地到 C 地间的通行。从 A 地到 C 地这一活动(或过程)可以简单地分为 A 到 B、B 到 C 两个相互联系的阶段,且在这两个阶段都需要做出选择最短路径的决策,才能使得整体路径最短。

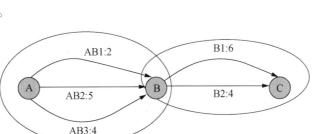

图 6.1 分阶段求解最短路径的规划问题

这种把一个问题看作是一个前后关联具有链状结构的多阶段过程就称为**多阶段决策过程**(Multistep Decision Process),这种问题就称为**多阶段决策问题**。在多阶段决策问题中,各个阶段决策的选取不是任意确定的,它依赖于当前面临的状态,又影响以后的发展,当各个阶段决策确定后,就组成一个决策序列,因而也就确定了整个过程的一条活动路线。

20 世纪 50 年代初,美国数学家 R. E. Bellman 等人在研究多阶段决策过程的优化问题时,提出了著名的最优化原理(Principle of Optimality),把多阶段过程转化为一系列单一阶段问题,利用各阶段之间的关系,逐个求解,创立了解决这类过程优化问题的新方法——**动态规划**(Dynamic Programming)。动态规划是运筹学的一个分支,是求解多阶段决策过程最优化的数学方法。

虽然动态规划主要用于求解以时间划分阶段的动态过程的优化问题,但是一些与时间无关的静态规划(如线性规划、非线性规划),只要人为地引进时间因素,把它视为多阶段决策过程,也可以用动态规划方法方便地求解。

动态规划程序设计是解最优化问题的一种途径、一种方法,而不是一种特殊算法。不像搜索或数值计算那样,具有一个标准的数学表达式和明确清晰的解题方法。动态规划程序设计往往是针对一种最优化问题,由于各种问题的性质不同,确定最优解的条件也互不相同,因此,动态规划的设计方法对不同的问题,有各具特色的解题方法,而不存在一种万能的动态规划算法,可以解决各类最优化问题。因此,大家在学习时,除了要正确理解基本概念和方法外,还必须做到具体问题具体分析,以丰富的想象力去建立模型,用创造性的技巧去求解。我们也可以通过对若干有代表性的问题的动态规划算法进行分析、讨论,逐渐学会并掌握一些常用的设计方法。

6.2.2 动态规划算法的基本设计思想

动态规划算法与分治算法类似,其基本思想也是将待求解问题分解成若干个子问题,先求解子问题,然后从这些子问题的解得到原问题的解。与分治算法不同的是,适于用动态规划算法求解的问题,经分解得到的子问题往往不是互相独立的。如果用分治算法自顶向下求解,则且每次产生的子问题并不总是新问题,会有些子问题被重复计算了许多次,以至于最后解决原问题需要耗费指数倍的计算时间。下面我们举例说明分治算法中子问题被重复计算的情况。

例如,斐波那契数列(Fibonacci Sequence),又称黄金分割数列,因数学家列昂纳多·斐波那契(Leonardoda Fibonacci)以兔子繁殖为例子而引入,故又称为"兔子数列",指的是这样一个数列:0,1,1,2,3,5,8,13,21,34,…在数学上,斐波那契数列被以递归的方法定义如下

$$f(n) = \begin{cases} 1, & n \leq 2; \\ f(n-1) + f(n-2), & n \geq 3。 \end{cases} \quad (6.2)$$

如果我们将以上的斐波那契数列 $f(n)$ 计算式中 $f(n-1)$、$f(n-2)$ 作为整个 $f(n)$ 递归计算的子问题,那么,以上的 $f(n)$ 可以展开成如图 6.2 所示的递归树的形式。

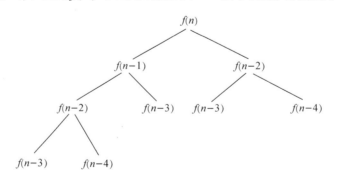

图 6.2 斐波那契数列的递归树展开形式

在图 6.2 所示的问题中,要计算 $f(n)$,则需要计算 $f(n-1)$ 和 $f(n-2)$ 两个子问题,计算 $f(n-1)$,又要计算 $f(n-2)$ 和 $f(n-3)$ 两个子问题。同时,计算 $f(n-2)$ 也要计算 $f(n-3)$ 和 $f(n-4)$ 两个子问题。子问题 $f(n-2)$ 和 $f(n-3)$ 重复计算了两次。以此类推,不同的子

问题都有被多次重复计算。因此,如果采用传统的分治算法进行求解此问题,很多子问题会被重复计算,会消耗很多不必要的计算时间。

如何减少子问题的重复计算是动态规划算法的关键思想。那么,究竟如何避免子问题被重复计算呢?

不失一般性,如果我们能够存储已解决的子问题的答案,在需要时再找出之前已求得的答案,就可以避免大量重复计算。动态规划算法对每一个子问题只解一次,并且用一个表来记录所有已解决的子问题的答案。不管子问题以后是否被用到,只要它被计算过,就将其结果填入表中,当再次需要解此子问题时,只是简单地用常数时间查看一下结果,从而避免了同一子问题的重复计算。这就是动态规划的基本设计思想。通常,子问题的个数随问题的大小呈多项式增长。因此,用动态规划算法通常只需要多项式时间,从而获得较高的解题效率。具体的动态规划算法是多种多样的,但它们具有相同的解题过程。

使用动态规划的基本设计思想设计算法解决最优化问题通常包含以下几个步骤:

（1）找出最优解的性质,并刻画其结构特征;

（2）递归地定义最优值;

（3）以自底向上的方式计算出最优值;

（4）根据计算最优值时得到的信息,构造最优解。

视频讲解

上述前3个步骤是动态规划算法的基本步骤。在只需要求出最优值的问题中,步骤4可以省去。若需要求问题的最优解,则必须执行步骤4,此时,在步骤3中计算最优值时,为了能够进一步计算最优解,通常需记录更多的信息,以便在步骤4中,根据这些记录的信息,快速构造出最优解。

下面我们通过一个矩阵连乘的具体例子来展示如何运用动态规划算法解决问题,从而请大家进一步思考如何运用动态规划解决本章项目指引中给出的两个实践项目。

【例6.1】某银行想请几家软件开发商开发矩阵乘法模块。该矩阵乘法模块能够实现多个矩阵按照计算法则进行乘法运算,最终该银行将选择计算效率最高的一家软件开发商中标,并委托他们进行软件开发。

分析:该问题是矩阵连乘问题,矩阵连乘问题可具体描述为:给定 n 个矩阵 $\{A_1, A_2, \cdots,$ $A_n\}$,其中 A_i 与 A_{i+1} 是可乘的,$i = 1, 2, \cdots, n-1$,要算出这 n 个矩阵的连乘积 $A_1 A_2 \cdots A_n$。由于矩阵乘法满足结合律,故计算矩阵的连乘积可以有许多不同的计算次序,这些计算次序可以用加括号的方式来确定。若一个矩阵连乘积的计算次序完全确定,也就是说该连乘积已完全加括号,则可以依此次序反复调用2个矩阵相乘的标准算法计算出矩阵连乘积。完全加括号的矩阵连乘积可递归地定义为:

视频讲解

（1）单个矩阵是完全加括号的(当然实际上可以不加);

（2）矩阵连乘积 A 是完全加括号的,则 A 可表示为2个完全加括号的矩阵连乘积 B 和 C 的乘积并加括号,即 $A = (BC)$。

例如,矩阵连乘积 $A_1 A_2 A_3 A_4$ 有5种不同的完全加括号的方式:$(A_1 (A_2 (A_3 A_4)))$, $(A_1 ((A_2 A_3) A_4))$, $((A_1 A_2)(A_3 A_4))$, $((A_1 (A_2 A_3)) A_4)$, $(((A_1 A_2) A_3) A_4)$。每一种完全加括号的方式对应一个矩阵连乘积的计算次序,这决定着作乘积所需要的计算量。

我们知道,若 A 是一个 $p \times q$ 矩阵,B 是一个 $q \times r$ 矩阵,则计算其乘积 $C = AB$ 的标准算

法需要进行 pqr 次乘法(具体算法如算法6.1所示)。其计算公式为

$$c_{ij} = \sum_{k=1}^{q} a_{ik}b_{kj}$$

$$\begin{bmatrix} c_{11} & c_{12} & \cdots & c_{1r} \\ c_{21} & c_{22} & \cdots & c_{2r} \\ \vdots & \vdots & & \vdots \\ c_{p1} & c_{p2} & \cdots & c_{pr} \end{bmatrix} = \begin{bmatrix} a_{11} & a_{12} & \cdots & a_{1q} \\ a_{21} & a_{22} & \cdots & a_{2q} \\ \vdots & \vdots & & \vdots \\ a_{p1} & a_{p2} & \cdots & a_{pq} \end{bmatrix} \times \begin{bmatrix} b_{11} & b_{12} & \cdots & b_{1r} \\ b_{21} & b_{22} & \cdots & b_{2r} \\ \vdots & \vdots & & \vdots \\ b_{q1} & b_{q2} & \cdots & b_{qr} \end{bmatrix} \qquad (6.3)$$

算法6.1 标准矩阵乘法的算法

```
Void matrixMultiply(int[][]a,int[][]b,int[][]c,int ra,int ca,int rb,int cb)
{
    if(ca! = rb)
    printf("矩阵不可乘");
    for(int i = 0;i < ra;i ++)
        for(int j = 0;i < cb;j ++)
        {
            int sum = a[i][0] * b[0][j];    //设置初值
            for(int k = 1;k < rb;k ++)
            Sum += a[i][k] * b[k][j];       //求 c_{ij} = \sum_{k=1}^{q} a_{ik}b_{kj}
            c[i][j] = sum;
        }
}
```

为了说明在计算矩阵连乘积时,加括号方式对整个计算量的影响,我们先来看看3个矩阵$\{A_1,A_2,A_3\}$连乘的情况。设这三个矩阵的维数分别为 $10 \times 100, 100 \times 5, 5 \times 50$。加括号的方式只有两种: $((A_1A_2)A_3), (A_1(A_2A_3))$,

计算$((A_1A_2)A_3)$所需要的乘法次数为 $10 \times 100 \times 5 + 10 \times 5 \times 50 = 7500$;计算$(A_1(A_2A_3))$所需要的乘法次数为 $100 \times 5 \times 50 + 10 \times 100 \times 50 = 75\,000$。

第二种加括号方式的计算量是第一种加括号方式计算量的10倍。由此可见,在计算矩阵连乘积时,加括号方式(即计算次序)对计算量,也就是计算时间复杂度有很大的影响。于是,我们提出矩阵连乘积的最优计算次序问题,即对于给定的相继 n 个矩阵$\{A_1,A_2,\cdots,A_n\}$(其中矩阵 A_i 的维数为 $p_{i-1} \times p_i, i = 1,2,\cdots,n$),如何确定计算矩阵连乘积 $A_1A_2\cdots A_n$ 的计算次序(完全加括号方式),使得依此次序计算矩阵连乘积需要的乘法次数最少呢。

我们先采用穷举算法,尝试列出所有可能的计算次序,并计算出每一种计算次序相应需要的乘法次数,从中再找出一种乘法次数最少的计算次序。假设 $P(n)$ 为 n 个矩阵乘积的运算次数,由于可以在任意第 k 和第 $k+1$ 个矩阵之间将原矩阵序列分为2个矩阵子序列,也就是 $k = 1,2,\cdots,n-1$,则 $P(n)$ 可以建立递归方程

$$P(n) = \begin{cases} 1, & n = 1; \\ \sum_{k=1}^{n-1} P(k)P(n-k), & n > 1。 \end{cases} \qquad (6.4)$$

解此递归方程可得,$P(n)$ 是著名的**卡塔兰(Catalan)数**,即

$$P(n) = \frac{1}{n+1}\binom{2n}{n}。 \tag{6.5}$$

其增长形式为 $\Omega(4^n/n^{3/2})$。从而可知穷举算法的时间复杂度是 n 的指数函数，当 n 较大时，穷举算法的效率是很低的。下面我们就利用动态规划的思想来求解以上的矩阵连乘问题。

1. 分析最优解的结构

视频讲解

根据前面描述的动态规划算法的基本设计思想，我们第一步将寻找问题的最优解的最优子结构，利用这一子结构，就可以根据子问题的最优解构造出原问题的一个最优解。对于矩阵连乘问题，一个简单的解决办法是，把括号放在所有可能的地方，计算每个位置的乘法次数，并返回最小值。对于一个长度为 n 的链 $A_iA_{i+1}\cdots A_j$，其中 $i \leq j$，有 $n-1$ 种位置放置第一组括号。如果记括号放置位置为 $k, i \leq k \leq j$，则括号将乘积在 A_k 与 A_{k+1} 之间分开。也就是说，对某个 k 值，应该首先计算 $A_iA_{i+1}\cdots A_k$ 和 $A_{k+1}A_{k+2}\cdots A_j$，然后把它们相乘就得到最终的乘积 $A_iA_{i+1}\cdots A_j$。

例如，如果给定的是 4 个矩阵 A,B,C,D，则有 5 种方式放第一组括号：$(AB)CD$、$A(BC)D$、$AB(CD)$、$(ABC)D$、$A(BCD)$。

所以，当我们选定某一 k 之后，整个 $A_iA_{i+1}\cdots A_j$ 问题的整体乘法次数将等于 $A_iA_{i+1}\cdots A_k$ 和 $A_{k+1}A_{k+2}\cdots A_j$ 的乘法代价之和，再加上两者所形成的矩阵再相乘的代价。

这样，我们把 $A_iA_{i+1}\cdots A_j$ 最优加括号的大问题分解成了更小尺寸的子问题 $A_iA_{i+1}\cdots A_k$ 和 $A_{k+1}A_{k+2}\cdots A_j$ 最优加括号问题。可以证明，这里 $A_iA_{i+1}\cdots A_j$ 的最优加括号方式所包含的计算矩阵子链 $A_iA_{i+1}\cdots A_k$ 和 $A_{k+1}A_{k+2}\cdots A_j$ 的加括号方式也是最优的。如果有一个计算 $A_iA_{i+1}\cdots A_k$ 的全部加括号的计算量更少，则用此加括号方式替换原来计算 $A_iA_{i+1}\cdots A_k$ 的加括号次序，得到的计算 $A_iA_{i+1}\cdots A_j$ 的计算量将比按最优全部加括号计算所需计算量少，产生了矛盾。同理可知，计算 $A_{k+1}A_{k+2}\cdots A_j$ 的最优加括号方式也必须是一个最优加括号方式。

由于有该最优子结构存在，矩阵连乘问题可以通过寻找子问题的最优解，然后合并这些子问题的最优解，来构造一个矩阵连乘问题的整体最优解。

2. 构建最优值的递归关系式

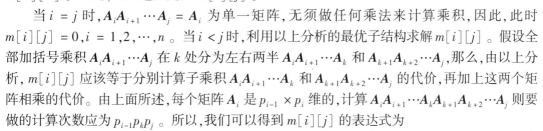

视频讲解

设计动态规划算法的第二步是递归地定义最优值。假设计算 $A_iA_{i+1}\cdots A_j, 1 \leq i \leq j \leq n$，所需的最少乘法次数为 $m[i][j]$，则对于整个问题，计算 $A_1A_2\cdots A_n$ 的最小乘法次数就是 $m[1][n]$。因此，可以递归定义 $m[i][j]$。

当 $i = j$ 时，$A_iA_{i+1}\cdots A_j = A_i$ 为单一矩阵，无须做任何乘法来计算乘积，因此，此时 $m[i][j] = 0, i = 1,2,\cdots,n$。当 $i < j$ 时，利用以上分析的最优子结构求解 $m[i][j]$。假设全部加括号乘积 $A_iA_{i+1}\cdots A_j$ 在 k 处分为左右两半 $A_iA_{i+1}\cdots A_k$ 和 $A_{k+1}A_{k+2}\cdots A_j$，那么，由以上分析，$m[i][j]$ 应该等于分别计算子乘积 $A_iA_{i+1}\cdots A_k$ 和 $A_{k+1}A_{k+2}\cdots A_j$ 的代价，再加上这两个矩阵相乘的代价。由上面所述，每个矩阵 A_i 是 $p_{i-1} \times p_i$ 维的，计算 $A_iA_{i+1}\cdots A_kA_{k+1}A_{k+2}\cdots A_j$ 则要做的计算次数应为 $p_{i-1}p_kp_j$。所以，我们可以得到 $m[i][j]$ 的表达式为

$$m[i][j] = m[i][k] + m[k+1][j] + p_{i-1}p_kp_j。 \tag{6.6}$$

由于在计算时我们并不知道 k 的具体位置，因此 k 是未知的，但是 k 只可能取 i 到 j 中的一个值，即 $k = i, i+1, \cdots, j-1$。k 的具体取值，应该是使计算量达到最小的那个位置。从而可以定义 $m[i][j]$ 的递归式为

$$m[i][j] = \begin{cases} 0, & i = j; \\ \min_{i \leqslant k < j}(m[i][j] + m[k+1][j] + p_{i-1}p_kp_j), & i < j。\end{cases} \quad (6.7)$$

$m[i][j]$ 给出了计算 $A_iA_{i+1}\cdots A_j$ 所需的最少乘法次数。同时还确定了计算 $A_iA_{i+1}\cdots A_j$ 的最优加括号位置。

根据以上递归式,可以构建算法 6.2 所示的递归算法来求解矩阵连乘问题。

算法 6.2　求解矩阵连乘问题的递归算法

```
int MatrixChainOrder(int p[],int i,int j)
{
    if(i == j)
        return 0;
    int k;
    int min = INT_MAX;      //初始化最小值
    int count;
    //在第一个和最后一个矩阵直接放置括号
    //递归计算每个括号,并返回最小的值
    for(k = i;k < j;k ++)
    {
        count = MatrixChainOrder(p,i,k) + MatrixChainOrder(p,k +1,j) + p[i -1]
        *p[k]*p[j];
        //递归计算
        if(count <min)
            min = count;
    }
    return min;
}
```

用递归算法计算 $A_1\cdots A_4$ 的递归树如图 6.3 所示。

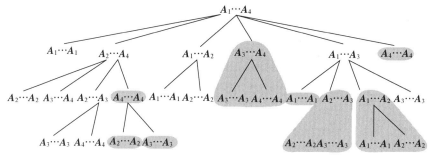

图 6.3　用递归算法计算 $A_1\cdots A_4$ 的递归树

从图 6.3 可以看出,许多子问题被重复计算。可以证明由此递归计算直接计算 $A_1A_2\cdots A_n$ 的时间复杂度有指数下界。令 $T(n)$ 表示该算法的时间复杂度,设算法中判断语句和赋值语句花费常数时间,则由算法的递归部分可得 $T(n)$ 表达式

$$T(1) \geqslant 1;T(n) \geqslant 1 + \sum_{k=1}^{n-1}(T(k) + T(n - k) + 1) = n + 2\sum_{k=1}^{n-1}T(k)。 \quad (6.8)$$

对于 $n > 1$,用下面的替代法可以证明 $T(n) = \Omega(2^n)$。

$$T(n) \geqslant 2\sum_{i=1}^{n-1} 2^{i-1} + n = 2\sum_{i=0}^{n-2} 2^i + n = 2(2^{n-1} - 1) + n = (2^n - 2) + n \geqslant 2^{n-1} \quad (6.9)$$

我们发现,原问题其实只有少数的子问题个数,根据以上的递归式,我们可以知道每一对满足 $1 \leqslant i \leqslant j \leqslant n$ 的 i 和 j 对应一个子问题,因此,总共的子问题只有 $\binom{n}{2} + n = \theta(n^2)$ 个,其中,后面加上的 n 个子问题是 $i = j$ 的子问题个数。重叠子问题性质是决定是否用动态规划的一个重要标志。

因此,根据动态规划算法设计的第三步,我们需要采用动态规划的思想来避免子问题的重复计算,采用动态规划的自底向上的方式进行计算。在计算中通过使用一定的数据结构保存已解决的子问题答案。使得每个子问题只计算一次,而在后面需要时只要简单查询一下,从而避免大量的重复计算,最终达到花费多项式时间的算法。下面的伪代码假设 A_i 的维数是 $p_{i-1} \times p_i$,$i = 1, 2, \cdots, n$,输入时一个序列 $p = \{p_0, p_1, \cdots, p_n\}$,程序使用一个二维数组 $m[n][n]$ 来保存 $m[i][j]$ 值。为了能够跟踪如何构造一个最优解,我们使用一个二维数组 $s[n][n]$ 来记录计算 $m[i][j]$ 时取得最优代价处 k 的值。后面我们将利用 s 数组构造一个最优解。矩阵连乘的动态规划算法如算法6.3所示。

算法6.3 矩阵连乘的动态规划算法

```
int MatrixChainOrder(int p[],int n)
{
    int m[n][n];
    int i,j,k,L,q;
    //单个矩阵相乘,所需乘法次数为0
    for(i =1;i <n;i ++)
        m[i][i]=0;
        //以下两个循环是关键之一,以6个矩阵为例(为描述方便,m[i][j]用ij代替)
        //需按照如下次序计算
        //下面行的计算结果将会直接用到上面的结果.如要计算 A₁...A₄,就会用到 A₁...A₂,A₂...A₄;
        //或者 A₁...A₃,A₃...A₄ 等
    for(j =2;j <n;L ++)
    {
        for(i =1;i < =n -j +1;i ++)
        {
            j =i +j -1;
            m[i][j] = INT_MAX;//初始化最小值
              s[i][j] =i;
            for(k =i;k < =j -1;k ++)
            {
            q =m[i][k] +m[k +1][j] +p[i -1]*p[k]*p[j];          //递归式
            if(q <m[i][j])
                {m[i][j] =q;
                s[i][j] =k;
            }
            }
        }
    }
    return m[1][n -1];
}
```

算法6.3首先计算出 $m[i][i] = 0$,$i = 1, 2, \cdots, n$。然后,根据递归式,按矩阵链长递增的方式计算 $m[i][i + 1]$,$i = 1, 2, \cdots, n - 1$(矩阵链长度为2);$m[i][i + 2]$,$i = 1, 2, \cdots$,

$n-2$（矩阵链长度为 3），以此类推。在计算 $m[i][j]$ 时，只用到已计算出的 $m[i][k]$ 和 $m[k+1][j]$。表 6.1 和图 6.4 演示了包含 $n=6$ 个矩阵 A_1,A_2,A_3,A_4,A_5,A_6 连乘时该算法的执行过程。

表 6.1　6 个矩阵行列数示例

A_1	A_2	A_3	A_4	A_5	A_6
30×35	35×15	15×5	5×10	10×20	20×25

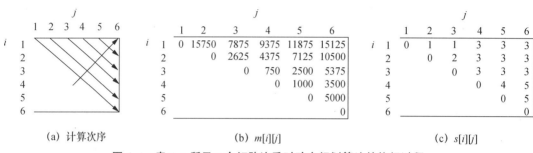

(a) 计算次序　　　　　(b) $m[i][j]$　　　　　(c) $s[i][j]$

图 6.4　表 6.1 所示 6 个矩阵连乘时动态规划算法的执行过程

图 6.4 中只有主对角线上的部分计算结果被用到。

例如，在计算 $m[2][5]$ 时，依递归式有

$$m[2][5] = \min \begin{cases} m[2][2] + m[3][5] + p_1p_2p_5 = 0 + 2500 + 35 \times 15 \times 20 = 13\,000, \\ m[2][3] + m[4][5] + p_1p_3p_5 = 2625 + 1000 + 35 \times 5 \times 20 = 7125, \\ m[2][4] + m[5][5] + p_1p_4p_5 = 4375 + 0 + 35 \times 10 \times 20 = 11\,375, \end{cases}$$

且 $k=3$，因此 $s[2][5]=3$。

算法计算量由 j，i，k 三重循环决定。假设循环体内的计算量为 $O(1)$，则这里的三重嵌套循环运行时间为 $O(n^3)$。算法所占用的空间为两个二维数组，即 $O(n^2)$。由此可见，动态规划算法实现比直接递归实现计算量少得多，当然，相比穷举算法，其效率也好得多。

3. 构造最优解

动态规划算法设计的最后一步是构造最优解。通过以上的动态规划算法我们已经看到，算法中记录了每次 k 的取值并存到二维数组 $s[i][j]$ 中。但是以上的算法只解出了最优值，并没有获得最优解，也就是说，该算法没有直接说明如何对这些矩阵进行加括号。利用以上获得的 $s[i][j]$ 来构造一个最优解并不难。从 $s[1][n]$ 记录的信息可知计算 $A_1A_2\cdots A_n$ 的最优加括号方式为 $(A_{1\cdots s[1][n]}A_{s[1][n]+1,\cdots,n})$。而 $A_{1,\cdots,s[1][n]}$ 的最优加括号方式为 $A_{1,\cdots,s[1][s[1][n]]}A_{s[1][s[1][n]]+1,\cdots,s[1][n]}$。同理，可以获得 $A_{s[1][n]+1,\cdots,n}$ 的最优加括号方式，其存储于 $s[s[1][n]+1][n]$ 中。依次递推下去，最终可以确定 $A_1A_2\cdots A_n$ 的最优完全加括号方式，到时就可以构造出完整问题的一个最优解。算法 6.4 打印了加括号方式。

算法 6.4　求解矩阵连乘最优解的算法

```
Void traceback(s[][],i,j)
{
   if(i=j)return;
```

```
    traceback(s,i,s[i][j]);        //利用 s[][]递归求解最优解
    traceback(s,s[i][j]+1,j);
    printf("A"+i+","+s[i][j]+"and A"+(s[i][j]+1)+","+j);
}
```

对于表 6.1 所示的 6 个矩阵,调用算法 traceback($6,1,s$),可输出最优计算次序
$((\boldsymbol{A}_1(\boldsymbol{A}_2\boldsymbol{A}_3))((\boldsymbol{A}_4\boldsymbol{A}_5)\boldsymbol{A}_6))$。

6.2.3　动态规划要素

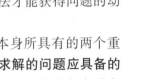

视频讲解

虽然我们前面讨论过动态规划方法,并运用动态规划设计思想解决了矩阵连乘问题。
但大家对什么时候使用动态规划思想设计算法,所遇问题能否使用动态规划设计思想来解
决可能仍然存在疑惑。下面我们就来具体讲述哪些问题和采用哪些方法才能获得问题的动
态规划算法。

从前面的例子我们可以看出,动态规划算法的有效性依赖于问题本身所具有的两个重
要性质:**最优子结构性质和重叠子问题性质,这也是可用动态规划算法求解的问题应具备的
两个基本要素**。我们还可以采用另一种方法实现类似于动态规划算法的一种递归变形方
法——备忘录算法。

1. 最优子结构

用动态规划算法求解优化问题的第一步是描述最优解的结构。如果问题的一个最优解
中包含了子问题的最优解,则该问题具有最有子结构。当一个问题具有最优子结构时,就提
示我们动态规划可能会适用(注意,在前面讲述分治算法和贪心算法时,此条件对于判断是
否可以使用这两个算法也是适用的)。在动态规划中,我们利用子问题的最优解来构造原问
题的一个最优解,因此,必须小心以确保在所考虑的子问题范围中,包含了用于一个最优解
中的那些子问题。

在前面的矩阵连乘问题中,我们注意到,$A_iA_{i+1}\cdots A_j$ 最优加括号的大问题可以分解成更
小的 $A_iA_{i+1}\cdots A_k$ 和 $A_{k+1}A_{k+2}\cdots A_j$ 最优加括号问题,因此该问题存在最优子结构性质。在寻
找最优子结构时,可以遵循一种共同的模式。

(1)问题的一个解可以是做一个选择(如选择一个下标以便在该位置分类矩阵链),做
这种选择会得到一个或多个有待解决的子问题。

(2)假设对一个给定的问题,已知的是一个可以导致最优解的选择。不必关心如何确
定这个选择,尽管假定它是已知的。

(3)在已知这个选择后,要确定哪些子问题会随之发生,以及如何最好地描述所得到的
子问题空间。

(4)利用反证法证明在问题的一个最优解中,使用的子问题的解本身必须是最优的。
我们可以先假设由问题的最优解导出的子问题的解不是最优的,然后再设法证明在这个假设
下可构造出比原问题最优解更好的解,从而导出矛盾。如果有多于一个的子问题的话,由于它
们通常非常类似,所以只要对其中一个子问题的假设过程略加修改,即可很容易地用于其他子
问题。

如何分解得到子问题结构,需要遵循下面几条方案。

(1)动态规划的子问题结构(分解方式)应该遵循问题本身解的形成过程,或问题多阶

段的解决执行过程,并依赖于问题本身的求解过程。例如,矩阵连乘 $A_iA_{i+1}\cdots A_j = A_iA_{i+1}\cdots$ $A_kA_{k+1}A_{k+2}\cdots A_j$ 矩阵连乘的结果应该由两个矩阵乘积构成。

(2)采用动态规划的子问题结构(分解方式)所得到的最终解应该是正确的。

(3)如果存在多种分解方式,应该选择分解后子问题数目最少的一种分解方式进行算法设计。

动态规划以自底向上的方式来利用最优子结构。也就是说,首先找到子问题的最优解,解决子问题,然后找到原问题的一个最优解。寻找问题的一个最优解需要在子问题中做出选择,即选择将用哪一个来求解问题。解决问题的代价通常是子问题的代价加上选择本身带来的开销。例如,在矩阵连乘问题中首选要确定子链 $A_iA_{i+1}\cdots A_j$ 的最优加括号方式,然后选择矩阵 A_k 并在该位置分裂乘积,选择本身所带来的开销为 $p_{i-1}p_kp_j$ 项。

2. 重叠子问题

可用动态规划算法求解的问题应该具备的另一个基本要素是子问题的重叠性质。在用递归算法自顶向下求解问题时,每次产生的子问题并不总是新问题,有些子问题被反复计算多次。动态规划算法正是利用了这种子问题的重叠性质,对每一个子问题只解一次,而后将其计算结果保存在一个表格中,当再次需要解此子问题时,只是简单地用常数时间查看一下结果即可。通常,不同的子问题个数随问题的大小呈多项式增长。因此,用动态规划算法通常只需要花费多项式时间,从而获得较高的解题效率。

在前面求解矩阵连乘问题时,我们采用直接递归实现方法实现了算法,并给出了算法所产生的递归树,可以看出矩阵连乘问题中存在很多重复子问题的计算。相比自顶向下的递归算法,自底向上的动态规划算法更为有效,只需要 $O(n^3)$ 计算时间。动态规划算法对每一个重复的子问题只解一次,有效地利用了问题的重叠性质。由此可以看出当解某一问题的直接递归算法所产生的递归树中,相同的子问题反复出现,并且不同子问题的个数又相对较少时,用动态规划算法是更有效的。

3. 备忘录算法

动态规划算法的一个变形是备忘录算法。备忘录算法也是用一个表格来保存已解决的子问题的答案,在下次需要解决此问题时,只要简单地查看该子问题的解答结果,而不必重新计算。与动态规划算法不同的是,备忘录算法的递归方式是自顶向下的,而动态规划算法则是自底向上递归的。因此,备忘录算法的控制结构与直接递归算法的控制结构相同,两者的区别在于备忘录算法为每个解过的子问题建立了备忘录以备需要时查看,避免了相同子问题的重复求解。

备忘录算法为每个子问题建立了一个记录项,初始化时,该记录项存入一个特殊的值,表示该子问题尚未求解。在求解过程中,对每个待求的子问题,首先查看相应的记录项。若记录项中存储的是初始化时存入的特殊值,则表示该子问题是第一次遇到,此时计算出该子问题的解,并保存在相应的记录项中。若记录项中存储的已不是初始化时存入的特殊值,表示该问题已被计算过,其相应的记录项中存储的就是该子问题的解答结果。此时,只要从记录项中取出该子问题的解答结果即可。解矩阵连乘最优计算次序的备忘录算法如算法 6.5 所示。

算法 6.5　求解矩阵连乘问题的备忘录算法

```
int memoizedmatrixchain(n)
{
```

```
        for(int i =1;i <=n;i ++)
                for(int j =i;j <=n;j ++)
                    m[i][j] = 0;                     //初始化 m[i][j]
                return lookupchain(1,n)
}
int lookupchain(int i,int j)
{
        if(m[i][j] >0)return m[i][j];               //如果已计算 m[i][j],则直接返回
        if(i == j)return 0;
        int u = lookupchain(i +1,j) + p[i -1] * p[i] * p[j];
        s[i][j] = i;
        for(int k = i +1;k < j;k ++)                //递归计算
        {
                int t = lookupchain(i,k) + lookupchain(k +1,j) + p[i -1] * p[k] * p[j];
                if(t < u)
                {
                        u = t;
                        s[i][j] = k;
                }
        }
        m[i][j] = u;
        return u;
}
```

与动态规划算法一样,备忘录算法用数组 m 记录子问题的最优值。m 初始化为 0,表示相应的子问题还未被计算。在调用 lookupchain 时,若 $m[i][j] > 0$,则表示其中存储的是所要求子问题的计算结果,直接返回此结果即可。否则与直接递归算法一样,自顶向下地递归计算,并将计算结果存入 $m[i][j]$ 后返回。因此,备忘录算法中的 lookupchain 总能返回正确的值,但仅在它第一次被调用时计算,以后的调用就直接返回计算结果。

与动态规划算法一样,备忘录算法耗时也为 $O(n^3)$。事实上,共有 $O(n^2)$ 个备忘录记录项 $m[i][j]$,$i = 1,2,\cdots,n$,$j = 1,2,\cdots,n$。这些记录项的初始化耗费 $O(n^2)$ 时间。每个记录项只填入一次,每次填入时,不包括填入其他记录项的时间,共耗费 $O(n)$ 时间。因此,备忘录算法填入 $O(n^2)$ 个记录项总共耗费 $O(n^3)$ 计算时间。由此可见,通过使用备忘录方法,直接递归的计算时间也可以达到动态规划算法的效果。

因此,矩阵连乘问题无论是用自顶向下的备忘录算法,还是用自底向上的动态规划算法,都能在 $O(n^3)$ 计算时间内完成计算。这两个算法都利用了子问题的重叠性质。对每个子问题,这两种算法都只计算一次,并记录答案。再次遇到该子问题时,不再重新求解,而是简单地取用已得到的答案,因此节省了计算量,提高了算法的效率。

一般来讲,当一个问题的所有子问题至少要解一次时,则用动态规划算法比用备忘录算法好。此时,动态规划算法没有任何多余的计算,还可利用其规则的表格存取方式,来减少计算时间和空间需求。当子问题空间中部分子问题可不必求解时,用备忘录方法则较有利,因为从其控制结构可以看出,该方法只解那些确实需要求解的子问题。

6.3 项目实战(任务解答)

在理解与掌握动态规划算法设计基本思想以及如何运用动态规划设计思想求解最优化问题的基础上,本节将引导大家对项目指引中所描述的项目进行算法设计与求解。

项目1　实验报告防抄袭小系统设计问题

1. 项目分析

根据对项目所描述问题的分析,我们发现该项目的关键任务是找出两篇实验报告中描述语句相同的所有模块,并统计其数目。如果能够成功地找出两篇实验报告中最多的描述语句相同的模块,则可以解决该问题。这里我们先不考虑描述语句相同的模块间顺序交换这种抄袭现象,先分析如果两个文档中只存在语句的添加和删除这种抄袭问题,那么,找出两篇文档中最多的描述语句相同的模块则是本项目的关键问题。

假设有两篇内容相似的文档,如图6.5所示。

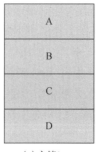

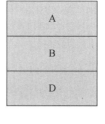

文档1　　　　　　　文档2

图6.5　存在相似语句的两篇文档

我们可以发现,这两篇文档中存在的斜体、加粗和加下画线部分语句均是相同的语句,两篇文档相比,第一篇文档只是比第二篇文档多出一部分文字。如果我们采用一种方法划分出文档中每个句子,并采用一种标示方法求解每个句子的标示符,从而对每个句子进行标示(如求解每个句子字符串的哈希值,将其作为该句子的标示符),那么,相近或相同的语句将获得相同的标示符。

这里如果简单地将图6.5所示的两篇文档中的每个语句用一个大写英文字母作为其标示符,则这两篇文档通过对每个语句进行标示,最后形成的标示符序列可以表示为如图6.6所示的序列。

A		A
B		B
C		D
D		

(a)文档1　　　　　(b)文档2

图6.6　图6.5所示两篇文档的标示符序列

如前所述,不考虑文字顺序变换这一抄袭手法,只考虑文字的增添和减少这种抄袭问题。上面所述的查重问题如果将两篇文本按照语句进行分段,并通过标示函数将各个语句字段表征为一个标示符,则两篇文本将可以分别用序列 $X = \{x_1, x_2, \cdots, x_m\}$ 和 $Y = \{y_1, y_2, \cdots, y_n\}$ 来表示,其中,我们用 x_i,y_k 分别表示两段文字的第 i 段文字获得的值和第 k 段文字获得的值。

2. 最长公共子序列问题

子序列:给定一个序列 X,其子序列是在该序列中删除若干元素后得到的序列。进一步详细描述为,若给定序列 $X = \{x_1, x_2, \cdots, x_m\}$,则另一序列 $Z = \{z_1, z_2, \cdots, z_k\}$,$X$ 的子序列是指存在一个严格递增下标序列 $\{i_1, i_2, \cdots, i_k\}$ 使得对于所有 $j = 1, 2, \cdots, k$ 有 $z_j = x_{ij}$。例如,序列 $\{B,C,D,B\}$ 是序列 $\{A,B,C,B,D,A,B\}$ 的子序列,相应的递增下标序列为 $\{2,3,5,7\}$。

公共子序列:给定两个序列 X 和 Y,当另一序列 Z 既是 X 的子序列,又是 Y 的子序列时,称 Z 是序列 X 和 Y 的公共子序列。例如,若 $X = \{A,B,C,B,D,A,B\}$,$Y = \{B,D,C,A,B,A\}$,序列 $\{B,C,A\}$ 就是 X 和 Y 的一个公共子序列,序列 $\{B,C,B,A\}$ 也是 X 和 Y 的一个公共子序列。

大家在学习时往往分不清什么是子串和子序列。这里对这两个概念做一下解释:子串是串的一个连续的部分,子序列是不改变序列的顺序,从序列中去掉任意的元素而获得新的序列。也就是说,子串中的字符在原串中必须是连续的,子序列中的字符在原序列中则可以不必连续。因此,一个字符串的子序列,是指从该字符串中去掉任意多个字符后剩下的字符在不改变顺序的情况下组成的新字符串。

最长公共子序列:最长公共子序列是指公共子序列中长度最大的公共子序列。

能够想到,找两个序列 $X = \{x_1, x_2, \cdots, x_m\}$ 和 $Y = \{y_1, y_2, \cdots, y_n\}$ 的最长公共子序列的最简单的方法是穷举出 X 的所有子序列,然后逐一检查看其是否为 Y 的子序列,从而确定它是否是序列 X 和 Y 的公共子序列,并且在检查过程中记录最长的公共子序列。X 的所有子序列都检查过后即可找到 X 和 Y 的最长公共子序列。X 的每个子序列对应 X 的一个下标集的一个子集。可知 X 共有 2^m 个子序列,因此,这种算法至少需要花费指数计算时间,效率很低。

通过分析,我们可以发现最长公共子序列问题是存在最优子结构性质的。给定一个序列 $X = \{x_1, x_2, \cdots, x_m\}$,对 $i = 0, 1, \cdots, m$,定义 X 的第 i 个前缀为 $X_i = \{x_1, x_2, \cdots, x_i\}$,如当 $X = \{A,B,C,B,D,A,B\}$ 时,$X_4 = \{A,B,C,B\}$。X_0 是一个空序列。最长公共子序列的最优子结构性质可以描述为:

设序列 $X = \{x_1, x_2, \cdots, x_m\}$ 和序列 $Y = \{y_1, y_2, \cdots, y_n\}$ 的最长公共子序列为 $Z = \{z_1, z_2, \cdots, z_k\}$,则有:

性质 1:若 $x_m = y_n$,则 $z_k = x_m = y_n$,且 Z_{k-1} 是 X_{m-1} 和 Y_{n-1} 的最长公共子序列;

性质 2:若 $x_m \neq y_n$,且 $z_k \neq x_m$,则 Z 是 X_{m-1} 和 Y 的最长公共子序列;

性质 3:若 $x_m \neq y_n$,且 $z_k \neq y_n$,则 Z 是 X 和 Y_{n-1} 的最长公共子序列。

其中,$X_{m-1} = \{x_1, x_2, \cdots, x_{m-1}\}$,$Y_{n-1} = \{y_1, y_2, \cdots, y_{n-1}\}$,$Z_{k-1} = \{z_1, z_2, \cdots, z_{k-1}\}$ 分别为 X、Y、Z 的前缀。

下面我们来证明最长公共子序列的最优子结构性质。

性质 1,我们用反证法来证明。若 $z_k \neq x_m$,则 $\{z_1, z_2, \cdots, z_k, x_m\}$ 是 X 和 Y 的长度为 $k+1$ 的公共子序列。这与 Z 是 X 和 Y 的最长公共子序列矛盾。因此,必有 $z_k = x_m = y_n$。由此可知,Z_{k-1} 是 X_{m-1} 和 Y_{n-1} 的长度为 $k-1$ 的公共子序列。若 X_{m-1} 和 Y_{n-1} 有长度大于 $k-1$ 的公共子序列 W,则将 x_m 加在其尾部,产生 X 和 Y 的长度大于 k 的公共子序列,与题设矛

盾。故 Z_{k-1} 是 X_{m-1} 和 Y_{n-1} 的最长公共子序列。

性质 2，由于 $z_k \neq x_m$，Z 是 X_{m-1} 和 Y 的公共子序列。若 X_{m-1} 和 Y 有长度大于 k 的公共子序列 W，则 W 也是 X 和 Y 的长度大于 k 的公共子序列，这与 Z 是 X 和 Y 的最长公共子序列矛盾。由此可知，Z 是 X_{m-1} 和 Y 的最长公共子序列。

性质 3 的证明与性质 2 对称，这里我们不再详述。

3. 问题的递归解

根据前面的描述，要找出序列 $X = \{x_1, x_2, \cdots, x_m\}$ 和序列 $Y = \{y_1, y_2, \cdots, y_n\}$ 的最长公共子序列，可能要分成以下两种情况。

(1) 当 $x_m = y_n$ 时，找出 X_{m-1} 和 Y_{n-1} 的最长公共子序列，然后在其尾部加上 $x_m = y_n$，即可得序列 X 和 Y 的最长公共子序列。

(2) 当 $x_m \neq y_n$ 时，必须解两个子问题，即找出 X_{m-1} 和 Y 的一个最长公共子序列，以及 X 和 Y_{n-1} 的一个最长公共子序列。这两个公共子序列中较长者即为序列 X 和 Y 的最长公共子序列。这两种情况包含了所有的公共子序列的可能，其中一个最优值必被使用在 X 和 Y 的一个最长公共子序列中。

由此递归结构容易看到，最长公共子序列问题具有重叠子问题性质。例如，在计算序列 X 和 Y 的最长公共子序列时，可能要计算 X 和 Y_{n-1} 及 X_{m-1} 和 Y 的最长公共子序列，而这两个子问题都包含一个公共子问题，即计算 X_{m-1} 和 Y_{n-1} 的最长公共子序列。因此，最长公共子序列问题也存在重叠子问题性质，适合采用动态规划算法求解。

根据前面描述的建立最优值的递归关系式，这里我们用 $c[i][j]$ 记录序列 X_i 和 Y_j 的最长公共子序列的长度。如果 $i = 0$ 或 $j = 0$ 时，其中一个的序列长度为 0，故此时 $c[i][j] = 0$。在其他情况下，由最优子结构性质可建立递归关系如下：

$$c[i][j] = \begin{cases} 0, & i = 0, j = 0; \\ c[i-1][j-1] + 1, & i > 0, j > 0 \text{ 且 } x_i = y_j; \\ \max(c[i][j-1], c[i-1][j]), & i > 0, j > 0 \text{ 且 } x_i \neq y_j。 \end{cases} \quad (6.10)$$

通过分析以上的递归公式，我们发现其中一个条件约束了我们可能考虑的子问题。当 $x_i = y_j$ 时，可以而且应该考虑寻找 X_{i-1} 和 Y_{j-1} 的最长公共子序列；否则，应该另外考虑寻找 X_i 和 Y_{j-1} 以及 X_{i-1} 和 Y_j 的两个子最长公共子序列问题。

4. 计算最长抄袭文本段数

求最长抄袭文本段数，即求标示文本块的字符串序列 X 和 Y 的最长公共子序列长度。直接利用递归式容易写出计算 $c[i][j]$ 的递归算法，但其计算时间是随输入长度指数增长的。由于在所考虑的子问题空间中，总共有 $\theta(mn)$ 个不同的子问题，因此，用动态规划算法自底向上地计算最优值能提高算法的效率。

在计算两个序列的最长公共子序列长度的动态规划算法时，以序列 $X = \{x_1, x_2, \cdots, x_m\}$ 和序列 $Y = \{y_1, y_2, \cdots, y_n\}$ 作为输入。输出两个数组 c 和 b。其中 $c[i][j]$ 存储 X_i 和 Y_j 的最长公共子序列的长度，$b[i][j]$ 记录 $c[i][j]$ 的值是由哪一个子问题的解得到的，这在构造最长公共子序列时要用到。问题的最优值，即 X 和 Y 的最长公共子序列的长度记录于 $c[m][n]$ 中。具体算法如算法 6.6 所示。

算法 6.6 求两个序列的最长公共子序列长度的算法

```
int IcsLength(char[]x,char[]y,int[][]b)
{
int m = x.length - 1;
int n = y.length - 1;
int * * c = new int[m + 1][n + 1];
for(int i = 1;i <= m;i ++)
        c[i][0]] = 0;              //初始化 c[i][0]
for(int i = 1;i < = n;i ++)
        c[0][i] = 0;              //初始化 c[0][i]
for(int i = 1;i <= m;i ++)        //计算 c[i][j]
{
        for(int j = 1;j <= n;j ++)
                {
                    if(x[i] == y[j])
                    {
                    c[i][j] = c[i - 1][j - 1] + 1;
                    b[i][j] = 1;
                    }
                    else if(c[i - 1][j] >= c[i][j - 1]
                    {
                    c[i][j] = c[i - 1][j];
                    b[i][j] = 2;              //用于记录 c[i][j]的最优值是由哪一个
                                              //子问题得到的
                    }
                    else
                    {
                    c[i][j] = c[i][j - 1];
                    b[i][j] = 3;
                    }
                }
        Return c[m][n];
}
```

由于每个数组单元的计算都耗费 $O(1)$ 时间,因此,算法 6.6 耗时为 $O(mn)$。图 6.7 给出了在序列 $X = \{A,B,C,B,D,A,B\}$ 和序列 $Y = \{B,D,C,A,B,A\}$ 由以上算法计算出的表。

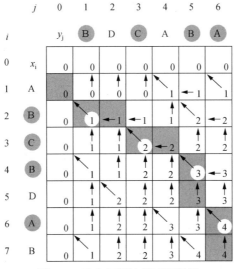

图 6.7 动态规划计算过程举例

通过算法 6.6 计算得到的序列 c 和 b ，第 i 行和第 j 列中的方块包含了 $c[i][j]$ 的值以及指向 $b[i][j]$ 值的箭头。表的右下角 $c[7][6]=4$ ，为 X 和 Y 的一个最长公共子序列 $\{B,C,B,A\}$ 的长度。对 $i>0, j>0$ ，项 $c[i][j]$ 仅依赖于是否有 $x_i=y_j$ 及项 $c[i-1][j]$ ，$c[i][j-1]$ 和 $c[i-1][j-1]$ 的值，这几个都在 $c[i][j]$ 之前计算。为了重构一个最长公共子序列的元素，从右下角开始跟踪 $b[i][j]$ 的箭头即可，这条路径标示为阴影。这条路径上的每个"←"对应一个使 $x_i=y_j$ 为一个最长公共子序列的成员的项（高亮部分）。可见，由于每次调用至少向上或向左（或向上向左同时）移动一步，故最多调用 $m+n$ 次就会遇到 $i=0$ 或 $j=0$ 的情况，此时开始返回。返回时与递归调用时方向相反，步数相同。

5. 标记抄袭文本段

要标记出抄袭文本段可以通过构造这两篇文本的标示符序列（如图 6.6 所示）的最长公共子序列，构造出的最长公共子序列为抄袭文本段序号序列，则可以实现标记抄袭文本段的目的。由算法 6.6 计算得到的数组 b 可用于快速构造序列 $X=\{x_1, x_2, \cdots, x_m\}$ 和序列 $Y=\{y_1, y_2, \cdots, y_n\}$ 的最长公共子序列。首先从 $b[m][n]$ 开始，依其值在数组 b 中搜索，当 $b[i][j]=1$ 时，表示 X_i 和 Y_j 的最长公共子序列是由 X_{i-1} 和 Y_{j-1} 的最长公共子序列在尾部加上 x_i 所得到的子序列；当 $b[i][j]=2$ 时，表示 X_i 和 Y_j 的最长公共子序列与 X_{i-1} 和 Y_j 的最长公共子序列相同；当 $b[i][j]=3$ 时，表示 X_i 和 Y_j 的最长公共子序列与 X_i 和 Y_{j-1} 的最长公共子序列相同。

算法 6.7 根据数组 b 的内容打印出 X_i 和 Y_j 的最长公共子序列的算法如算法 6.7 所示。

算法 6.7　打印两个序列的最长公共子序列的算法

```
Void lcs(int i,intj,char x[],int b[][])
{
if(i==0 |j==0)
    return;
    if(b[i][j]==1)
    {
    lcs(i-1,j-1,x,b);
    printf(%d%,x[i]);          //打印抄袭文本段
    }
    else if(b[i][j]==2)
            lcs(i-1,j,x,b);          //递归搜索 X 序列
    else
            lcs(i,j-1,y,b);          //递归搜索 Y 序列
    }
}
```

在算法 6.7 中，每一次递归调用都使 i 或 j 减 1，因此该算法的计算时间复杂度为 $O(m+n)$ 。

6. 算法的改进

对于一个具体问题，按照一般的算法设计策略设计出的算法，往往在算法的时间和空间需求上还可以改进。这种改进，通常是利用具体问题的一些特殊性。

例如，在算法 6.6 和算法 6.7 中，可进一步将数组 b 省去。事实上，数组元素 $c[i][j]$ 的值仅由 $c[i-1][j-1]$ ，$c[i-1][j]$ 和 $c[i][j-1]$ 三个值之一确定，而数组元素 $b[i][j]$ 也

只是用来指示 $c[i][j]$ 究竟由哪个值确定。因此,在算法 6.7 中,我们可以不借助于数组 b,而借助于数组 c 本身临时判断 $c[i][j]$ 的值是由 $c[i-1][j-1]$,$c[i-1][j]$ 和 $c[i][j-1]$ 中哪一个数值元素所确定,时间代价是 $O(1)$。既然数组 b 对于算法 6.7 不是必要的,那么算法 6.6 便不必保存它。这样一来,可节省 $O(mn)$ 的空间,而算法 6.6 和算法 6.7 所需要的时间仍然分别是 $O(mn)$ 和 $O(m+n)$。不过,由于数组 c 仍需要 $O(mn)$ 的空间,因此这里所做的改进,只是在空间复杂性的常数因子上的改进。

另外,如果只需要计算最长公共子序列的长度,则算法的空间需求还可大大减少。事实上,在计算 $c[i][j]$ 时,只用到数组 c 的第 i 行和第 $i-1$ 行。因此,只要用 2 行的数组空间就可以计算出两个序列的最长公共子序列的长度。更进一步的分析还可将空间需求减至 $\min(mn)$。

思考: 针对变换文字顺序的抄袭现象(如图 6.8 所示),如何改进算法或进行设计,从而实现对文字顺序变换的检测?

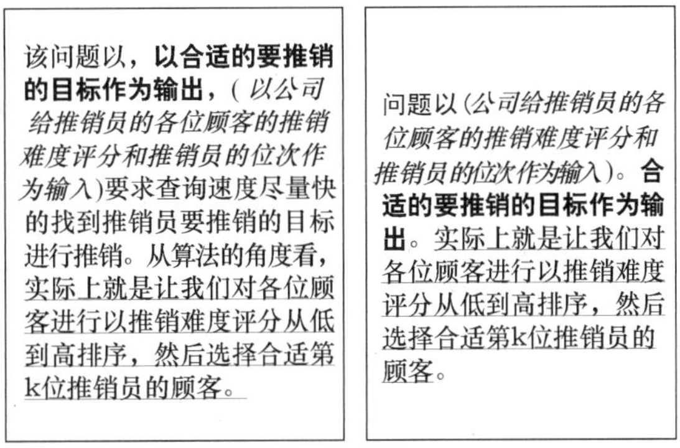

(a) 文档 1　　　　　　(b) 文档 2

图 6.8　变换文字顺序的抄袭现象

项目 2　路由协议设计问题

1. 最优子结构分析

第 5 章在讲解贪心算法时已经对本章项目指引中的项目 2 做了详细分析,得知该项目其中要解决的一个关键计算问题是如何计算网关路由器到任意一个内网路由器的最短代价路径。第 5 章中讲了使用迪杰斯特拉算法解该问题的过程。通过分析我们可以看出该问题是存在最优子结构的,那么,该问题是否可以用动态规划算法来求解呢?下面我们将采用动态规划算法设计思想给出该项目的解决方法。

迪杰斯特拉算法从点集的点数上分析了最短路径问题的最优子结构,下面我们从边集的边数上进行考虑,来构建最优子结构。

假设某图中共有 n 个顶点,有以下事实存在:

(1) 如果最短路径存在,则每个顶点最多经过一次,因此该最短路径上有不超过 $n-1$ 条边;

(2) 每个顶点到目标点 t 的最短路径一定包含源点 s 到 t 的最短路径;

(3) 边数为 i 的最短路径的长度可由边数为 $i-1$ 的最短路径长度或由 $i-1$ 条边组成的路径加 1 条边两种情况得到。

由以上事实可以分析得到:源点到目标点的最短路径有不超过 $n-1$ 条边,且求解边数为 i 的最短路径长度问题包含了求解边数为 $i-1$ 的最短路径长度这一子问题。

设 v,w 是点集 E 中的两顶点,这里 w 可以是任意一个点 v 可达的顶点。顶点 v 到目标顶点 t 的最短路径为 P,即问题的最优解,且该路径最多经过 i 条边。那么该最短路径只有两种构建方式:第一种,其实不需要 i 条边,而经过 $i-1$ 条边则已经构成该顶点 v 到目标顶点 t 的最短路径;第二种刚好需要经过 i 条边,那么去掉最后一条从点 v 到点 w 的边,剩下的则是经过 $i-1$ 条边的点 w 到目标顶点 t 的最短路径。

因此,对于任意顶点 v 来说,最多 i 条边的最短路径问题包含了最多 $i-1$ 条边的最短路径子问题,形成了最优子结构。这一思想正是著名的 Bellman – Ford 算法。

2. 建立递归关系

假设 $opt(i,v)$ 为最多经过 i 条边的顶点 v 到目标顶点 t 的最短路径 P 的长度的最优值,那么 $opt(i,v)$ 值将等于下面两种情况之一。

第一种情况:P 经过至多 $i-1$ 条边,$opt(i,v)=opt(i-1,v)$;

第二种情况:P 刚好经过 i 条边。

假设 (v,w) 是顶点 v 到顶点 w 的边,$opt(i,v)$ 应为经过边 (v,w),然后经过最多 $i-1$ 条边组成的顶点 w 到目标点 t 的路径,设边 (v,w) 的权值为 c_{vw},则 $opt(i,v)=opt(i-1,w)+c_{vw}$。

根据对以上两种情况的分析,可以构建算法的递归描述如下:

$$opt(i,v)=\begin{cases} 0, & i=0; \\ \min\left(opt(i-1,v),\min_{v,w\in E}\left(opt(i-1,w)+c_{vw}\right)\right) & i\neq 0。\end{cases} \quad (6.11)$$

3. 算法描述

该算法是著名的 Bellman – Ford 算法,算法步骤描述如下:

(1)初始化从源点到图中所有顶点的距离集合 dist。其中每一项为图中源点到一指定顶点的距离值,初始化为 inf,源点到自身的距离初始化为 0;

(2)进行循环,循环下标为从 1 到 $n-1$(n 等于图中点的个数);

对于图中的每条边,如果起点的距离加上边的权值小于终点的距离,则更新终点的距离值;

(3)检测图中是否有负权边形成了环,遍历图中的所有边,计算起点至终点的距离,如果对于终点存在更小的距离,则说明存在环。

Bellman – Ford 算法的具体代码表示如算法 6.8 所示。

算法 6.8　求解两点间最短路径的 Bellman – Ford 算法

```
void bellman_ford(int s)
    {
        fill(dis,dis +n,inf);//将所有的 dist 设置为正无穷,表示路径代价无穷大
        dis[s] =0;
        m =m * 2;
        for(int i =1;i < n;i ++)
        {
            bool flag = false;
            for(int j =0;j < m;j ++)
            {
```

```
            if(dis[edge[j].u]! = inf && dis[edge[j].v] > dis[edge[j].u] +
            edge[j].w)    //递归式计算 dist
            {
                        dis[edge[j].v] = dis[edge[j].u] + edge[j].w;
                        flag = true;
            }
            }
        if(!flag)break;
        }
    }
```

图 6.9 说明了 Bellman – Ford 算法在 5 个顶点的图上的执行过程。在初始化每个顶点的和值后,算法对图中的边进行了 $n-1$ 遍操作。每一遍都是 for 循环的一次迭代。在图 6.9 中,源点是顶点 s,d 值被标记在顶点内,阴影覆盖的边指示了前驱值;如果边 (u,v) 被覆盖,则 $\pi[v] = u$。在这个特定的例子中,每一趟按照如下的顺序对边进行更新操作:$(t,x,)$,(t,y),(t,z),(x,t),(y,x),(y,z),(z,x),(z,s),(s,t),(s,y)。分图 (a) 显示了对边进行第一趟操作前的情况。分图 (b)~分图 (e) 显示了每一趟连续对边操作后的情况。在 $n-1$ 遍操作后,对负权回路进行检查,并返回适当的布尔值。分图 (e) 中 d 和 π 值是最终结果。Bellman – Ford 算法在这个例子中返回的是 true。

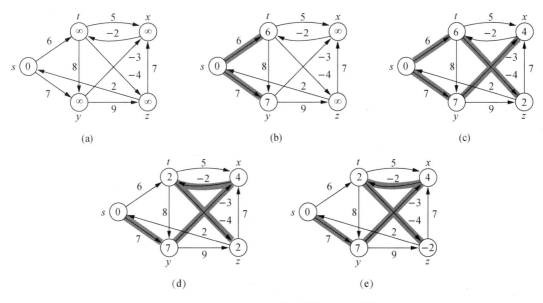

图 6.9 Bellman – Ford 算法的执行过程举例

4. Floyd 算法

Floyd 也是一种典型的求解图中顶点间最短路径的动态规划算法。在 Floyd 算法中,我们利用最短路径结构的另一个特征,考虑最短路径上的中间顶点,其中,简单路径 $p = \{v_1,$ $v_2,\cdots,v_l\}$ 上的中间顶点是除 v_1 和 v_l 以外 p 上的任何一个顶点,即任何属于集合 $\{v_2,$ $v_3,\cdots,v_{l-1}\}$ 的顶点。

引理 6.1:对于一个给定的带权有向图 $G = (V,E)$,所定义的边上的权为 w。设 $p =$ $\{v_1,v_2,\cdots,v_k\}$ 是从 v_1 到 v_k 的最短路径。对于任意顶点 i 和顶点 j,其中 $1 \leq i \leq j \leq k$,设

$P_{ij} = <v_i, v_{i+1}, \cdots, v_j>$ 为 p 中从顶点 v_i 到顶点 v_j 的子路径。那么，p_{ij} 是从 v_i 到 v_j 的最短路径。

证明：如果将路径 P 分解为 $v_1 \to p_{1i} \to v_i \to p_{ij} \to v_j \to p_{jk} \to v_k$，则有 $w(p) = w(p_{1i}) + w(p_{ij}) + w(p_{jk})$。假设存在一条从 v_i 到 v_j 的路径 P_{ij}，其权值 $w(p'_{ij}) < w(p_{ij})$，那么，$v_1 \to p_{1i} \to v_i \to p_{ij} \to v_j \to p_{jk} \to v_k$ 是从 v_1 到 v_k 的一条路径，它的权值 $w(p_{1i}) + w(p_{ij}) + w(p_{jk})$ 小于 $w(p)$。这与 p 是 v_1 到 v_k 的最短路径相矛盾。

Floyd 算法主要基于以下观察。设图 G 的顶点为 $V = \{1, 2, \cdots, n\}$，对某数值 k，有顶点的一个子集 $\{1, 2, \cdots, k\}$。对任意一对顶点 $i, j \in V$，考察从顶点 i 到顶点 j 且中间顶点皆属于集合 $\{1, 2, \cdots, k\}$ 的所有路径，设 p 是其中的一条最小权值路径（路径 p 是简单的）。Floyd 算法利用了路径 p 与顶点 i 到顶点 j 之间的最短路径（所有中间顶点都属于集合 $\{1, 2, \cdots, k-1\}$）之间的联系。这一联系依赖于 k 是否是路径 p 上的一个中间顶点。

（1）如果 k 不是路径 p 上的中间顶点，则 p 的所有中间顶点皆在集合 $\{1, 2, \cdots, k-1\}$ 中。因此，从顶点 i 到顶点 j 且满足所有中间顶点皆属于集合 $\{1, 2, \cdots, k-1\}$ 的一条最短路径，也同样是从顶点 i 到顶点 j 且满足所有中间顶点皆属于集合 $\{1, 2, \cdots, k\}$ 的一条最短路。

（2）如果 k 是路径 p 上的中间顶点，那么将 p 分解为 $i \to p_1 \to k \to p_2 \to j$（如图 6.10 所示）。由引理 6.1 可知，$p_1$ 是从顶点 i 到顶点 k 的一条最短路径，且其所有中间顶点均属于集合 $\{1, 2, \cdots, k-1\}$。类似地，p_2 是从顶点 k 到顶点 j 的一条最短路径，且其所有中间顶点均属于集合 $\{1, 2, \cdots, k-1\}$。

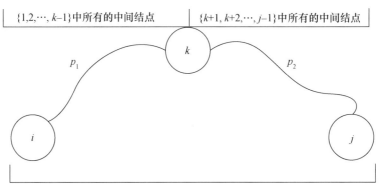

图 6.10　顶点 i 到顶点 j 的一条最短路径

注：路径 P 是从顶点 i 到顶点 j 的一条最短路径，k 是 P 上编号最高的中间顶点。路径 P 中从顶点 i 到顶点 k 的部分即路径 P_1，其所有中间顶点皆属于集合 $\{1, 2, \cdots, k-1\}$。从顶点 k 到顶点 j 的路径 P_2 也具有同样的性质

基于上述观察，我们可以定义一个最短路径估计的递归公式。令 $d_{ij}^{(k)}$ 为从顶点 i 到顶点 j，且满足所有中间顶点皆属于集合 $\{1, 2, \cdots, k\}$ 的一条最短路径的权值。当 $k = 0$ 时，从顶点 i 到顶点 j 的路径中，没有编号大于 0 的中间顶点，即根本不存在中间顶点。这样的路径至多包含一条边。因此，$d_{ij}^{(0)} = w_{ij}$。根据上述讨论，我们用下式给出一个递归式

$$d_{ij}^{(k)} = \begin{cases} w_{ij} & k = 0; \\ \min(d_{ij}^{(k-1)}, d_{ik}^{(k-1)} - d_{kj}^{(k-1)}), & k \geq 1。 \end{cases} \tag{6.12}$$

因为对于任意路径,所有的中间顶点都在集合 $\{1,2,\cdots,n\}$ 内,矩阵 $\boldsymbol{D}^{(n)}=(d_{ij}^{(n)})$ 求得了最终解答:对所有的 $i\in V,j\in V$,有 $d_{ij}^{(n)}$ 为顶点 i 到顶 j 的最短路径。

设数组 $d[k][i][j]$ 表示 $d_{ij}^{(n)}$,边权重数组为 w。求两顶点间最短路径的 Floyd 算法如算法 6.9 所示。

算法 6.9　求两顶点间最短路径的 Floyd 算法

```
void floyd_original(float w[][])
    {
        for(int i =1;i <=n;i ++)
            for(int j =1;j <=n;j ++)
                d[0][i][j] =w[i][j];
        for(int k =1;k <=n;k ++)
    {
        for(int i =1;i <=n;i ++)
        {
            for(int j =1;j <=n;j ++)
            {
                d[k][i][j] =min(d[k -1][i][j],d[k -1][i][k] +d[k -1][k][j]);
            }
        }
    }
    }
```

6.4　更多案例

6.4.1　"0 - 1"背包问题

"0 - 1"背包问题:给定 n 种物品和一个背包,物品 i 的重量是 w_i,其价值为 v_i,背包的容量为 C。那么,应如何选择装入背包中的物品,使得装入背包中物品的总价值最大?

在"0 - 1"背包问题中选择装入背包的物品时,对每种物品 i,只有两种选择,即装入背包或不装入背包,但不能将物品 i 装入背包多次,也不能只将物品 i 的一部分装入。

该问题为何称为"0 - 1"背包,正是因为该问题限制了物品选择的数量。"0 - 1"背包问题在日常生活中有大量的应用,下面的两个问题就是"0 - 1"背包问题的变形。

问题 1:某果农想将自己种植的 n 种水果运到市场上出售,现该果农只有一辆容量为 C 吨的卡车,每种水果单箱的重量分别为 w_i(吨),每种水果单箱的价值分别为 v_i,每种水果该卡车最多能装载 1 箱。问该果农应该如何装载才能使其卡车每次装载的水果价值最大?

问题 2:一艘货船的载重量为 C 吨,现有 n 种货物要装船运输,每种货物的重量分别为 w_i(吨),每种货物的价值分别为 v_i,每种货物该船最多能装载 1 件。问如何向该船装载货物才能使该船每次运输的货物的价值最大?

下面我们将采用动态规划算法设计思想解决"0 - 1"背包问题。

1. 最优子结构的分析

动态规划算法设计的第一步是求解最优解的最优子结构。假设给定 n 种物品,背包的容量为 C,$(y_1,y_2,\cdots,y_n)$ 是所给问题的一个最优解,其中 $y_i=0$ 表示不选物品 i,$y_i=1$ 表示选择物品 i,那么 $(y_2,\cdots,y_n)$ 则是排除掉第一个物品后,背包容量为 $C-w_1y_1$ 情况下的最优解。这里通过反证法证明,如果 $(y_2,\cdots,y_n)$ 不是背包容量为 $C-w_1y_1$ 情况下的最优解,那么能够

找到一个新的解,$(y_2',\cdots,y_n')$,其产生的总价值

$$\sum_{i=2}^{n} v_i y_i' > \sum_{i=2}^{n} v_i y_i,\ 且\ w_1 y_1 + \sum_{i=2}^{n} w_i y_i' < C。 \tag{6.13}$$

那么,新的解再加上 $v_1 y_1 + \sum_{i=2}^{n} v_i y'_i$ 将获得一个大于 $(y_1,y_2,\cdots,y_n)$ 作为解所获得的更大总价值,这与假设 $(y_1,y_2,\cdots,y_n)$ 是最优解矛盾,因而得证。

同时,我们可以很容易地看出,求解 $(y_2,\cdots,y_n)$ 和 $(y_3,\cdots,y_n)$ 子问题时都要求解 $(y_4,\cdots,y_n)$,因此,该问题求解过程中也存在大量重叠子问题,故"0-1"背包问题可以采用动态规划算法求解。

2. 递归关系的建立

分析过程 1:

定义 $m(n)$ 为有第 $1 \sim n$ 个物品装入背包所产生的最大价值,

情况 1:不选择第 n 个物品,则 $m(n)$ 应为 $\{1,2,\cdots,n-1\}$ 个物品装填背包所产生的最大价值。

情况 2:选择将第 n 个物品装入背包,装入第 n 个物品并不意味着我们必须拒绝其他物品,在不知道其他哪些物品已经在第 n 个物品之前被装入的情况下,我们也并不知道是否有足够的空间能容纳第 n 个物品。

这样分析会带来更多的子问题,无法很好地建立递归关系式。

分析过程 2:

添加一变量 j 来表示当前背包的剩余容量。

情况 1:如果第 i 个物品无法装入背包,则 $m(i,j)$ 为当重量限制为 j 时,$\{1,2,\cdots,i-1\}$ 个物品装入背包所产生的最大价值。

情况 2:如果第 i 个物品能够装入背包,那么 $m(i,j)$ 为以下两个值中的最大值。① 不选择第 i 个物品,由 $\{1,2,\cdots,i-1\}$ 个物品装入背包所产生的最大价值;② 选择第 i 个物品,则把第 i 个物品先装入背包,新的重量限制变为 $j-w_i$。在新的重量限制下,由 $\{1,2,\cdots,i-1\}$ 个物品装入背包所产生的最大价值。

根据以上两种情况,可建立递归关系式

$$m(i,j) = \begin{cases} 0, & i=0; \\ m(i-1,j), & w_i > j; \\ \max(m(i-1,j),v_i+m(i-1,j-w_i)), & w_i < j。 \end{cases} \tag{6.14}$$

$m(n,C)$ 为问题的解。

3. 算法描述

基于上面的讨论,用二维数组 $m[\ ][\ ]$ 存储 $m(i,j)$ 相应的值,"0-1"背包问题的动态规划算法如算法 6.10 所示。

算法 6.10 "0-1"背包问题的动态规划算法

```
void knapsack(int v[],int w[],int C,int n,int m[][])
{   int i,j;
    //填表,其中第一行和第一列全为0
    for(i=0;i<=n;i++)
            m[i][0]=0;
    for(j=0;j<=C;j++)
```

```
            m[0][j] = 0;
    for(i = 1;i < = n;i + +){
        for(j = 1;j < = C;j + +){
            if(j < w[i]){
                m[i][j] = m[i - 1][j];
            }
            else{
                m[i][j] = max(m[i - 1][j],m[i - 1][j - w[i - 1] + v[i - 1]);
            }
        }
    }
    return m[n][C];
}
```

按算法 6.10 计算后,$m[I][C]$ 给出所要求的问题的最优值。相应的最优解可计算如下:如果 $m[1][C] = m[2][C]m[1][C] = m[2][C]$,则 $x_1 = 0$;否则 $x_1 = 1$,当 $x_1 = 0$ 时,由 $m[2][C]m[2][C]$ 继续构造最优解;当 $x_1 = 1$ 时,由 $m[2][C - w_1]m[2][C - w_1]$ 继续构造最优解。以此类推,可构造出相应的最优解序列。具体算法如算法 6.11 所示。

算法 6.11 获得装入物品序列的算法

```
void traceback(int m[][],int w[],int C,int n,int x[])
{
    for(int i = 1;i < n;i ++)
    {
        if(m[i][C] = = m[i + 1][C])
        {
            x[i] = 0;
        }
        else
        {
            x[i] = 1;
            C -= w[i];
        }
    }
    x[n] = (m[n][C])?1 :0 ;
}
```

分析可知,算法 6.10 需要花费 $O(nc)$ 的计算时间,而算法 6.11 需要花费 $O(n)$ 的计算时间。

例如,表 6.2 列出了 5 种物品的重量和价值,设背包的容量 $C = 11$,用动态规划算法可求出该问题的最优解为 $\{4,3\}$,最优值为 $22 + 18 = 40$,求解过程如图 6.11 所示。

表 6.2 5 种物品及其价值与重量列表

物品	价值/元	重量/千克
1	1	1
2	6	2
3	18	5
4	22	6
5	28	7

	0	1	2	3	4	5	6	7	8	9	10	11
ϕ	0	0	0	0	0	0	0	0	0	0	0	0
{1}	0	1	1	1	1	1	1	1	1	1	1	1
{1,2}	0	1	6	7	7	7	7	7	7	7	7	7
{1,2,3}	0	1	6	7	7	18	19	24	25	25	25	25
{1,2,3,4}	0	1	6	7	7	18	22	24	28	29	29	40
{1,2,3,4,5}	0	1	6	7	7	18	22	28	29	34	35	40

图 6.11　用动态规划算法求解"0 - 1"背包问题执行过程举例

图 6.11 的横向表示背包的容量 j, 纵向表示物品个数 n, 每个方格中的数值表示对应选中物品和背包容量为 j 时的最大价值。

第一行表示没有任何一个物品被选中, 因此没有任何价值。

第二行表示选择 1 号物品时背包容量为 j 的总价值, 可以看到, 如果背包容量为 0 时无法选中第一号物品, 因此总价值仍然为 0; 当背包容量大于等于 1 后, 1 号物品可以被选中, 且选中 1 号物品比不选 1 号物品时的价值 0 要更大, 因此选中 1 号物品, 背包总价值变为 1。

第三行为 {1,2} 号物品选择情况, 当背包容量小于 1 时, 同样无法选中任何一个物品; 当容量大于 1 小于 2 时, 只能容纳 1 号物品, 因此总价值为 1; 当容量等于 2 时, 可以选择装入 1 号物品, 背包剩余容量为 1, 此时不能继续装入 2 号物品, 或只装入 2 号物品, 背包剩余容量为 0, 装入 2 号物品总价值为 6, 大于装入 1 号物品总价值 1, 因此选择装入 2 号物品的总价值; 当容量大于等于 3 时, 1, 2 号物品都可以被装入, 因此总价值为 1 + 6 = 7。以此类推可以获得最后的最优值。

6.4.2　装配线调度问题

某汽车公司在有两条装配线的工厂内生产汽车, 如图 6.12 所示。当汽车底盘进入装配线后, 一些装配站会在汽车底盘上安装部件, 完成装配的汽车在装配线的末端离开。

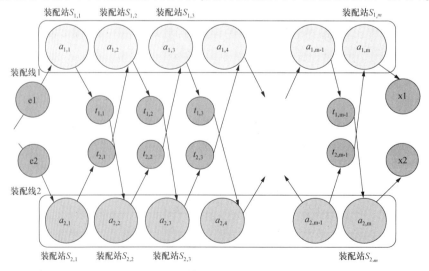

图 6.12　装配线调度问题举例

图 6.12 中共有两条装配线,每条装配线有 m 个装配站;我们将装配线 i 的第 j 个装配站表示为 $S_{i,j}$,汽车底盘在该站的装配时间是 $a_{i,j}$。一个汽车底盘进入工厂,然后进入装配线 i(i 为 1 或 2),花费时间为 e_i。汽车地盘在通过某条装配线的第 j 个装配站后,这个底盘会来到任一条装配线的第 $(j+1)$ 个装配站。如果它留在相同的装配线,则没有移动的开销;但是,如果它在经过装配站 $S_{i,j}$ 后,移动到另一条装配线上,则将花费的移动时间为 $t_{i,j}$。汽车底盘在离开一条装配线的第 m 个装配站后,完成装配的汽车将花费时间 x_i 离开工厂,待求解的问题是汽车地盘应该在装配线 1 内选择哪些站,在装配线 2 内选择那些站,才能使汽车在工厂内装配的总时间最短。

另外,这些装配站是在两个不同的时期建造的,并且采用了不同的技术,因此,每个站上所需的装配时间是不同的,即使是在两条不同装配线相同位置的装配站上也是这样。

如果给定每个装配站所花费的时间和装配线之间的移动时间(如图 6.13 所示),通过一定的方法,我们就可以求得汽车在工厂内装配的最短时间,图中用粗线标注(用时最短的装配线是选择装配线 1 的装配站 1,3,6 和装配线 2 的装配站 2,4,5)。

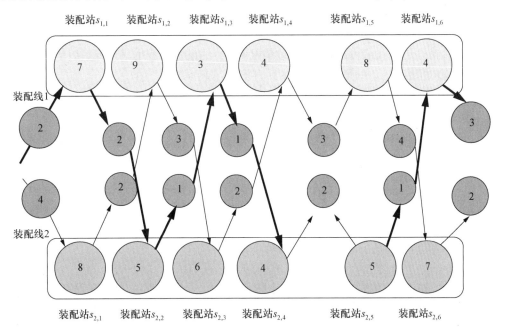

图 6.13 图 6.12 所示装配线调度问题的解决方案

该问题最简单的一种求解思路是通过穷举法穷举出所有的装配站序列。如果每条装配线有 m 个装配站,则可穷举出的装配站序列共有个 2^m。这样的计算时间复杂度显然是很高的。接下来我们将通过动态规划的思想介绍该问题的求解过程。

1. 问题的最优子结构分析

考虑底盘从起始点到装配站 $S_{1,j}$ 的最快可能路线。如果 $j=1$,则底盘能走得只有一条路线,所以很容易就可以确定它到装配站 $S_{1,j}$ 花费了多少时间。对于 $j=2,3,\cdots,m$,则有两种可能的情况:

第一种情况:这个底盘从装配站 $S_{1,j-1}$ 直接到装配站 $S_{1,j}$,在相同的装配线上,从装配

站 $j-1$ 到 j 的时间是可以忽略的。

第二种情况:这个底盘来自装配站 $S_{2,j-1}$,然后再移动到装配站 $S_{1,j}$,移动的代价是 $t_{2,j-1}$。我们将分别考虑这两种可能性。

首先,假设通过装配站 $S_{1,j}$ 的最快路线通过了装配站 $S_{1,j-1}$。关键的一点是,这个底盘必须是利用了最快的路线从开始点到装配站 $S_{1,j-1}$ 的。理由是:如果有一条更快的通过装配站 $S_{1,j-1}$ 的路线,就可以采用这条更快的路线,从而得到通过装配站 $S_{1,j}$ 的更快的路线,这是一个矛盾。类似的,假设通过装配站 $S_{1,j}$ 的最快路线是通过装配站 $S_{2,j-1}$。我们注意到这个底盘必定是利用了最快的路线从开始点到装配站 $S_{2,j-1}$ 的。理由是:如果有一条更快的通过装配站 $S_{2,j-1}$ 的路线,就可以采用该条更快的路线,从而得到通过装配站 $S_{1,j}$ 的更快的路线,这与假设矛盾。

可见对于装配线调度问题,找出通过装配站 $S_{1,j}$ 的最快路线的最优解包含了它的子问题:找出通过装配站 $S_{1,j-1}$ 或装配站 $S_{2,j-1}$ 的最快路线的最优解。这正是该问题存在的最优子结构性质。根据该最优子结构,我们可以获得最优解的构成过程,通过装配站 $S_{1,j}$ 的最快路线只可能是以下二者之一:

(1)通过装配站 $S_{1,j-1}$ 的最快路线,然后直接通过装配站 $S_{1,j}$;

(2)通过装配站 $S_{2,j-1}$ 的最快路线,从装配线 2 移动到装配线 1,然后通过装配站 $S_{1,j}$。

利用对称推理思想我们可以得出,通过装配站 $S_{2,j}$ 的最快路线也只可能是以下二者之一:

(1)通过装配站 $S_{2,j-1}$ 的最快路线,然后直接通过装配站 $S_{2,j}$;

(2)通过装配站 $S_{1,j-1}$ 的最快路线,从装配站 1 移动到装配站 2,然后通过装配站 $S_{2,j}$。

2. 建立最优值的递归式

在动态规划算法中,第二个步骤是利用子问题的最优解来递归定义一个最优解的值。对于装配线的调度问题,我们选择在两条装配线上通过装配站 j 的最快路线的问题来作为子问题,其中,$j=1,2,\cdots,m$,同时,令 $f_i[j]$ 表示一个底盘从起点到装配站 $S_{i,j}$ 的最短可能时间。

问题的最终目标是确定底盘通过工厂的所有路线的最短时间,记为 f^*。底盘必须一路经由装配线 1 或 2,然后通过装配站 $S_{1,m}$ 或装配站 $S_{2,m}$,最后到达工厂的出口。由于这两个路线中的较快者就是通过整个工厂的最快路线,因此有

$$f^* = \min(f_1[n] + x_1, f_2[n] + x_2) \tag{6.15}$$

要对 $f_1[1]$ 和 $f_2[1]$ 的值进行推理也是很容易的。不管在哪一条装配线上通过装配站 1,底盘都是直接达到装配站的。于是,

$$f_1[1] = e_1 + a_{1,1};$$
$$f_2[1] = e_2 + a_{2,1}。$$

现在我们来考虑如何计算 $f_i[j]$,其中,$j=2,3,\cdots,m(i=1,2)$。我们先来看一看 $f_1[j]$,前面说过,通过装配站 $S_{1,j}$ 的最快路线,或者是通过装配站 $S_{1,j-1}$,然后直接通过装配站 $S_{1,j}$ 的最快路线,或者是通过装配站 $S_{2,j-1}$,从装配线 2 移动到装配线 1,然后通过装配站 $S_{1,j}$ 的最快路线。在第一种情况中,有 $f_1[j]=f_1[j-1]+a_{1,j}$;而在第二种情况中,有 $f_1[j]=f_2[j-1]+t_{2,j-1}+a_{1,j}$。所以有

$$f_1[j] = \min(f_1[j-1] + a_{1,j}, f_2[j-1] + t_{2,j-1} + a_{1,j}) \tag{6.16}$$

其中,$j=2,3,\cdots,m$。对称地,有

$$f_2[j] = \min(f_2[j-1] + a_{2,j}, f_1[j-1] + t_{1,j-1} + a_{2,j}) \tag{6.17}$$

其中,$j=2,3,\cdots,m$。合并式 6.16 和式 6.17,可得到递归公式

$$f_1[j] = \begin{cases} e1 + a_{1,1}, & j = 1; \\ \min(f_1[j-1] + a_{1,j}, f_2[j-1] + t_{2,j-1} + a_{1,j}), & j \geq 2。 \end{cases} \quad (6.18)$$

$$f_2[j] = \begin{cases} e2 + a_{2,1}, & j = 1; \\ \min(f_2[j-1] + a_{2,j}, f_1[j-1] + t_{1,j-1} + a_{2,j}), & j \geq 2。 \end{cases} \quad (6.19)$$

$f_1[j]$ 的值就是子问题最优解的值。为了有助于跟踪最优解的构造过程,我们定义 $l_{i[j]}$ 为装配线的编号(1 或 2),其中的装配站 $j-1$ 被通过装配站 $S_{i,j}$ 的最快路线所使用。这里,$i = 1,2$ 且 $j = 2,3,\cdots,m$。此外,我们还定义 l^* 为这样的装配线,其内的装配站 n 被通过整个工厂的最快路线所使用。$l_{i[j]}$ 的值可以帮助找到一个最快的路线。

3. 算法实现

根据以上的递归式,我们可以构建出解决装配线调度问题的动态规划算法(如算法 6.12 所示)。

算法 6.12 装配线调度问题的动态规划算法

```
void fastestway(float a[][],float t[][],float e[],float x[],int m)
{
    float f1[m],f2[m];
    f1[1] = e[1] + a[1][1]
    f2[1] = e[2] + a[2][1]        //最小子问题赋值
    for(int j =2 ;j <=m;j ++)
    {
        if(f1[j -1] + a[1][j] <= f2[j -1] + t[2][j -1] + a[1][j])    //自底向上求解第
                                                                      //一条装配线各个
                                                                      //  子问题
        {
            f1[j] = f1[j -1] + a[1][j]
                l[1][j] =1;
        }
        else
        {
            f1[j] = f2[j -1] + t[2][j -1] + a[1][j]
                l[1][j] =2;
        }
        if(f2[j -1] + a[2][j] <= f[1][j -1] + t[1][j -1] + a[2][j])    //自底向上求解第
                                                                       //二条装配线各个
                                                                       //  子问题
        {
            f2[j] = f2[j -1] + a[2][j]
                l[2][j] =2;
        }
        else
        {
            f2[j] = f1[j -1] + t[1][j -1] + a[2][j]
                l[2][j] =1;
        }
    if(f1[m] + x[1] <= f2[m] + x[2])        //计算 f *
    {
        f * = f1[m] + x[1]
        f * =1
    }
    else
    {
```

```
        f * = f2 [n] + x[2]
           l * = 2;
      }
    }
}
```

从算法 6.12 可知,整个过程花费时间为 $O(n)$。

构造汽车在工厂内装配的最快路线的算法如下算法 6.13 所示。

算法 6.13　构造通过工厂的最快路线算法

```
voidprintstations(i,l * ,m)
{
        i = l * ;
        printf("%s,%d,%s,%d","line",i,",station"m);
        for(int i = 1;i < = 2;i + +)
           for(int j = m;j > = 2;j - -)
                {
                    l = l[i][j];
                    printf("%s,%d,%s,%d","line",I",station",j - 1);
                }
}
```

6.4.3　权重化的活动安排问题

设有 n 个活动,活动 j 在 s_j 时刻开始,在 f_j 时刻结束,活动 j 具有的权重或价值为 v_j。如果两个活动的执行时间区间完全不重叠,那么我们说这两个活动是可以相容的,否则,这两个活动就是非相容活动。问题是:在一个给定的时间区间内,找到具有最大价值且互相相容的活动子集。如图 6.14 所示,有 8 个活动,其中活动 3 与活动 1 的执行时间重叠,因此,这两个活动是非相容活动:但是活动 3 的结束时间刚好是活动 7 的开始时间,活动 3 与活动 7 的执行时间区间不重合,因此,活动 3 与活动 7 是相容活动。

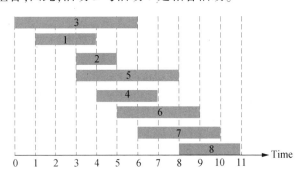

图 6.14　8 个活动在 11 个时间区间内的开始和结束时间

1. 最优子结构

将活动结束时间从先到后进行排序,有 $f_1 \leqslant f_2 \leqslant \cdots \leqslant f_n$,定义 $p(j)$ 为最大的与活动 j 相容的活动序号 i,$i < j$。例如,在图 6.15 中有

$$p(8) = 5, p(7) = 3, p(2) = 0。$$

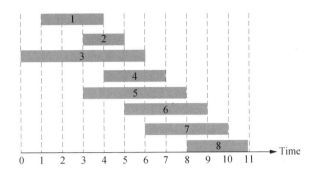

图 6.15　按结束时间从小到大排列各个活动

假设 $\{x_1, x_2, \cdots, x_n\}$ 是最优解,即具有最大价值的可相容活动子集,其中,每个 x_i 可以为 0 或 1,表示该活动是否被选中。该集合中各个活动都是相容的,由于各个活动已按照结束时间从小到大进行排序,则 $\{x_1, x_2, \cdots, x_{n-1}\}$ 必是去掉 x_n 活动后包括 $1, 2, \cdots, n-1$ 个活动的最优的活动子集。其证明过程类似于"0-1"背包问题的最优子结构证明过程,这里就不再详述。因此,带权重的活动安排问题具有最优子结构。我们根据该最优子结构可以建立后续的递归关系式。

2. 建立最优解的递归关系式

定义 $opt(j)$ 为 j 个活动 $1, 2, \cdots, j$ 所获得的最大价值,即最优解。

情况 1:$opt(j)$ 中选择第 j 个活动,则不能采用不相容的活动 $\{p(j)+1, p(j)+2, \cdots, j-1\}$,$opt(j)$ 必定包括剩余的 $\{1, 2, \cdots, p(j)\}$ 个活动构成的最优解。

情况 2:$opt(j)$ 中不选择第 j 个活动,$opt(j)$ 必定包括活动 $\{1, 2, \cdots, j-1\}$ 所形成的最优解。

根据以上分析建立递归式如下:

$$opt(j) = \begin{cases} 0, & j = 0; \\ \max(v_j + opt(p(j)), opt(j-1)), & j \neq 0 \, . \end{cases} \qquad (6.20)$$

3. 算法实现

下面我们用备忘录法和动态规划法分别实现以上递归式。具体算法分别如算法 6.14 和算法 6.15 所示。

算法 6.14　权重化活动安排问题的备忘录算法

```
void activerang(int n,float s[],float f[],float v[]);
{
    sort(f);  按照 f₁≤f₂≤...≤fₙ 排序
    computep();    //计算 p(1),p(2),…,p(n)
    float M[n];
    for(int j =1;j <=n;j ++)   //初始化 M
    {
        M[j] = -1;//赋予特殊值
    }
    M[0] =0;
    M - Compute - Opt (n,M,v);
}
void M - Compute - Opt(int n,float M[],float v[])
```

```
{
    if(M[n] == -1)
        M[n] = max(v[n] + M - Compute - Opt(p(n)),M - Compute - Opt(n - 1));
    return M[n];
}
```

算法 6.15   权重化活动安排问题的动态规划算法

```
void activerang(int n,float s[],float f[],,float v[]);
{
        sort(f);    //按照 f₁ ≤ f₂ ≤...≤ fₙ 排序
        computep();        //计算 p(1),p(2),…,p(n)
        float M[n];
        for(int j = 1;j <= n;j ++)    //初始化 M
        {
                M[j] = -1;//赋予特殊值
        }
        M[0] = 0;
        Iterative - Compute - Opt(n,M,v);
}
Void Iterative - Compute - Opt(int n,float M[],float v[])
{
        M[0] = 0;    //最小子问题
        for(int j = 1,j <= n;j ++)
            M[j] = max(v[j] + M[p(j)],M[j - 1]);
}
```

从上面两个算法可以看出,除去活动的排序时间和 $p(j)$ 的计算时间,主要算法的时间复杂度为 $O(n)$。

6.5   贪心算法与动态规划算法的差异

贪心算法和动态规划算法都要求问题具有最优子结构性质,这是两类算法的一个共同点。但是,对于具有最优子结构的问题,应该选用贪心算法,还是选用动态规划算法? 能用动态规划算法求解的问题是否也能用贪心算法求解? 下面研究两个经典的组合优化问题,并以此说明贪心算法与动态规划算法的主要区别。

1. "0 - 1"背包问题与背包问题

(1) "0 - 1"背包问题:给定 n 种物品和一个背包。物品 i 的重量是 w_i,其价值为 v_i,背包的容量为 C。应如何选择装入背包的物品,使得装入背包中物品的总价值最大?

在选择装入背包的物品时,对每种物品 i 只有两种选择,即装入背包或不装入背包。不能将物品 i 装入背包多次,也不能只将物品 i 的一部分装入背包。

此问题的形式化描述是,给定 $C > 0,w_i > 0,v_i > 0,1 \leq i \leq n$,要求找出一个 n 维"0 - 1"序列 $\{x_1,x_2,\cdots,x_n\},x_i \in \{0,1\},1 \leq i \leq n$,使得 $\sum_{i=1}^{n} w_i x_i \leq C$,而且 $\sum_{i=1}^{n} v_i x_i$ 达到最大。

(2) 背包问题:与"0 - 1"背包问题类似,所不同的是,在选择是否将物品 i 装入背包时,可以选择将物品 i 的一部分装入背包,而不是一定要把物品 i 全部装入背包或全部不装入背包,其中,$1 \leq i \leq n$。

此问题的形式化描述是,给定 $C > 0, w_i > 0, v_i > 0, 1 \leqslant i \leqslant n$,要求找出一个序列 $(x_1, x_2, \cdots, x_n), 0 \leqslant x_i \leqslant 1, 1 \leqslant i \leqslant n$,使得 $\sum_{i=1}^{n} w_i x_i \leqslant C$,而且 $\sum_{i=1}^{n} v_i x_i$ 达到最大。

2. 贪心算法与动态规划算法的主要区别

"0−1"背包问题与背包问题都具有最优子结构性质。对于"0−1"背包问题,设 A 是能装入容量为 C 的背包的具有最大价值的物品集合,则 $A_j = A - \{j\}$ 是 $n-1$ 个物品 $1, 2, \cdots, j-1, j+1, \cdots, n$ 可装入容量为 $C - w_j$ 的背包的具有最大价值的物品集合。对于背包问题,类似地,若它的一个最优解包含物品 j,则从该最优解中拿出所含的物品 j 的那部分重量 w,剩余的将是 $n-1$ 个原重物品 $1, 2, \cdots, j-1, j+1, \cdots, n$ 以及重为 $w_j - w$ 的物品 j 中可装入容量为 $C - w$ 的背包且具有最大价值的物品集合。

虽然这两个问题极为相似,但背包问题可以用贪心算法求解,而"0−1"背包问题却不能用贪心算法求解。用贪心算求解背包问题的基本步骤是:首先计算每种物品单位重量的价值 v_i / w_i,然后依赖贪心选择策略,将尽可能多的单位重量价值最高的物品装入背包;若将这种物品全部装入背包后,背包内的物品总重量未超过 C,则选择将单位重量价值次高的物品尽可能多地装入背包;依此策略一直进行下去,直到装满为止。具体算法如算法 6.16 所示。

算法 6.16   背包问题的贪心算法

```
float knapsack(float c,float []w,float []v,float []x)
{
        int n = v.length;
        Element []d = new Element [n];//定义Element为物品单元,包含物品重量、价值与标号
        for(int i = 0;i < n;i ++)
            d[i] = new Element(w[i],v[i],i);       //初始化物品单元
        MergeSort.mergeSort(d);          //以价值从大到小对物品进行排序
        int i;
        float opt = 0;
        for(i = 0;i < n;i ++)x[i] = 0;
        for(i = 0;i < n;i ++)             //贪心策略求解背包问题,将物品按价值从大到小装入
        {
            if(d[i].w > c)
            break;
            x[d[i].i] = 1;
            opt + = d[i].v;
            c -= d[i].w;
        }
        if(i < n)
        {
            X[d[i].i] = c/d[i].w;
            Opt += x[d[i].i] * d[i].v;
        }
        return opt;
}
```

算法 6.16 的主要计算时间在于将各种物品依其单位重量的价值从大到小排序。因此,该算法的计算时间上界为 $O(n\log n)$。当然,为了证明算法的正确性,还必须证明背包问题具有贪心选择性质。

例如,背包的容量为 50 千克。现有 3 中物品,物品重量和价值如表 6.3 所示。物品 1 每千克价值为 6 元,物品 2 每千克价值为 5 元,物品 3 每千克价值为 4 元。若依贪心选择策

略,应首先将物品1装入背包,然而,从图6.16的各种情况可以看出,最优选择方案是选择将物品2和物品3装入背包。首选物品1的两种方案都不是最优的。对于背包问题,通过贪心选择最终可得到最优解,其最优解的选择方案如图6.16(d)所示。

贪心选择对"0-1"背包问题就不适用了,因为它无法保证最终能将背包装满,部分闲置的背包空间使每千克背包容量的价值降低了。在考虑"0-1"背包问题时,应比较选择该物品和不选择该物品所导致的最终方案,然后再做出最好选择。由此就导出许多互相重叠的子问题。这正是该问题可用动态规划算法求解的另一重要特征。实际上也是如此,动态规划算法的确可以有效地解"0-1"背包问题。

表6.3 3种物品的重量和价值列表

物品编号	重量/千克	价值/元
1	10	60
2	20	100
3	30	120

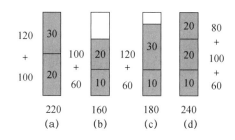

图6.16 "0-1"背包问题举例(背包总容量为50千克)

视频讲解

▶▶▶ 本章小结

本章以实验报告防抄袭小系统设计与路由协议设计为主要项目,引入了动态规划算法,描述了动态规划算法的基本思想、适用性、算法基本要素与设计要点。并通过上述两个项目进一步分析了如何运用动态规划设计思想解决实际问题。为了加深对动态规划算法的理解,本章进一步列举了"0-1"背包问题、装配线调度问题和权重化的活动安排问题,详细阐述了如何运用动态规划算法设计思想,找出最优子结构性质、刻画子结构特征、建立最优解的递归式和采用自底向上的方式构建算法,并根据计算的最优值得到和构建最优解的这一整体过程。

▶▶▶ 习题

1. 考虑矩阵连乘问题的一个变形,其目标是构建矩阵序列的全部加括号方案以最大化乘法次数,而不是最小化乘法的次数,并思考这个问题是否具有最优子结构。

2. 描述装配线调度问题为何具有重叠子问题。

3. 求{A,C,D,D,C,B,A,A,D}和{B,D,D,A,A,C,D,A}的一个最长公共子序列。

4. 请给出一个时间复杂度为 $O(n^2)$ 的算法,使之能找出一个由 n 个数组成的序列中的最长单调递增子序列。

5. 请给出一个时间复杂度为 $O(n\log n)$ 的算法,使之能找出一个由 n 个数组成的序列中的最长单调递增子序列(提示:观察长度为 i 的一个候选子序列的最后一个元素,它至少与长度为 $i-1$ 的一个候选子序列的最后一个元素一样大。通过把候选子序列与输入序列相连接来计算它们)。

6. 设有 n 种不同面值的硬币,各硬币的面值存于数组 $T[1,\cdots,n]$ 中。现要用这些面值的硬币找钱,可以使用的各种面值的硬币个数不限。

(1) 当只用硬币面值 $T[1]$,$T[2]$,$\cdots$,$T[i]$ 时,可找出钱数的最少硬币个数记为 $C(i,j)$。若只用这些硬币面值,找不出钱数 j 时,记 $=C(i,j)=\infty$。给出 $C(i,j)$ 的递归表达式及其初始条件,其中,$1\leqslant i\leqslant n$,$1\leqslant j\leqslant L(L$ 为钱数数组长度)。

(2) 设计一个动态规划算法,对于 $1\leqslant j\leqslant L$,计算出所有的 $C(n,j)$。算法中只允许使用一个长度为 L 的数组。用 L 和 n 作变量表示算法的计算时间复杂性。

7. 设 A 和 B 是两个字符串。现要求用最少的字符操作将字符串 A 转换为字符串 B。这里所说的字符操作包括:

(1) 删除一个字符;

(2) 插入一个字符;

(3) 将一个字符改为另一个字符。

将字符串 A 转换为字符串 B 所用的最少字符操作数称为字符串 A 到 B 的编辑距离,记为 $d(A,B)$。试设计一个有效的算法,对任意给出的两个字符串 A 和 B,计算出它们的编辑距离 $d(A,B)$。

8. 长江游乐俱乐部在长江上设置了 n 个游艇出租站,游客可以在这些游艇出租站租用游艇,并在下游任何一个游艇出租站归还游艇,游艇出租站 i 到 j 之间的租金是 $rent(i,j)$,其中 $1<=i<j<=n$。试设计一个算法,使得游客租用游艇旅游完长江(从站 1 开始到站 n 结束)所花费的租用费用最低。

9. 在一个圆形操场的四周摆放着 n 堆石子,现要将石子有次序地合并成一堆。规定每次只能选相邻的两堆石子合并成新的一堆,并将新的一堆石子数记为该次合并的得分。试设计一个算法,计算出将 n 堆石子合并成一堆的最小得分和最大得分,并分析算法的计算复杂性。

10. 给定一个 $m\times n$ 的矩形网格,其左上角设为起点 S。一辆汽车从起点 S 出发驶向右下角的终点 T。网格边上的数字表示距离。在若干个网格点处设置了障碍,表示该网格点不可达到。试设计一个算法,求出汽车从起点 S 出发到达终点 T 的一条行驶路程最短的路线。

11. 一个大立方体被分割成 n 个小立方体,每个小立方体内有一个整数。试设计一个算法,计算出所给大立方体的最大子长方体,子长方体的大小由它所含所有整数之和确定。

12. 我们可用一个有向图 $G=(V,E)$ 上的动态规划做语音识别。每条边 $(u,v)\in E$ 上标有选自有限的声音集 $\sum$ 中的一种声音 $\sigma(u,v)$。这种标记图是一个人说一种有限语言的形式化模型。图中从某一特别顶点 $v_0\in V$ 开始的一条路径对应于该模型产生的一个可能声音序列。某一有向路径的标记定义为该路径上所有边的标记的链接。

（1）请描述一个有效的算法，对给定的边标记图 G（其中有一个特别顶点 v_0）和 $\sum$ 中的一个字符序列 $s = (\sigma_1, \sigma_2, \cdots, \sigma_k)$，返回图 G 的一条始于 v_0、标记为 s 的路径（如果这样的路径存在的话）；否则，算法返回"没有路径"。分析算法的执行时间。

（2）现在，假设每一条边 $(u, v) \in E$ 还被赋予相关联的非负概率 $p(u, v)$，它表示从顶点 u 开始遍历边 (u, v) 并因此产生相应的声音的可能性。自任一顶点出发的边的概率之和等于 1。一条路径的概率定义为其上所有边的概率的乘积。我们可把开始于 v_0 的一条路径的概率视为从 v_0 开始的一次"随机遍历"沿指定路径的概率，其中，在顶点 u 上选择走哪条边是根据离开 u 的可用边的概率随机确定的。扩展（1）的答案，使得当返回一条路径时，它是从 v_0 开始并具有标记 s 的最可能路径。分析所给算法的执行时间。

13. 假设有一张 $n \times n$ 的方格棋盘以及一个棋子。请根据以下规则把棋子从棋盘的底边移动到棋盘的顶边，在每一步，你可以把棋子移动到下述三个方格中的一个：

（1）正上方的方格；

（2）左上方的方格（只能当这个棋子不在最左列的时候）；

（3）右上方的方格（只能当这个棋子不在最右列的时候）。

每次从方格 x 移动到方格 y，会得到 $p(x, y)$ 块钱。已知所有对 (x, y) 的 $p(x, y)$，假设 $p(x, y)$ 均为正值。

请给出一个计算移动方式集合的算法，把棋子从棋盘底边的某个地方移动到棋盘顶边的某个地方，同时收集尽可能多的钱（可以自由选择底边的任意方格作为起始点，顶边上的任意方格作为终点），并计算所设计算法的执行时间是多少。

14. 商店中每种商品都有标价。例如，一朵花的价格是 2 元，一个花瓶的价格是 5 元，为了吸引顾客，商店提供了一组优惠商品价。优惠商品是把一种或多种商品分成一组，并降价销售。例如，3 朵花的价格不是 6 元而是 5 元，2 个花瓶加 1 朵花的优惠价是 10 元。试设计一个算法，使该算法能计算出某一顾客所购商品应付的最少费用。